沙地樟子松天然林对火干扰及气候变化的响应

Response of Mongolia Pine Natural Forest on the Fire Disturbance and Climate Change in Sandy Land

时忠杰　喻　泓　杨晓晖　魏　巍　著

U0263371

科学出版社

北京

内 容 简 介

　　沙地樟子松天然林断续分布于我国呼伦贝尔森林-草原过渡带上,对于气候变化和火干扰十分敏感,在防风固沙、保持水土、保障区域生态安全等方面发挥着十分重要的生态服务功能。本书在分析呼伦贝尔沙地近 50 年气候变化特征的基础上,较为全面地分析了林火干扰条件下沙地樟子松天然林林分结构、空间格局、树木竞争关系、植物多样性等的变化特征,探讨了沙地樟子松天然林林分对林火干扰的响应机制;分析了樟子松树木径向生长特征及其与气候变化的关系,重建并揭示了呼伦贝尔沙地历史气候变化和森林-草原过渡带植被变化特征;从林火干扰、气候变化等方面提出了林火干扰和气候变化对樟子松林林分演替的作用机制,并对沙地樟子松天然林生态系统提出了管理对策与建议,为沙地樟子松天然林应对气候变化和林火干扰提供了理论基础与科学依据。

　　本书可供森林生态学、干扰生态学、环境学和全球变化生态学等领域的研究生、教师及相关科研人员参考。

图书在版编目 (CIP) 数据

沙地樟子松天然林对火干扰及气候变化的响应/时忠杰等著. —北京:科学出版社, 2018.6

　ISBN 978-7-03-056194-7

　Ⅰ. ①沙… Ⅱ.①时… Ⅲ. ①沙漠–樟子松–天然林–森林火–干扰–研究 ②沙漠–樟子松–天然林–关系–气候变化–研究 Ⅳ.①S791.253②S762③P467

中国版本图书馆 CIP 数据核字(2017)第 323039 号

责任编辑:张会格　白　雪　赵小林 / 责任校对:郑金红
责任印制:张　伟 / 封面设计:刘新新

科 学 出 版 社 出版

北京东黄城根北街 16 号
邮政编码:100717
http://www.sciencep.com

北京虎彩文化传播有限公司 印刷
科学出版社发行　　各地新华书店经销

*

2018 年 6 月第 一 版　　开本:B5 (720×1000)
2018 年 6 月第一次印刷　　印张:14　插页:3
字数:280 000

定价:120.00 元
(如有印装质量问题, 我社负责调换)

前　言

　　全球变暖、频繁的干旱及重大火灾等极端气候事件已经给人类和自然生态系统造成了极大的影响，气候变化及其影响已成为世界各国政府、科学界和公众普遍关注的环境科学问题之一。

　　生态系统如何适应和响应气候变化是植被生态学研究的重要内容，特别是在森林-草原过渡带，环境非常脆弱，气候变暖导致的干旱、火灾等极端气候事件频发，植被生长动态经常受气候变化的影响。位于干旱半干旱区的森林-草原过渡带具有许多独特性，被认为是全球变化响应最敏感的区域和全球变化生态研究的热点之一。研究森林-草原过渡带植被对气候变化的响应是理解和掌握全球变化与植被反馈机制的关键。

　　火是北方森林生态系统非常重要的干扰因子。森林火灾对气候波动具有敏感性。近年来，由于气候异常，各类极端气候事件，特别是极端干旱事件频发，为历史上所罕见，包括中国在内，全球正在经历一次以气候变暖为特征的气候变化过程，林火的发生有增加的趋势。持续增温和频发的干旱，导致森林易燃可燃物积累增多且干燥度增加，森林火灾的发生频率和烈度都将呈增加趋势，林火发生的地理范围也呈扩大趋势；特别是使干旱半干旱地区气候更加干燥，森林火灾的危险性及危害程度更加严重。随着气候变暖的进一步加剧，森林火灾的发生将会发生明显的改变，对我国森林防火工作提出了新的挑战。

　　樟子松（*Pinus sylvestris* L. var. *mongolica* Litv.）是中国北方针叶林的建群树种之一，以耐寒、耐旱、耐贫瘠、防风固沙和速生丰产而著称，在中国"三北"地区防护林营造和荒漠化防治中得到了广泛应用。沙地樟子松天然林主要断续分布于我国呼伦贝尔森林-草原过渡带上，对于气候变化和火干扰十分敏感，在防风固沙、保持水土、保障区域生态安全等方面发挥着十分重要的生态服务功能。然而，这一地区也是中国森林火灾高风险区，频繁发生的火干扰是这一生态系统结构、功能和演替的重要驱动力。本书系统地研究了沙地樟子松天然林结构、空间格局、物种多样性及其树木生长等与火干扰与气候变化的关系，从林火干扰、气候变化等角度提出了林火干扰和气候变化对沙地樟子松林林分的作用机制，并提出了沙地樟子松天然林生态系统管理对策与建议，为沙地樟子松天然林应对气候变化和林火干扰提供了理论基础与科学依据。

　　本书共 10 章。第 1 章介绍了林火、空间格局、林木竞争、植物多样性，以及树木径向生长等对林火和气候变化的响应、樟子松简介等内容；第 2 章介绍了研究区自然概况和主要研究方法；第 3 章分析了最近 50 年来呼伦贝尔沙地气候变化的主要特征，包括温度、降水、日照时数、相对湿度、风速和蒸散发的气候变化特征；第 4 章介绍了火干扰对樟子松林林分结构的影响，包括林火特征分析和火干扰下的林分结构变化特征；第 5 章分析了火干扰对樟子松空间格局的影响，分析了单变量和双变量条件下的幼树、大树、死树及不同大小树木的空间格局，以及不同树木类型间的空间格局关系，探讨了火干扰对樟子松空间格局的影响机制；第 6 章介绍了林火干扰下的樟子松竞争关系，比较了有无林火干扰和不同地表火干扰时间序列条件下的樟子松树木竞争关系，揭示了火干扰对樟子松树木竞争关系的影响；第 7 章介绍了樟子松林下植物多样性，利用种-面积曲线和间接梯度分析（DCA）探讨了不同时期地表火干扰下林下植物种的多样性及其变化；第 8 章介绍了樟子松树轮宽度-气候响应及气候重建研究，分析了樟子松树轮宽度年表的特征、树轮宽度对气候变化的响应、区域气候重建及其重建气候变化特征等；第 9 章介绍了呼伦贝尔森林-草原过渡带植被变化，分析了呼伦贝尔森林-草原过渡带植被指数的变化特征，植被指数与气候、树轮宽度指数之间的关系，构建了森林-草原过渡带植被指数转换函数，重建了近 200 年来呼伦贝尔森林-草原植被指数的变化特征；第 10 章在分析火干扰对樟子松林林分演替机制和树木径向生长的气候响应机制的基础上，提出了沙地樟子松天然林生态系统管理对策与建议。

本书的主要研究结果或结论如下。①最近 50 年以来，呼伦贝尔沙地正在经历着显著变暖趋势，降水量总体呈微弱增加趋势，日照时数、风速和相对湿度呈显著减少趋势，而潜在蒸散变化趋势不明显。综合来看，呼伦贝尔沙地气候整体上呈暖干化趋势，特别是夏季暖干化更加明显，冬季呈暖湿化的趋势。②不同时期林火干扰林分的地表火强度间没有显著差异，地表火强度与林木胸径间表现出显著的正相关且具有显著的回归关系；地表火烧死了大多数下层林木、小径阶林木和更新幼树，减少了树木种类，使林分密度降低了一个数量级；随着林火干扰后时间的推移，由于大量更新苗的出现，林分密度又明显增大；而无林火干扰林分密度的变化较小。③地表火干扰后，林分平均胸径成倍地增加，胸高断面积仅略微降低，樟子松胸高断面积在林分中仍占绝对优势且其比重略有上升。④地表火干扰下，樟子松林的空间格局呈现出从显著性聚集分布向随机分布变化的趋势，且随着时间推移这种趋势尤为明显；无林火干扰下，林分稀疏主导下的空间格局基本上保持相对稳定状态。⑤火后存活的幼树和更新幼苗均在小尺度上表现为显著的聚集分布，而无林火干扰下幼树在小尺度上为聚集分布或为双尺度聚集分布；火后存活大树则趋于随机分布，无林火干扰林分的大树则为小尺度上聚集分布或双尺度聚集分布；从全部径阶到较大径阶上，林木空间格局呈现出聚集—随机—均匀的变化趋势。⑥地表火干扰下，大树和幼树在小尺度上相互排斥，随着大量更新幼苗的出现，二者又相互吸引；无林火干扰林分，大树和小树间既有相互排斥也有相互吸引；地表火干扰下，大树和死树、幼树和死树分别在小尺度上表现为显著的正相关，随着时间的推移却又呈现相互独立状态；无林火干扰下，大树和死树、幼树和死树分别表现出不同尺度上的正相关。⑦樟子松林的种内竞争较种间竞争更为激烈；地表火干扰显著地降低了樟子松林的竞争强度，火干扰后持续的时间序列上，樟子松林竞争强度持续降低；对象木竞争强度随其胸径的增加而减小，且二者具有显著的幂函数关系。⑧林火干扰后，短期内，小尺度上显著地增加了林下植物的α多样性而降低了植被盖度，较大尺度上林下植物的α多样性又趋于一致；林下植物的β多样性沿着火后 1 年—火后 12 年—无火林分的方向不断增大；间接梯度分析也表明，有更多的植物种趋于出现在火后 1 年的林分中；火后 1 年林分更趋向于湿生生境，有较多的偏湿生种。⑨沙地樟子松树木径向生长主要受降水影响，其与降水量多呈正相关性，特别是与 5～8 月的降水量呈显著的相关性，樟子松树木径向生长与月平均气温和最高气温多呈负相关关系，特别是与当年 4 月和 6～9 月的平均温度呈显著的负相关关系，这主要与高温导致的土壤水分减少或干旱有关。⑩生长季内的 NDVI 与树轮宽度指数呈极显著正相关关系；基于树轮宽度指数重建的 200 多年森林-草原过渡带 NDVI 变化反映了研究区域历史植被变化动态。经功率谱分析表明，NDVI 的波动周期由于受降水量和气温的波动影响而具有近似共同的变化周期。

　　总之，地表火干扰显著地降低了樟子松林的密度，减小了林木个体间的竞争强度，促进了林下植物多样性的变化，推动了林分空间格局向着成熟林方向发展，表现出了地表火所具有的强烈的林分稀疏作用。所以，在樟子松天然林的保护和森林资源的经营管理中，需要充分考虑林火和气候对樟子松生长发育及林分演替的作用，在生态学原理的指导下，趋利避害，以实现樟子松天然林的可持续发展。

　　本书是多位作者合作的结晶，时忠杰和杨晓晖共同负责全书内容设计与结构安排，时忠杰负责第 8、9 章内容的撰写工作，参与第 3、10 章内容的撰写，杨晓晖负责第 10 章内容的撰写，参与第 4～7 章的撰写，喻泓负责第 4～7 章的撰写，参与第 10 章的撰写，魏巍负责第 3 章内容的撰写，时忠杰和喻泓共同完成第 1、2 章内容的撰写。时忠杰负责全书的统稿。另外，却晓娥在本书撰写过程中参与了初期各章节的统稿工作。

　　本研究得到了中国林业科学研究院中央级公益性科研院所基本科研业务费专项资金项目"'一带一路'荒漠化治理技术集成与应用（CAFYBB2017ZA006）"、国家重点研发计划课题"生态畜牧业与沙化草地治理技术集成与产业示范（2016YFC0500908）"、国家自然科学基金"竞争调控沙地天然樟子松树木生长动态及其气候适应性的树轮生态学研究（30670515）"、国家国际科技合作专项项目"中哈丝绸之路经济带土地退化监测与评价技术合作研究（2015DFR31130）"、引进国际先进林业科学技术项目"荒漠沙尘陆海通量遥感监测技术引进（2015-4-27）"、国家重点研发计划课题"京津冀风沙源区土地沙化形成机制与生态恢复机理（2016YFC0500801）"和科技基础资源调查专项课题"中蒙俄国际经济走廊地理环境本底与格局考察（2017FY101301）"等项目的联合资助。

　　本书是大量野外调查的结果，在调查过程中得到了呼伦贝尔市林业局、红花尔基林业局、红花尔基樟子松林国家级自然保护区管理局和辉河国家级自然保护区管理局等的大力支持。非常感谢呼伦贝尔市林业局的金维林总工程师，红花尔基林业局的王君书记、张万成局长，红花尔基樟子松林国家级自然保护区管理局的葛玉祥副局长及辉河国家级自然保护区管理局的布和副局长等工作人员在野外调查中的大力支持和热情帮助！衷心地感谢德国亥姆霍兹环境研究中心（Helmholtz Centre for Environmental Research，UFZ）的生态模型专家 Thorsten Wiegand 教授，他无私地提供了空间格局分析软件。衷心地感谢中国科学院地理科学与资源研究所邵雪梅研究员实验室在树木年轮样品分析及数据处理过程中的指导和帮助！衷心地感谢却晓娥同志在本书统稿中给予的支持与帮助！

　　由于作者水平所限，本书还存在不少疏漏之处，敬请各位读者批评指正。

作　者

2017 年 8 月

目　　录

第1章 绪 论

全球变暖、频繁的干旱和重大火灾等极端气候事件已经给人类造成了非常大的影响，并对自然生态系统造成了严重的影响。气候变化及其影响已成为世界各国政府、科学界和公众普遍关注的环境科学问题之一。

联合国政府间气候变化专门委员会第五次评估（IPCC，2013）发现，全球几乎所有地区均发生了气候变暖的趋势，自 1880 以来，全球平均表面温度升高了 0.85℃（0.65～1.06℃）。在北半球，1983～2012 年可能是过去 1400 年中最暖的 30 年，全球冰川多呈退缩趋势，北半球春季积雪范围持续缩小，全球平均海平面在 1901～2010 年上升了 0.19m（0.17～0.21m），在未来情景下，21 世纪全球地表温度可能增加 1.5℃以上，2100 年之后仍将持续变暖，到 21 世纪末，很多中纬度和副热带干旱地区平均降水量将可能减少，而中纬度湿润地区的平均降水量可能增加，且极端降水的强度很可能加大、频率很可能增高。在气候变暖和干旱增加的背景下，森林火灾发生的风险也呈持续增加趋势。以气候变暖为主要特征的当前气候变化所引起的异常天气频率的增加及森林群落结构的变化将使火险增加。同时，增加的干旱也可能使树木生长持续降低，从而增加森林死亡的风险，气候变暖及其导致的森林火灾和干旱的生态影响是干旱区森林生态学研究关注的重要科学问题。

中国《第三次气候变化国家评估报告》（2013 年）显示，1909～2011 年，中国陆地区域平均增温 0.9～1.5℃，近 15 年气温上升趋缓，但仍然处于近百年来气温最高的阶段，近百年和近 60 年全国平均年降水量均未见显著的趋势性变化，但中国存在明显的区域性差异，我国的沿海海平面 20 世纪 80 年代上升速率达 2.9mm/a，高于全球平均速率，而冰川面积和冻土面积分别减少了 10.1%和 18.6%，在未来，中国区域气温将继续上升，到 21 世纪末，可能将增温 1.3～5.0℃，全国降水量平均增幅 2%～5%，在此背景下，气候变化对中国生态环境的影响引起了人们广泛的关注。

生态系统如何适应和响应气候变化是植被生态学研究的重要内容。特别是在森林-草原过渡带，环境非常脆弱，气候变暖导致的干旱、火灾等极端气候事件频发，植被生长动态显著地受气候变化的影响。位于干旱半干旱区的森林-草原过渡带具有许多独特性，被认为是全球变化响应最敏感的区域和全球变化生态研究的热点之一。研究森林-草原过渡带植被对气候变化，特别是对极端气候的响应是理解和掌握全球变化与植被反馈机制的关键。

火是大多数森林生态系统,特别是北方森林生态系统非常重要的干扰因子。森林火灾对气候波动具有敏感性。近年来,由于气候异常,各类极端气候事件,特别是极端干旱事件频发,为历史上所罕见,包括中国在内,全球正在经历一次以气候变暖为特征的气候变化过程,林火的发生有增加的趋势。持续增温和频发的干旱,导致森林易燃可燃物积累增多且干燥度增加,森林火灾的发生频率和烈度都将呈增加趋势,林火发生的地理范围也呈扩大趋势;特别是干旱半干旱地区气候更加干燥,森林火灾的危险性及危害程度更加严重。随着气候变暖的进一步加剧,森林火灾的发生将会发生明显改变,对我国森林防火工作提出了新的挑战。

全球平均每年大约有1%的森林遭受火干扰的影响,火干扰破坏了森林生态系统的结构与功能,但同时又影响着森林生态系统内部的物质与能量循环,改善森林的结构,促进森林生态系统的良性循环,在森林生产力、生物多样性和稳定性、林分更新、群落演替、物种进化等方面均发挥着十分重要的作用(Whelan,1995;Bond and van Wilgen,1996;Goldammer and Furyaev,1996;Pyne et al.,1996)。北方针叶林区气候寒冷干燥,林下凋落物分解缓慢,枯落物大量聚积,森林可燃物非常丰富,因此,森林频繁地受到林火的干扰(Ryan,2002;Lynch et al.,2004;Gavin et al.,2006)。林火作为森林生态系统中一种瞬时而剧烈的自然驱动力,显著地改变了植被的空间分布、林分结构、林木的竞争和空间格局(杨晓晖等,2008;喻泓等,2009a,2009b,2009c,2009d),因此,林火干扰生态学受到林业与生态工作者的关注,研究林分结构、格局、生物多样性,以及生产力等对林火干扰的响应,对加强森林管理具有非常重要的理论与实践意义。

沙地樟子松(*Pinus sylvestris* L. var. *mongolica* Litv.)天然林是大兴安岭山地森林与呼伦贝尔草原过渡带上的重要植被类型,在呼伦贝尔沙地上发挥着十分重要的生态防护功能,特别是近些年来,大面积樟子松人工林的营造,对于减少我国北方沙区风沙危害起到了重要作用。目前对于沙地樟子松的研究多集中于其生物学特征、生态学特征、林分生长、病虫害防治、人工林经营管理等方面,关于樟子松林林分结构与生长等特征对气候变化及林火干扰的响应机制认识还很肤浅,加强此方面的研究对于合理管理沙地樟子松天然林,制定应对气候变化和林火干扰对策具有重要的理论与实践指导意义。

1.1 林 火

自从地球大气系统形成以后,与其他干扰因素如干旱、洪水和飓风等一样,火就成为自然生态系统的有机组成部分(Wright and Bailey,1982;Whelan,1995),地球上大多数森林都经历了不同程度火的干扰(Barnes et al.,1998)。长期以来,人类活动与火戚戚相关。火耕曾是欧亚大陆农业生产中的一项重要措施（Viro，1969），火改变了林分的年龄结构、物种组成和外貌，并塑造了多样性的景观（Goldammer and Furyaev，1996；Keeley et al.，2005）。美洲大陆开发以前，原住民就利用火从事狩猎和农事活动（Mitchell，1848；Stewart，1956；Hallam，1975；Hall，1984）；地中海沿岸的人们利用火的历史也非常久远，这种活动在近代由于该地区人口的增加而达到高潮（Le Houerou，1974）。另外，当今社会的人类活动逐渐成为林火发生的主要诱因并且影响着其特征（Barnes et al.，1998；Keeley et al.，1999；Syphard et al.，2007）。世界上许多森林经常受到火的干扰，如美国的北部、西部和东北部及加拿大的林区（Wright and Bailey，1982；Pyne，1997；Barnes et al.，1998），欧亚大陆的北方针叶林区域（Goldammer and Furyaev，1996；Gavin et al.，2006），欧洲、地中海地区的森林和稀树草原（Naveh，1974），南美洲（Coutinho，1990；Soares，1990）、非洲大部分地区（Phillips，1974；Booysen and Tainton，1984）、亚洲（Goldammer and Penafiel，1990；Stott et al.，1990）、澳大利亚（Gill et al.，1981，1990；Pyne，1998）的林区，甚至湿润的热带森林也时常受林火的影响（Goldammer，1991）。大约 100 万年前，人类便学会了使用火（Brain and Sillent，1988），火与人类结下了不解之缘，火推动了自然生态系统的演替和变化并影响着人类社会的发展，人们也不断地利用火为自己的生活和生产活动服务（Johnston，1970；Wright and Bailey，1982；Schüle，1990）。当然，在林火干扰的生态系统中，植物也表现出了多样性的适应林火的特征（Gill，1975；Keeley，1991；Carrington，1999；Lesica，1999；Liu and Menges，2005；Govender et al.，2006）。因此，火是影响自然生态过程的重要因子（Bond and van Wilgen，1996），它影响着物种的进化和维持着生态系统功能的正常运行，如生态系统中养分的循环、生物量的积累、群落的演替和保持生物多样性等（Barnes et al.，1998；Keeley et al.，2005）。另外，火还在塑造陆地景观中起着重要的作用（Wright and Heinselman，1973；Trabaud and Galtié，1996；Cochrane et al.，1999；Kashian et al.，2005）。

1.1.1　林火的概念

林火（wildland fire），即通常所说的自然火，其中也包括草原火（grassland fire），是指发生在森林植被中，非有计划的，人为或闪电导致植被燃烧而失去控制的大火（Whelan，1995；Pyne et al.，1996）。火势（fire regime）主要是指林火的类型及其在一定区域范围内所产生的影响，它包括：类型（type）、频率（frequency）、强度（intensity）、火烈度（severity）、面积（size）及季节（timing，即 season of burning）等（Gill，1975；Gill et al.，1981；Whelan，1995；Barnes et al.，1998）。在林火的诸多特征中，尤其以林火的类型、频率和强度 3 项特征最为重要。按照林火燃烧发生的高度，林火类型可以分为地下火（ground fire）、地表火（surface fire）和林冠火（crown fire）3 种。林火频率是指在一定时间间隔一定区域内林火又重新发生，它有多种表示方法，如林火周期（return interval）、林火轮回期（fire rotation 或 fire cycle）等（Johnson，1992）。林火强度一般用火焰的长度或者林火所产生的能量来表示（Agee，1993）。也有人从林火的物理特征出发，将林火分为地下火、地表逆风火（surface backfire）、地表顺风火（surface headfire）、带状林冠火（crown fire with a single front）和点状林冠火（crown fire with spotting）5 种类型（van Wagner，1983）。气候是林火特征的决定性因素，过去的气候通过决定植被的分布和特性而间接影响林火，当前的气候状况则通过决定群落的燃烧特性及林火过程而直接影响林火；而其他因素则是在气候背景下相互交织在一起，共同起作用而使林火特征呈现出多样性的变化（Whelan，1995）。

1.1.2 林火的类型

地表火是最为常见的林火类型（宋志杰，1991；Bond and van Wilgen，1996；Barnes et al.，1998；胡海清，2005），它在森林的林冠层下燃烧，烧掉林中的枯落物，烧死林下灌木和草本植物的地上部分（Ryan，2002），并且分别熏黑、烤焦树干和树冠（Bond and van Wilgen，1996；Barnes et al.，1998）。林中可燃物越多，林火强度就会越大，灌丛和树木被烧死得就越多；除了林火强度外，林火烧死木的数量与树木的种类、年龄和根系的分布状况也密切相关（Rebertus et al.，1989；Bond and van Wilgen，1996；Barnes et al.，1998；Fulé and Covington，1998）。与幼苗幼树相比，成龄林树木因具有较厚的树皮和远高出地表火火焰高度的树冠而更易于免受林火的灼伤，由于遗传或环境因素而造成根系分布较浅的林木也更易受到林火的伤害（Bond and van Wilgen，1996）。但是，不同的植物对地表火的干扰也有不同的响应机制，较强烈的地表火有时会因为灼伤树皮和烤焦部分或全部树冠而导致林冠层树木死亡；而较轻微的地表火会对林木起到某种程度的有益作用，如减少林下可燃物的积累、提高土壤温度、改善土壤湿度、促进微生物活动和减少病虫害发生等（Peterson and Ryan，1986；Uhl and Kauffman，1990；胡海清，2005）。另外，地表火对风特别敏感，风能加快地表火的扩散速度，有时较强的风速也可以使地表火蔓延发展成林冠火（van Wagner，1977；宋志杰，1991；Barnes et al.，1998；Scott and Reinhardt，2001）。

地下火是指在林地中堆积深厚的腐殖质层中燃烧的林火，它没有火焰，只能看见可燃物不完全燃烧时形成的向外扩散的烟雾（Rowe，1983；Hungerford et al.，1995；胡海清，2005）。地下火燃烧缓慢并且一般持续的时间较长，有时达几天、几个月或更长时间；地下火会产生很高的温度，它常烧死根系扎入到燃

烧的腐殖质层中的树木，并烘干燃烧区周围的可燃物以利于其进一步燃烧（宋
志杰，1991；胡海清，2005）。另外，地下火也常点燃地面可燃物从而形成地表
火或林冠火。

　　林冠火是指由闪电或其他燃烧源点燃的在林冠层燃烧的林火（Ryan，2002），
它常与地表火遥相呼应，相互影响，一般来说针叶林比阔叶林更容易形成林冠火
（宋志杰，1991）。直接在林冠上燃烧的林火一般较为少见，林冠火多是在大风、
干旱等因素作用下，由地表火或地下火蔓延至树冠而形成的林火（宋志杰，1991）。
林冠火在森林的上部烧毁针叶，烧焦树枝和树干，并且同时烧毁林下植被和枯枝
落叶等地被物，常形成裸露的地表；另外，林冠火常形成飞火，并能够加速林火
的蔓延速度，它是一种破坏性极大的林火类型（胡海清，2005）。

1.1.3　林火发生的条件

　　环境（天气）条件、可燃物和燃烧源是林火发生的 3 个必备条件，而只有当
这些条件同时具备并且达到最佳状态时，也就是说有充足的可燃物、天气状况使
可燃物干燥到足以燃烧和有燃烧源 3 个条件都具备时，林火才会发生（Wright and
Bailey，1982；Whelan，1995；Bond and van Wilgen，1996）。在林火可能发生的
地方，导致林火发生的环境条件也随着时空尺度的变化而变化（Schoennagel et al.，
2004）；小尺度上表现为可燃物、热源和氧气，中等尺度上表现为可燃物、天气和
地形，大尺度上则表现为植被、气候和燃烧源（Parisien and Moritz，2009）。

　　天气是影响林火的重要因子，它决定着林火何时发生及如何发生，直接或
间接地影响着林火的发生发展进程（Bessie and Johnson，1995；Alexander et al.，
2006）。例如，风直接促进林火的扩散和影响林火的强度，降雨、相对湿度和温
度等通过改变植被与枯落物的含水量而间接地影响林火过程；天气状况还可以
决定地表火能否发展为林冠火，某一着火点能否扩散而形成较大的林火等
（Foster，1976；Vines，1981）。只要条件具备，林火在多数气候条件下都能够发
生。南极地区由于寒冷湿润且无可燃物而不会发生林火，沙漠中因可燃物不足
和热带雨林地区因湿度太大也较少发生林火。气候条件是区域性林火发生的主
要驱动力（Heyerdahl et al.，2008），局部地区的干旱常与林火的发生密切相关
（Genries et al.，2009）。气候也可以通过影响植被的初级生产力来决定林火的发
生，这在降水量波动较大的干旱区表现得尤为显著；在非洲稀树草原地区，只有
在多年降雨量充足且植被枯落物大量积累时才会发生林火（Bond and van Wilgen，
1996）。

　　植物的形态结构及其化学成分、物种及群落的组成和空间结构等因素都决定
着林火的特征，因此植物的生物量、枯落物数量、个体的形态结构、大小及表面

积体积比等都对林火的发生有着重要的影响（Pyne，1984）。例如，具有浓密细小叶片的松树、禾草和石楠灌丛等更易于发生林火，而热带雨林树木和仙人掌类植物因具有很大的、含水量较高的叶片和枝干而使其不易受林火侵袭（Bond and van Wilgen，1996）；因油脂、蜡质及萜类化合物具有较高的燃烧值（Philpot，1969；Rebertus et al.，1989；Fulé and Covington，1998），当植物中这些化学成分含量较多时不仅容易发生林火，而且林火的强度也可能更大；较小体积的枯落物更容易失水变干，含有较多这类枯落物的林分也更容易发生林火。不仅群落的物种组成影响林火的特性，群落中可燃物的数量（McArthur，1967）及其空间分布（Rothermel，1972；Pyne，1984）也是决定林火能否发生的重要因素。在热带雨林，由于枯落物分解很快、可燃物数量相对较少而不易发生林火；而在南非的高山硬叶灌丛（fynbos）中，由于枯落物分解很慢而大量积累，这往往会增加林火发生的危险性（Bond and van Wilgen，1996）。由于可燃物结构的差异，在相同的天气条件下，灌丛的林火因其可燃物具有较广范围的空间分布而比草原火有更高的火焰和更大的林火强度；类似地，针叶林林下植被虽然有较高的可燃物空间分布，但由于林下枯落物有较密实的结构，其中地表火常常比草原火的强度还要低（Bond and van Wilgen，1996）。

一般来说，多种自然或人为因素都能够成为林火的燃烧源。闪电即是林火的主要导火索（Komarek，1966；Horne，1981；Ruffner and Abrams，1998），当然不是所有的闪电都能引起林火，而一次闪电也有可能引燃多起林火（Barnes et al.，1998），世界范围内由闪电引起的林火每年多达 50 000 次（Taylor，1974）。另外，陨石和火山喷发等也是引发林火的因素，当然由此而引起的林火数量很少且局限于相对较小的地域范围内（Viosca Jr，1931；Hennider-Gotley，1936；Kruger and Bigalke，1984）。然而，自从人类诞生以后，人类也就成了地球上林火的主要"制造者"（Brain and Sillent，1988；Whelan，1995；Barnes et al.，1998）。当今社会，随着人类活动的增加，很多地区的林火是人们有意或无意点燃的（Komarek，1965；Gill，1981；Kruger and Bigalke，1984；Guyette et al.，2002）。

1.1.4 林火的特征

不同的林火在频率、强度、火烈度及燃烧格局方面等都各不相同，气候、土壤水、地貌、燃烧物的积累及其可燃性等决定着林火的特征。北美大陆开发前，草原火很频繁，常常 2～3 年就发生一次（Wells，1970）；而北部针叶林区的林火周期约为 4 年，新大陆的开发活动使林火发生的频率增加，林火周期也相应地缩短到了 2 年（Heinselman，1973，1981）。美国西部黄松（*Pinus ponderosa*）林的林火周期平均为 2～18 年（Weaver，1974；Dieterich and Swetnam，1984；Savage and Swetnam，1990)，阿尔卑斯亚高山的瑞士五针松（*Pinus cembra*）林的林火周期则长达 173 年（Genries et al.，2009)；显然，偏温暖干旱的低海拔地区林火的频率高于冷凉而较湿润的高海拔地区（Arno，1976；Agee，1993；Taylor，2000)，亚高山森林沿海拔也有相似的变化趋势（Fulé et al.，2003a，2003b)。由于不同生态系统的环境条件和可燃物积累等的差异，其林火的频率也有显著的不同，山地铁杉 [*Tsuga mertensiana*（Bong.）] 林的林火周期超过了 1500 年，而美国白皮松（*Pinus albicaulis* Engelm）林从较高的 50~300 年（Arno，1980）到较低的 29 年（Morgan and Bunting，1990）不等。另外，正如林火在海拔上的变化一样，从森林的小地形角度来看，较干燥的南坡和西坡比潮湿的东坡和北坡更容易发生林火（Barnes et al.，1998；Alexander et al.，2006)。对加利福尼亚的北美红杉 [*Sequoia sempervirens*（D. Don）Endl.] 林研究表明，林火发生周期与不同的生态系统类型紧密相关，而与特定的植物种无关，其北部海岸潮湿的红杉林的林火周期可长达 500~600 年（Veirs，1980)，而在南部干旱的内陆，林火周期仅 33~50 年（Veirs，1980）或 20~29 年（Jacobs et al.，1985；Finney and Martin，1989)。而在 20 世纪，由于防火、人口的增加和城市的扩张等人类活动的影响，加利福尼亚灌丛林地的林火频率呈现出显著增加的趋势（Keeley et al.，1999)。

　　林火强度及其火烈度和可燃物、天气状况及地貌因素有密切的关系（Alexander et al.，2006)，可燃物的类型、数量及其空间分布直接影响着林火的强度，高强度的林火往往具有较高的火烈度（Rebertus et al.，1989；Fulé and Covington，1998)。林火发生当时的天气状况及林火前期的天气条件也可以通过影响可燃物的含水量及加快林火的燃烧和扩散速度等影响林火过程与特征（Whelan，1995)。含有较多油脂或次生化合物等的植物组成的群落不仅易于发生林火，而且其林火强度也较高（Whelan，1995)。当然可燃物的数量（Stinson and Wright，1969）特别是能够有效燃烧的可燃物的数量（Bentley and Fenner，1958）越多，林火强度也就越大，二者呈显著的正相关。另外，林火强度与可燃物的空间分布之间也表现为显著的正相关。一个地区较高频率地发生低强度的地表火，可燃物积累较少，可有效地避免较高强度、有很大破坏性的林冠火的发生（Whelan，1995；Fulé and Laughlin，2007)。地貌因素如坡向、坡位等可以通过影响植物群落结构、可燃物的数量和状态，以及改变小气候因子和形成天然的林火隔离带等，从而间接地影响林火特征（Williamson and Black，1981；Grimm，1984；Myers，1985)。另外，植物也以其特定的生物学及生态学特性对林火干扰产生不同的响应机制（Gill，1975；Keeley，1991；Carrington，1999；Lesica，1999；Pausas et al.，2004；Liu and Menges，2005；Govender et al.，2006；Keith et al.，2007)。

　　总之，生态系统中有多种自然和生物因素如气候、地貌、植被类型及人类活动等彼此相互作用从而共同影响周期性林火的发生。不同强度林火的发生是有一定规律的，频繁出现的地表火由于烧掉枯落物和幼苗幼树，从而减少了林中可燃物的积累，能够防止和降低更大强度、灾难性林冠火的发生。因此，在特定生态系统下所形成的林火特征如频率、强度和火烈度等，在个体的成活、促进系统中物种的动态变化和植被演替上起着决定性作用。

1.1.5 林火的分布及人类的认识

在不同的地区，林火表现为不同的行为和特征。遍及欧洲的温带森林每年发生林火的频率较高（167 次/10^6hm^2），但是每次过火面积却仅有 0.97hm^2，而对某一固定的林地来说其林火周期可长达 600 年（Chandler et al.，1983）；阿拉斯加的泰加林每年发生林火的次数较少（2.7 次/10^6hm^2），但是平均每次林火的过火面积却高达 1800hm^2；而澳大利亚潮湿的桉树林每年发生林火次数处于中等水平（66 次/10^6hm^2），平均每次过火面积为 165hm^2，林火周期为 43 年（Whelan，1995）。欧亚大陆长期的农耕生产已使林火的影响远离了大多数人的日常生产活动，淡出了许多人的视野，只有许多地处偏远的林区牧区，火仍然是人们生产劳动中不可缺少的生产作业因素。而美洲大陆和大洋洲在欧洲人到达之前，仍然保持着史前时期人类与林火之间相互联系、相互影响的关系；也就是说，由于闪电和有目的或无意地放火而发生的林火仍然对自然生态系统有着重要的影响（Singh et al.，1981；Wright and Bailey，1982；Pyne，1991）。在美洲新大陆大规模开发之后，传统的林业生产经营管理思想渐占上风，即林火因烧死大量的树木等而被认为不利于林产品的生产。因此，防火灭火工作被提上议事日程，20 世纪初美国开展了大规模的森林及草原防火工作，林火的行为和特征被大大地改变了（Barnes et al.，1998）。通过半个世纪防火灭火经验的积累，人们才逐渐认识到减少和排除林火的干扰也带来了一系列的问题，如可燃物过多的积累，幼树生长迟缓，林下出现密集丛生的灌木和幼树从而会发生更大规模的灾难性林火，灌丛和草原群落生长衰退，灌丛和树木入侵，大量纯林的出现也会使病虫害增加，动物种类及物种多样性减少等（Leopold et al.，1963；Gent and Morgan，2007）。事实上，大规模林火的控制和扑救也是远非人力所能及的（Dodge，1972）。因此，从 20 世纪 50 年代以来，有计划的火烧作为林火管理的一种有效的手段而被广为采用（Stephens et al.，2009），它主要用来减少林中可燃物，以防止发生更大规模的有较强破坏性的林火（Schiff，1962；Biswell，1989；Pyne，1997；Donovan and Brown，2007），也有利于大径阶林木的培育和增加草本植物的丰富度（Schwilk et al.，2009）。同时，林火主要烧死小径阶林木，从而打开了林隙（Lafon et al.，2007），减少了林木个体间的竞争，并有利于林下幼苗的更新。但是，大范围的有计划火烧和林分人工稀疏措施对林火机制、森林健康和生态系统等所产生的影响需要深入研究和慎重考虑（Stephens et al.，2009；Youngblood et al.，2009）。

1.1.6　中国的林火

　　中国是一个林火多发的国家，统计显示，1950～1979 年的 30 年间，全国森林过火面积占同期造林保存面积的 1/3（林业部护林防火办公室，1984）；1950～1986 年全国平均每年发生林火 1.5×10^4 次，平均每年累计过火森林面积在 100×10^{4}hm^2 左右，平均每年林火危害率为 0.86%（中国林学会，1983；文定元等，1987；宋志杰，1991）。而最近的统计显示，1950～2000 年，全国平均每年发生火灾 13.6×10^4 次，平均每年发生火灾面积 75.8×10^{4}hm^2，年均森林受害率 0.56%（姚树人和文定远，2002）；1950～2004 年，全国共发生森林火灾 71.0×10^4 次，总的受害森林面积达 3.76×10^{7}hm^2（狄丽颖和孙仁义，2007）。另外，由于中国人口众多，人为火源约占总火源的 98%以上（中国林学会，1983；郑焕能，1990；宋志杰，1991）。自然火源如雷击火在中国发生的次数不多，就全国平均情况来看，天然火源仅约占总火源的 1%，但在少数林区如大兴安岭和新疆的阿尔泰山地区雷击火却很严重（林业部护林防火办公室，1984；宋志杰，1991）。中国林火的许多指标都高居世界前列，但从 20 世纪 50 年代以来，林火危害程度总的来说呈下降趋势（林其钊和舒立福，2003；胡海清，2005；狄丽颖和孙仁义，2007）。中国林火发生的特点表现为：①南方集体林区和西南林区发生林火的次数占全国的近 90%；②东北和内蒙古林区林地过火面积最大，超过全国林地过火总面积的一半；③从全国范围来看，每隔 4～5 年出现一个林火高峰年；④林火集中发生在少数省区，如黑龙江、内蒙古、云南、广西和贵州等。由于各地区气候的差异，不同地区的林火高发期也有所不同。北方地区因春季和秋季的气候条件较干燥，所以林火多发生在春、秋两季；南方地区一年中只有干、湿两季之分，林火多发生在较干燥的冬春季节；而西北地区由于年降水量较少，夏、秋季节气候干燥且多风，因此这一时期是林火的多发期（宋志杰，1991）。20 世纪 50 年代以来，中国开始有组织、有计划地开展森林防火工作，建立了各级组织机构，配备了专业林火预防和扑救队伍，各地区也修建了系统配套的防火基础设施和林火扑救设施设备，并投入大量的技术力量进行林火管理的研究。特别是 1987 年大兴安岭特大森林火灾后，国家进一步加强了林火的预防和扑救工作，并颁布了相关的法律法令，从体制上保证林火管理工作的开展（林其钊和舒立福，2003）。在林火的预测预报方面，20 世纪 50 年代开始引进国外的一些林火火险等级分类和预报方法，并结合中国的具体情况进行了一些改进和发展，相关的气象和林业部门也分别研制了一些林火预报模型，建立了林火管理信息系统，并在许多林区进行了实际应用（宋志杰，1991；寇文正，1993）。另外，按照森林燃烧环理论（郑焕能和胡海清，1987），采用全国统一的标准进行森林火险等级的划分，完成了全国森林火险调查与区划工作，为中国森林防火宏观决策和分类指导提供了科学依据（王栋，2000）。

1.1.7　中国林火研究现状

1950 年以前，中国的森林火灾任其自燃自灭，无人组织扑救，因此关于林火的研究也就无从谈起（宋志杰，1991）。自 1950 年以后，随着国家对森林防火工作的重视及各级森林防火机构的建立，关于林火的科学研究工作也就自然而然地被提上了议事日程，并开始进入了起步阶段（宋志杰，1991；姚树人和文定远，2002）。1987 年大兴安岭"5·6"特大森林火灾之后，国家进一步加强森林防火工作，因此，关于林火科学的研究也随之登上了一个新台阶，在各个领域和研究方向上，林火研究不同层次、不同程度地展开，并且其研究手段、方法和思路也发生了质的飞跃（赵宪文，1995；姚树人和文定远，2002；林其钊和舒立福，2003）。中国的林火研究是在国家不断重视森林防火工作的过程中逐步发展起来的，虽然基础条件差、起步较晚，但中国的林火研究工作紧密结合生产管理实践，以服务林火管理为宗旨，着重突出理论与实际相结合的特点，努力服务于中国森林资源相对贫乏和人为火源多的林火管理实际。因此，长期以来，中国林火研究工作在基础理论、预测预报、林火扑救、灾后损失评估等许多方面展开，并取得了显著的成绩（赵宪文，1995）。

首先，围绕着林火的预防和扑救（李谛，1961），中国林火研究在林火综合管理措施、组织机构的建设、人员业务技术培训、林火扑救工具和设备的研制与使用等方面开展了大量卓有成效的工作（宋志杰，1991；姚树人和文定远，2002；林其钊和舒立福，2003；胡海清，2005）。其次，利用计算机和卫星遥感技术研究林火管理和监测信息系统（李维长，1992；张洪亮和王人潮，1997；张春桂，2004；舒立福等，2005；王正旺等，2006），为林火动态监测及预防和预测预报服务。同时，利用多种多样的分析方法和手段，开展了大量基于传统经验（辽宁省桓仁县气象服务站，1961）和数学与计算机相结合的数值模型（王正非，1956；岳金柱等，2005）的林火风险评估、林火行为（王正非等，1983；袁春明和文定元，2000；杨景标和马晓茜，2003；舒立福等，2004；陈崇成等，2005；田勇臣等，2007）、林火发生发展趋势（黄华国等，2005；肖化顺等，2006；胡林等，2006）、林火为害面积（赵慧颖等，2006；王佳璆和程涛，2007；曲智林和胡海清，2007；张贵和刘大鹏，2007；张顺谦等，2007）、林火损失评估（金森等，1993；王正兴和石静杰，1997；任晓宇和林其钊，1999；路长和林其钊，1999；邸雪颖等，2007）等预测预报工作（毛贤敏，1990；宋志杰，1991）。另外，在长期林火研究的基础上，结合国外林火研究的经验，林火专家学者创造性地提出了森林燃烧环理论，并进一步发展为具有一定理论基础和指导林火管理实践的森林燃烧环理论（郑焕能和胡海清，1987；郑焕能等，1990）。根据森林燃烧环的理论，提出了以生态系统为中心的、符合中国国情的综合森林防火模式（郑焕能，1990；郑焕能等，1994）。同时，在林火理论的指导下，广泛与计算机、航空和航天等技术相结合，提出了林火管理的信息系统（寇文正，1993）及专家决策管理系统（傅泽强等，2002；王阿川，2005；王霓虹，2007），并相继建立了不同空间尺度上的林区（尹远新等，2004）、地区（刘玉锋等，2007）、省域（万鲁河等，2003；臧淑英等，2005）及国家（寇文正，1993）层面上的林火管理及其决策支持信息系统。

在林火生态学研究方面，主要集中在物种对林火干扰的适应（郑焕能等，1984；孙静萍和冯瀚，1989a；胡海清等，1992；李世友等，2007）、林火干扰与森林更新的关系（孙静萍和冯瀚，1989a；胡连义和白景阳，1997；罗菊春，2002；Wang et al.，2004；秦建明等，2008）、林火干扰下的物种多样性（孙静萍和冯瀚，1989a，1989b；邢玮等，2006）、林火干扰下群落的动态及其演替（韩智毅，1985；顾云春，1985；郑焕能等，1986；孙静萍和冯瀚，1989a；罗菊春，2002；李秀珍等，2004；邓湘雯等，2004；杨晓晖等，2008）、林火干扰下景观格局的变化（Kong et al.，2004；王明玉等，2004）、林火生态系统（王正非等，1986；罗菊春，2002）等领域。同时，林火干扰后森林小气候（孙静萍和冯瀚，1989a；赵晓霞等，1990）及林火与气候的关系（傅泽强等，2001；田晓瑞等，2006，2007；宋卫国等，2006）、土壤理化性质（杨玉盛和李振问，1993；戴伟，1994；唐季林和欧国菁，1995；吕爱锋和田汉勤，2007）、土壤生物（杨玉盛和李振问，1993；吕爱锋和田汉勤，2007）、降水及河川径流（舒立福等，1999a；罗菊春，2002；Yao，2003；龚固堂和刘淑琼，2007）、水质和空气质量的变化（Yao，2003；吕爱锋和田汉勤，2007；龚固堂和刘淑琼，2007）、林分的空间格局（杨晓晖等，2008；喻泓等，2009a，2009c，2009d）及林木间的竞争关系（喻泓等，2009b）等方面也得到了研究者不同程度的关注。另外，对林火生态研究的动态和前沿不断进行追踪和总结（舒立福等，1999b），并适时提出研究的方向和目标（伍建榕和马焕成，1995；龚固堂和刘淑琼，2007）；同时，一些关于林火生态的专著已问世（周道玮，1995；郑焕能等，1998；胡海清，2005），这一切均推动了中国林火生态研究的前进和发展。

1.2　空间格局生态研究

1.2.1　空间格局的意义

大自然可以被看作具有不同特征的斑块（patch）的嵌合体，自然界中的植物也呈现出有序的斑块状结构特征,如从全球范围内植被的分布到叶片上的气孔及附属物的排列等(Dale,1999;张金屯,2004;邬建国,2007)。因此,自然植被也可被认为是不同类型的斑块的嵌合体(Burton and Bazzaz,1995),而斑块的大小及斑块间隙就成为植被的重要特征。当斑块的特征在某种程度上可以量化并能够被预测时,称为空间格局(spatial pattern)。即在任意尺度上,植物可测度的空间位置布局称为空间格局(Dale,1999)。空间格局是植被的重要特征,它不仅对植物本身具有重要的意义,而且对与其相互作用的其他生物如取食者、传粉者及受植物庇护的动物也意义非凡(Dale,1999)。

在自然生态系统中,生态过程及其所产生的格局是以时空特征的形式呈现出来的(Fortin and Dale,2005)。因此,在生态学研究中,全面考虑空间结构已经在理解和把握生态学过程方面占有重要的地位(Fortin and Dale,2005)。所以,在深刻理解自然界这个复杂系统的过程中,于时空尺度上描述和测度生态格局是最为关键的第一步(Fortin and Dale,2005)。了解植物的群落特征,研究其空间格局是非常必要的。

植物的群落特征是指其在时空上的属性,并与其内在的生态过程如定居、生长、竞争、繁殖、衰老和死亡等密切相关。植物群落格局和过程的研究可以追溯到 Alex S. Watt 的开创性工作,在其经典之作《植物群落的格局与过程》中,Watt(1947)认为群落是在相同的生态过程作用下处于不同发展阶段斑块的嵌合体。因此,反过来讲,通过群落格局的研究,也可以揭示其变化演替的内在过程和机制。另外,这个概念也被进一步延伸和发展,群落内微生境的差异及干扰后群落演替所形成的斑块也具有格局的特征(Whittaker and Levin,1977)。植物生态学的核心问题之一便是群落的生态过程,如生长、竞争、衰老及不同尺度上的空间格局之间的相互关系(Watt,1947;Skellam,1991;Lepš,1990;Levin,1992)。在生态学其他的众多领域中,格局的研究不仅仅着眼于其空间特征,更多的是从整个生态系统角度去探讨,尤为重要的是我们能够在多大程度上通过格局去揭示其内在生态过程的规律性(Cale et al.,1989;Lancaster,2006)。

为了研究生态系统的结构及生态过程所具有的生态功能,首先需要确定生态系统结构和生态过程出现在何种空间和时间尺度(Fortin and Dale,2005)。尽管时空维度一直被认为是生态学理论框架不可分割的有机组成部分,但是直到近些年,它才被直接地贯穿到取样和实验设计、模型建立和生态学理论中去(Levin,1992)。例如,McIntosh(1985)在介绍生态学研究的基本概念和理论时,涉及生态过程空间特征方面的内容较少。然而,近年来,越来越多的研究专著开始探讨空间问题,包括空间理论方面的研究和空间统计分析(Cliff and Ord,1973,1981;Getis and Boots,1978;Ripley,1981;Upton and Fingleton,1985;Anselin,1988;Haining,1990,2003;Cressie,1991,1993;Bailey and Gatrell,1995;Manly,

1997；Legendre P and Legendre L，1998；Dale，1999；Fotheringham et al.，2000；O'Sullivan and Unwin，2003）。

植物群落的生态过程也可以被看作空间上的点过程，即一种在空间上产生的、可测度的点集的随机机制（Cressie，1993；Stoyan et al.，1995；Diggle，2003）。空间点过程最基本的特征是点密度，而最简单的空间过程就是完全空间随机过程，也称为泊松过程（Poisson process）。它有两个重要的特征（Stoyan and Penttinen，2000；Diggle，2003）：①在完全空间随机的条件下，点的密度是不变的；②点之间是相互独立的。

早期的研究认为，可以从现实的格局去推断过去的生态过程；而现在普遍认为，严格地讲这是不可能的（Shipley and Keddy，1987；Lepš，1990）。因此，近来的研究常停留在格局的描述上，而仅有少数的研究去探讨格局与其内在生态过程的关系（Barot et al.，1999）。实际研究中，也可以利用"空间作为特征指标"去揭示和表征通常方法不易或不能测度的生态过程（McIntire and Fajardo，2009）。

随着生态学中数据处理能力的提高和空间模型的大量涌现，空间格局和生态过程之间的相互作用关系又重新得到了人们的关注（Lancaster，2006；Perry et al.，2006）。这是因为，空间格局是生态过程的结果（Gatrell et al.，1996）。然而，不同的生态过程或许可以形成相似的空间格局（Baddeley and Silverman，1984），相同的生态过程也可以产生不同的空间格局（Perry et al.，2006）；另外，一个格局被验证是空间随机的，却并不能够保证产生这个格局的过程就是一个随机过程（Molofsky et al.，2002）。因此，在实际研究中，空间格局和生态过程必须区别对待、综合考虑（Cale et al.，1989；Real and McElhany，1996）。

另外，随着时间的推移，植物个体间的空间格局与个体间的相互作用并非成正比（Lepš，1990）；生态过程是如何起作用的，反过来也依赖于准确而客观地对空间格局的阐述（Ford and Renshaw，1984；Lancaster，2006）。空间格局是植被的重要特征，它深刻地影响着空间格局背后所隐藏的生态过程；另外，格局不仅影响植物本身，也影响着与植物相互作用的其他生物。当然，空间格局影响生态过程的尺度相当广泛，从相距几厘米的邻近植物个体间的相互作用（Silander and Pacala，1985）到景观尺度上影响生物多样性及生态系统的服务功能（Turner，1989）。总的来说，生态学中空间格局的研究有两个目的，一是揭示格局的特征并对其进行评价，另一个就是确定生态系统中不同类型空间格局的内在作用机制（Real and McElhany，1996）。

1.2.2　空间格局产生的原因

植被的空间格局并不是随意的，在不同的尺度上其空间格局具有不同的特征。

这也表明，形成这些多样性格局的内在机制也是丰富多样的。一般说来，决定空间格局的因子可以分成三大类：①基于植物体大小和生长特征的形态因子；②自身具有空间异质性的环境因子；③植物群落学因子（Kershaw，1964）。

许多经典研究实例表明，形态繁殖特征决定着植物的空间分布格局，如根茎萌发特性决定着无性繁殖植物的格局（Kershaw，1964），一些原生演替的格局也与其上定居的先锋种的无性繁殖密切相关（Dale and MacIsaac，1989），如石灰岩草地群落的格局是植物无性繁殖的结果（Mahdi and Law，1987）。形态特征也决定着一定尺度上植物格局斑块的大小，然而斑块间隙也会影响格局，当然斑块间隙也可能受其他因素影响。植物的空间格局与环境异质性的关系被许多研究所证实，决定植物空间格局的环境因子包括土壤深度（Kershaw，1959）、土壤养分（Galiano，1985；Schenk et al.，2003）、地形（Greig-Smith，1961）、基岩的分布（Usher，1983）等，如加利福尼亚海岸山地顶级森林群落即是土壤、地形和植物因子相互作用的产物（Whittaker and Levin，1977）。

环境的异质性是决定维管植物空间格局的主要因子（Debski et al.，2002），然而它却不是苔藓植物空间格局的决定性因子（Maslov，1989）。还有一类决定植物空间分布格局的环境因子是干扰，许多植被格局也可以看作过去不同时期历经多次干扰后恢复的结果（Crawley，1986）。例如，火在景观尺度上显著地改变了植被的空间分布（Turner and Bratton，1987；Turner et al.，1994；Brown et al.，1999；Sibold et al.，2006；Riano et al.，2007），在群落尺度上维持稀树草原景观（Cooper，1961；Higgins et al.，2000；Jeltsch et al.，2000）；另外，倒木所形成的林隙通过影响森林的更新而决定着小尺度上森林的空间格局（Kanzaki，1984；Veblen，1992）。因此，植被的干扰-更新模式被概化为"斑块循环"模型（Remmert，1991），并在一些植物（Sprugel，1976）和动物（Peart，1989；Umbanhowar Jr，1992；Steinauer and Collins，1995；Mordelet et al.，1996）的研究中得到证实。

植物间的相互作用也能决定其空间分布格局，种内（Kenkel，1988a，1988b；Powell，1990）和种间（Yarranton and Morrison，1974；Rydin，1986；Day and Wright，1989；Gignac and Vitt，1990；Blundon et al.，1993）竞争都是形成植被格局的决定性因素。格局也随着决定其特征的因子的变化而发生变化，如随着植物生长，其结构及微生境也发生相应的变化，这样植物的空间格局也随之发生相应变化（Glaser et al.，1981；Swanson and Grigal，1988；Symonides and Wierzchowska，1990）。

多数情况下，植被空间格局的规模及其变化发展是群落"正反馈开关"作用的结果（Wilson and Agnew，1992）。这种反馈机制可以概括为格局斑块间较小的差异因植物间及其与环境因子间的相互作用加强而表现出较大的差异，从而促进格局的变化与发展。这种反馈机制可以加速或延缓格局的发展变化，产生特定的植被格局或维持已有格局的相对稳定（Wilson and Agnew，1992）。有多种因子推动植物格局的变化发展，如水分、养分、光、火、他感作用和捕食等。格局的尺度也从单个植物体到景观范围，这种反馈机制在植被格局的形成方面起着重要的作用。随着演替的发展，植被的格局也发生相应的变化（Sterling et al.，1984）。

空间格局也被认为是植被演替过程中其演替序列的外在表征。在演替的初期，相同尺度上格局的强度随着斑块密度的增加而增大；随着植物的定居和生长发育，当一些斑块融合后促使相应尺度的格局消失；较小尺度的斑块相互融合产生了较大尺度的斑块，随之小的斑块间隙也跟着消失，或者由于植物的死亡而使斑块消失，从而形成更大的斑块间隙（Kershaw，1959；Greig-Smith，1961）。因此，顶极群落中的格局是非均匀的，并且其强度也较低。然而，初级演替过程中，空间格局并没有呈现出更趋向于非均匀的变化趋势（Dale and MacIsaac，1989；Dale and Blundon，1990）。

1.2.3　空间格局的概念

空间格局是指某种程度上可预测性（predictability）的点、植物、其他生物或生物体所构成的斑块在空间上的位置布局（Dale，1999）。因此，由于格局的可预测性，其在空间上是非随机的。然而，也有人认为空间格局可以是随机的（Ludwig and Reynolds，1988）。事实上，真正的随机性也是可以测度的，如平面上相互独立、完全随机的点近似遵从泊松分布（Poisson distribution）。

尺度（scale）是指二元斑块格局中相邻的一个斑块和一个斑块间隙（gap）中心点的平均距离。它同样也可以表述为相邻的斑块或斑块间隙中心点之间的平均距离的一半（Dale，1999；张金屯，2004）。

强度（intensity）是指二元斑块格局中，斑块与斑块间隙在密度上的差异程度（Dale，1999；张金屯，2004）。强度还可以定义为斑块与斑块间隙密度之间的差值，若斑块间隙的密度值为 0，在斑块与斑块间隙面积相等的情况下强度就等于斑块的平均密度；当斑块与斑块间隙面积不相等时，则强度等于用格局尺度加权后的斑块密度（Dale and MacIsaac，1989）。在多元斑块或多物种的格局中，强度的定义也需要略微进行调整，但是以密度的差值进行定义则是其基础（Dale，1999）。

分布（dispersion）是与空间格局密切相关的一个重要概念，它特指点在平面上的布局模式（Dale，1999）。扩散（dispersal）是指一种生物运动的过程，而分布则是指生物在空间上的布局，是扩散的结果（Armstrong，1977；Pielou，1977）。分布零假设模型是指点的出现彼此是相互独立的，相同大小的空间出现同样数量的点的概率是相等的。此种分布类型通常被称为空间随机格局（spatial random pattern），或者因为特定空间的点数遵从泊松分布而被称为"泊松森林"（Poisson forest）（Keuls et al.，1963；Upton and Fingleton，1985），也就是常说的完全空间随机（complete spatial randomness，CSR）。还有另外两种分布类型，一种是集群分布（clustered distribution），即植物个体集中形成个体群、个体簇或个体斑块等的分布形式，也就是说一个点的出现使其周围出现其他点的概率增加。另一种是均匀分布（uniform distribution），即一个点的出现使其周围出现其他点的概率降低（Dale，1999；张金屯，2004）。以上 3 种分布类型在现实中也是存在的，而探求空间分布格局类型的内在作用机制才是研究的真正目的。因为生物之间存在着不同形式的相互作用，它们在空间上也不可能完全是彼此相互独立的，然而它们会出现与随机分布类似的分布类型（Skellam，1952；Greig-Smith，1979）。同种生物有相同的生态位，所以环境的异质性常导致生物的集群分布；而生物个体间的竞争则会形成均匀分布类型。

空间自相关（spatial autocorrelation）是指出现在取样数据本身而空间关系上缺乏独立性的现象。因为真正相互独立的观测值比用于统计检验的观测值还要少，空间自相关的结果使统计检验比数据本身表现出更明显的显著性（Legendre，1993；Thomson et al.，1996）。因为分布格局在空间上的重复性，取样的相似性首先随着距离的增加而降低，而到了一定的距离后其又随着距离的增加而增加，这种空间自相关特性也曾得到了验证（Franco and Harper，1988）。

关联（association）是指一个物种或类别较多地（正关联，positive association）或较少地（负关联，negative association）出现在另一个物种或类别周围的趋势。群落演替初期植物种间为正关联（John，1989），而演替后期种间的关联一般为负关联（Grace，1987）。种间关联对其空间格局具有重要的意义，一个种的格局影响与之关联的另一个种的格局，进而影响整个群落的格局。如果一个或几个植物种在群落结构和功能上起着重要的作用，则它们会通过影响其他种从而表现出在群落格局上的重要地位（Dale，1999）。

1.2.4　空间点格局分析

空间格局被誉为"生态学最后的前沿"（Kareiva，1994），而空间格局分析也是生态学中发展最快的领域（Fortin and Dale，2005）。植物的每个个体都被看作二维空间上的一个点，这样所有个体就构成了植物的空间分布点图，以植物空间分布点图为基础的格局分析被称为空间点格局分析（spatial point pattern analysis）（Upton and Fingleton，1985；Cressie，1993；侯向阳和韩进轩，1997；张金屯，1998，2004；Dale，1999）。空间点格局分析方法兴起于 20 世纪五六十年代（Gatrell et al.，1996），当时的方法主要是基于距离（Clark and Evans，1954）和区组

（Greig-Smith，1952）来进行分析的。而近年来，为解决不同学科的问题而发展了许多种空间点格局分析方法（Perry et al.，2006）。

进行点格局分析首先要考虑的不仅是寻找有效的格局分析方法，确定空间格局分布类型是集群的、均匀的或者是随机的；还要通过点格局分析得到更多诸如此类的结果：如果格局为均匀分布，则其分布尺度如何？在空间上是如何配置的？不同植物种是否相同？如果格局是集群分布，则其聚集斑块的大小如何？间隙大小如何？另外，进行点格局分析还要考虑格局分析方法在处理斑块和斑块间隙方面具有同等的功效。由于区组方差分析是建立在密度差值的基础上的，因此斑块与斑块间隙的空间格局是相反的，以此进行点格局分析其结果是一样的（Pielou，1977）。格局与尺度是密切相连的，格局分析的目的就是找出在什么尺度上其聚集斑块或间隙的分布类型。聚集斑块大小是依赖于平均密度而表现出的局部密度特征，而这种局部密度特征更具有生态学意义，如其他条件都一样的话，高密度区的植物生长较慢且有较高的死亡率（Mithen et al.，1984；Silander and Pacala，1985，1990）。

现在，点格局分析已被广泛地用于植物群落的空间格局研究（侯向阳和韩进轩，1997；张金屯，1998；Barot et al.，1999；Debski et al.，2002；Schenk et al.，2003；Schurr et al.，2004；Lancaster，2006；汤孟平等，2006；Watson et al.，2007；Wiegand et al.，2007；杨晓晖等，2008；喻泓等，2009a，2009c，2009d）。按照研究对象的物种数，点格局分析可以分为单变量点格局分析（univariate point pattern analysis）、双变量点格局分析（bivariate point pattern analysis）和多变量点格局分析（multivariate point pattern analysis）3 种类型。进行空间点格局分析的方法有许多种（Ripley，1981；Cressie，1993；Stoyan et al.，1995；Diggle，2003），如邻近距离法（neighbor distance method）（Clark and Evans，1954；Thompson，1956；Pielou，1961；Dixon，1994；Davis et al.，2000；Diggle，2003）、植物全距离法（plant-to-all-plants distance）（Galiano，1982；Dale，1999）、Ripley's K 函数（Ripley，1976，1977；Lotwick and Silverman，1982；Haase，2001）、邻近密度函数（neighborhood density function，NDF）（Stoyan D and Stoyan H，1994；Stoyan et al.，1995；Ward et al.，1996；Condit et al.，2000；Wiegand and Moloney，2004；Wiegand et al.，2007）、泰森多边形（Thiessen polygons）（Fraser and van den Driessche，1972；Czaran and Bartha，1992）、样方法（quadrat count）（Ludwig and Reynolds，1988；Hurlbert，1990）、异质性 Ripley's K 函数和邻近密度函数（inhomogeneous forms of Ripley's K function and the NDF）（Baddeley et al.，2000）、Getis 和 Franklin's $L(d)$ 函数（Getis and Franklin，1987）及距离指数（distance index）（Perry，1995）等用于单变量点格局分析；最邻近距离法（nearest neighbor method）（Wheelwright and Bruneau，1992；Dale and Powell，1994）、框架结构法（framework）

（Gabriel and Sokal，1969；Dale，1999）、Ripley's K 函数（Upton and Fingleton，1985；Szwagrzyk and Czerwczak，1993）及样方法等可以用于双变量点格局分析；而多变量点格局常简化为双变量进行分析，因此用于双变量点格局分析的方法也可以用于多变量点格局分析（Gibson and Brown，1991；Szwagrzyk and Czerwczak，1993），然而实际中不同类型的多变量中每对变量间的相互比较常较困难，如需要控制犯第一类错误的概率等（Perry et al.，2006）。

总的来说，空间点格局分析方法可以分为两大类，即基于最邻近距离的分析和二阶汇总统计分析（second-order summary statistics）法（Perry et al.，2006）。这两类分析方法在处理问题中各有优缺点，其中最邻近距离法的概念简单明了，它在邻近个体间出现相互作用的尺度上有较好的效果（Ripley，1979；Stoyan and Penttinen，2000；Perry et al.，2006），而基于多阶最邻近距离的格局分析（multi-order nearest analysis）常缺乏明确的生态学意义（Perry et al.，2006）。二阶函数可以在连续的尺度上进行空间点格局分析，但是由于其累积分布函数的性质，使 Ripley's K 函数在较大尺度上的分析受到较小尺度上的累积效应的影响（Ward et al.，1996；Condit et al.，2000），在空间点密度较高的情况下，Ripley's K 函数值间将具有较强的空间自相关（Perry et al.，2002）；而邻近密度函数克服了这个缺点（Wiegand and Moloney，2004；Wiegand et al.，2007），它能够在特定的尺度上准确地反映格局的特征（Stoyan D and Stoyan H，1994；Condit et al.，2000；Stoyan and Penttinen，2000；Wiegand and Moloney，2004；Wiegand et al.，2007）。在实际应用中，最好是把多种分析方法结合起来相互补充，从而更有效地阐明和分析问题（Ripley，1981；Diggle，2003；Perry et al.，2006）。

空间点格局分析在植物生态学研究中有着悠久的历史，因此也就孕育而生了许多种不同的分析方法。然而，这些方法在空间点格局分析方面各有优缺点，实践中最好是将多种方法结合起来相互补充，且与其他的统计方法相结合而相互验证，才能够更好而准确地揭示植物的空间点格局及其过程（Perry et al.，2006）。

1.3 林木竞争

竞争是生物个体间的相互作用，同时也是一种重要的生态过程（Begon et al.，1996），植物群落中种群动态、植被的生产力等也是由其个体间相互竞争来决定的。竞争是生物界普遍存在的现象，关于竞争的研究也长盛不衰，人们利用不同手段和方法在不同的领域研究探讨生物间的竞争。然而，长期以来，关于竞争的定义、探讨竞争的实验设计、分析方法和结果的阐述等也引起了广泛的争论（Weigelt and Jolliffe，2003）。竞争一般被定义为生物个体间的相互作用，并由此而引起的因对有限资源的分配而导致的至少一些个体在生存、生长发育和生殖等方面的限制

（Begon et al.，1996）。竞争具有许多特征，如重要性、强度、影响、对竞争的响应及所产生的结果等（Gibson et al.，1999；Connolly et al.，2001）。

　　竞争也是森林生态系统中普遍存在的现象（Goldberg and Barton，1992），森林中林木个体间竞争的结果使某些个体在群落中占据着优势地位，不仅增加了其对有限资源和空间的有效利用，同时也增加了其对周围树木影响的强度和范围（Weiner，1990；张池等，2006；张谧等，2007），并推动群落结构、功能和演替的变化与发展（Huston and Smith，1987；吴巩胜和王政权，2000）。因此，探讨森林中林木的竞争关系对理解和把握森林的结构和动态具有重要意义（Canham et al.，2004，2006）。

　　但从竞争过程本身入手研究植物间竞争，即通过直接观测植物对有限资源和空间的利用并定量分析其分配关系是比较困难的（Weigelt and Jolliffe，2003）。也有研究者通过种群密度和个体大小来度量竞争（Ford，1975），但多数研究者认为在群体水平分析竞争会掩盖由于个体间的差异而产生的巨大影响（Mack and Harper，1977）。在个体水平上研究竞争有两个优点：①反映个体间的空间相互作用（对木本植物竞争的研究主要与距离有关）；②直接反映种群特性和环境影响的变化，这种在种群特性和环境上的影响对生态系统有着决定性的作用（Huston et al.，1988）。所以数量化描述林木个体间的竞争对描述群落结构、揭示群落演替进程有着重要意义。

　　一般来说，利用竞争指数可以更好地量化和表征植物个体间的竞争，如竞争强度及其重要性、竞争产生的效果及对竞争的反馈和竞争导致的结果等（Weigelt and Jolliffe，2003）。选择竞争指数时必须注意指数本身所具有的特征，如它在数学和统计学上的特性、植物的密度制约机制和不受植物体大小的影响等；另外，还应明确指数特定的生态学意义（Weigelt and Jolliffe，2003）。许多竞争指数是基于混交林中植物的生长状况提出来的，当然，植物的竞争也可以通过产量-密度方程、径阶分布和邻近个体的分析等来表达。指数是竞争结果的反映，为了准确地表达植物个体间的竞争过程，竞争指数必须与植物的年龄、种类组成和环境特征等紧密地结合起来（Weigelt and Jolliffe，2003）。

　　事实上，描述植物个体间的竞争在很大程度上依赖于测度植物个体间竞争的方法（Frechleton and Watkinson，1999）。通常构建竞争指数的方法是，将多个基本的响应变量进行综合或把不同测度竞争的方法组合起来；而对竞争概念的不同理解，又常常决定着研究者对竞争指数的取舍，这反过来又左右着对植物间竞争结果的评价（Weigelt and Jolliffe，2003）。总的来说，多种多样的竞争指数可以深化我们对植物间相互关系的认识和理解，这表现在以下几个方面（Hunt，1982；Weigelt and Jolliffe，2003）：①精炼浩如烟海的数据，准确地阐述植物间的竞争关系；②综合不同的竞争指数可以更加全面系统地分析植物间的竞争关系；③多样性的竞争指数还有利于描述复杂的数据结构及进行不同研究结果间的相互比较。然而，竞争指数也存在着许多缺点和不足，它们也易被误用或滥用，因此在应用时需仔细小心。长期以来，不同研究者在不同的研究领域如生态学、农业和林业等提出了大量的各不相同的竞争指数，这让使用者有充分的余地进行竞争指数的选择。然而，如何选择和使用合适的竞争指数也就成了一个难题（Weigelt and Jolliffe，2003）。尤为重要的是，通过竞争指数来推断生物间相互关系时，必须充分考虑所选定的竞争指数的适用范围（Connolly et al.，2001）。

一般情况下，可以从多个方面来考虑选择某一个特定的竞争指数。首先一个表征竞争的指数应该是具有明确和特定的含义，并且有准确的内涵和外延，能够解决特定范围的问题。其次，指数的数学表达式应该来源于缜密的逻辑推导且有明确的生物学意义。再次，竞争指数也受生物体大小、形状和多度等因素的影响。最后，竞争指数也存在着通用性和标准化的问题，即其应用不应受特定的研究对象所限制（Weigelt and Jolliffe，2003）。总的来说，源于实验设计的竞争指数仅仅是一个基本的分析手段而已。

如此众多的竞争指数自然而然地引出了一个问题，那就是所有的竞争指数都是必需的吗？也就是说能否从中挑选出几个具有普适性的指数？然而，这需要对大量文献中的指数进行比较并将其简化。事实上，一些竞争指数并没有被广为使用，有些早期广泛使用的指数现在已经不常用了（Weigelt and Jolliffe，2003）。除了这种"自然"淘汰外，很难找到一种指数能够得到大家的公认。显然，一个"理想"的指数应该具有多方面的效能，能够应用到不同类型的竞争中去，并且拥有许多公认的优点。因此，没有任何一个指数能够同时具备这些特征（Weigelt and Jolliffe，2003）。事实上，任何一种指数仅是揭示了生物间竞争的某一个方面而已，而"理想"的指数应该是能够描述各种类型的竞争和竞争的各个方面，这需要在实践中不断地探索和发展。

20 世纪 60 年代以来，一些学者为了更准确地预测林木的生长，相继提出了许多描述林木间竞争强度的数量指标，即竞争指数系统（Bella，1971；邵国凡，1985a，1985b；马建路等，1994；Miina and Pukkala，2000；Weigelt and Jolliffe，2003；Canham et al.，2004）。一般认为，生物个体更多地受到来自其邻体的竞争（Tilman，1994）；因此，基于距离的邻体竞争指数成为研究的热点，并在实际中得到广泛应用（Weiner，1990；Canham et al.，2004，2006）。而 Hegyi（1974）提出的单木竞争指数也是一种基于距离的竞争指数，其形式较简单，且有明确的生物学意义和较好的实际应用效果，并被广泛地应用于研究基于距离的林木竞争关系（邱学清等，1992；段仁燕和王孝安，2005；刘彤等，2007；汤孟平等，2007；喻泓等，2009b）。利用 Hegyi 的单木竞争指数进行樟子松林主要树种林木个体间竞争的研究，旨在更准确地描述樟子松林群落结构和动态变化，这在半干旱区森林群落演替中具有重要的意义（Fowler，1986），并为樟子松林的保护和生产经营管理提供依据。

1.4 植物多样性

生物多样性（biological diversity or biodiversity）是近年来生态学研究中的热点问题，然而，关于其概念也存在着争议。一般认为生物多样性包括遗传多样性、物种多样性和生态系统（或群落）多样性 3 种类型（Norse，1986）。从物种的角度出发，生物多样性可被定义为一定时空尺度上的物种的丰富度（richness）和多度（abundance）的总和（Hubbell，2001）或特定研究区域内生物的种类和多度（Magurran，2004）。因此，在这个意义上，生物多样性应包含丰富度和均匀度（evenness）这两方面的内容（Simpson，1949）。种的丰富度这个专业术语是由McIntosh（1967）提出的，它被简单地定义为特定研究区域内物种的数量（Magurran，2004）；而种的均匀度被定义为特定研究区域内物种间多度的变化（Magurran，2004）。因此，"多样性指数"（diversity index）也就是一个涵盖有物种丰富度和均匀度信息的统计量（Magurran，2004）。

一般来说，研究生物多样性及其测度是建立在 3 个假设的基础上的（Peet，1974）：①所有生物种的地位是相等的；②所有生物种的每一个个体的地位也是相等的；③所有生物种的多度均采用合适的且能够进行相互比较的尺度来度量（Magurran，2004）。通常，物种多样性的测度包括α多样性（α-diversity，一定区域上种的多样性）和 β 多样性（β-diversity，一定区域上种的α多样性的差异）两部分（Magurran，2004）。从根本上来讲，研究生物多样性的目的就是在相同的尺度上进行特定区域内生物间的相互比较。因此，研究者试图弄明白的就是一个区域是否比另一个区域具有更高的多样性；由于演替等生态过程的作用，生物多样性是否随着时间的推移而发生变化等（Magurran，2004）。

通常，有两种表示物种丰富度的方法：①单位数量的物种丰富度（numerical species richness，即一定数量的生物个体或生物量中所含有的物种数）；②物种密度（species density，即单位面积或取样单元中的物种数）。一个多世纪以来，后者即单位面积上物种的数量常被应用到植物学的研究中（Magurran，2004）。调查物种丰富度的一个最大的问题是，物种的丰富度随着样本量的增加而增加，由此而使不同地区的物种丰富度很难进行比较（Gaston，1996）；然而，如果使用统一的调查方法和同样大小的取样单元，或许能够使这种情况有所改观（Magurran，2004）。

地球上大多数森林都经历了不同程度火的干扰（Barnes et al.，1998），火改变了林分的年龄结构、物种组成和外貌并塑造了多样性的景观（Goldammer and

Furyaev，1996），它也通过改变林地枯落物和地被物的特征等影响林下植被多样性（Hiers et al.，2007）并驱动植物类群的变化（Verdú and Pausas，2007；Stromberg et al.，2008）。林下植被在北方针叶林生态系统中起着重要的作用，然而，关于北方针叶林区林下植物多样性的研究却并不多见（Nilsson and Wardle，2005；Hiers et al.，2007；Hart and Chen，2008）。

1.5 树木径向生长及其气候响应

树木年代学是以树木年轮生长特性为依据,研究环境变化对树木径向生长（即树木年轮）影响的一门学科，它以树木生理学为基础，研究环境变化影响树木生长的规律，旨在获取历史气候代用资料，重建环境因子过去变化的史实。树木年轮的形成与变异是树木生长的主要特征之一，它除了受树木自身的遗传因子影响外，亦受环境因子制约。

树木年轮因其定年准确、分辨率高、连续性强、易于重复、量测精确、可提取的气候与环境变化信息较多、可靠性高等特点，已成为气候与环境变化、碳循环等环境研究的重要技术方法，所以树木年代学受到气候学者、生态学者、地球环境科学界的高度关注。树轮宽度指示着树木的径向生长量，年轮的形成及其宽度不仅受当年及生长前期的气候因子的综合影响，还受到坡度、坡向、坡位等立地环境，以及树木本身的遗传特性、污染、病虫害、火灾、地震、林分干扰等因素的影响（Fritts，1976）。

1.5.1 树木径向生长对气候的响应

树轮的形成受当年及生长前期气候因子（如温度、降水等）的综合影响，树轮宽度与气候的关系非常复杂。一般来讲，生长期的降水量对树木生长的影响最大，在水分限制性区域树轮宽度与降水量多呈正相关关系（Akkemik，2000；朱海峰等，2004），这可能与降水可加快光合产物积累并促进植物的后期生长有关（Zhang et al.，2003）。然而，当降水充足或过多时，树轮宽度与降水量可能会呈负相关性（Fritts，1991；Wimmer and Grabner，1997），此时降水的多少不影响或由于水分过多限制了树木的生长，从而不利于树木的径向生长。温度对树轮宽度的影响较复杂。在生长季开始时，最低温度的升高有利于延长生长季，此时温度与树轮宽度可能呈正相关性（Akkemik，2000；Makinen et al.，2003；刘洪滨等，2003b）；但在生长旺季，温度升高会引起林分蒸散加剧，土壤含水量迅速降低，树木生长会减缓，从而抑制了树木的生长，故多表现出与树轮宽度的负相关性（Jacoby et al.，2004；袁玉江等，2005）。

制约树木年轮生长的主导因素会随树木的生长阶段和环境变化而发生改变。

Hans 等（2004）认为欧洲赤松树木径向生长与 5～6 月降水量呈显著的正相关性，但在旱季，特别是 19 世纪末期，树木径向生长与 6～7 月的气温呈负相关。Makinen 等（2003）认为德国东部欧洲云杉的径向生长与 5 月温度呈正相关，当温度适宜时，水分成了树木生长的主要限制因子，当温度过高时会导致水分胁迫，降水量与树木径向生长呈显著正相关性。邵雪梅和吴祥定（1994）在秦岭研究华山松树木年轮气候响应时发现，华山松的径向生长主要受 4 月温度和 4～7 月（特别是 5～6 月）降水量的影响，但也与 6 月的温度密切相关。Bouriaud 等（2004）对同一林地的 55 年生的欧洲山毛榉（*Fagus sylvatica*）建立了 30 条树轮序列，分析发现其树轮宽度与土壤水分含量密切相关，且对生长季后期气候变化较为敏感。针对阿根廷巴塔哥尼亚北部安第斯地区 15 个假山毛榉（*Nothofagus pumilio*）样本的研究发现，树轮宽度不仅与春夏季的温度及降水有关，还受海拔和积雪覆盖程度的影响（Villalba et al.，2003）。Kirdyanov 等（2003）认为西伯利亚高纬度地区的夏季初期温度、冬季降水及冰雪融化期对树轮结构有重要影响。

温度和降水对树木年轮的影响也具有明显的滞后效应，特别是降水对树木年轮的滞后效应更明显（Fritts，1991；Larsen and MacDonald，1995；李江风等，2000；Makinen et al.，2003）。对北美白云杉（*Picea glauca*）和美国短叶松（*Pinus banksiana*）的研究发现，其径向生长量与上一年 7～8 月的降水量呈正相关，因为 7～8 月降水充足会导致土壤水分状况良好，树木落叶减少，有利于光合作用（Rolland，1993；Larsen and MacDonald，1995）。也有学者发现，上一年 8～9 月的高温能减缓树木第二年的生长速率，因为这段时间的高温会使土壤含水量减少，而降水量不能满足树木蒸腾的需求，树木只能动用体内储存的水，所以影响了下一年的树木生长（Rolland，1993；Makinen et al.，2003）。上一年冬季的温度状况也影响着树木第二年的生长，当冬季温度偏低时，植物叶细胞内原生质脱水，根系可能被冻死，以致来年光合作用减弱，且树木生长期缩短，从而形成窄年轮（李江风等，2000；朱海峰等，2004）。而温暖的冬季则可以避免叶组织冻结，保证代谢活动正常，有利于树木下一年的生长（邵雪梅和范金梅，1999）；温暖的冬季还会延长来年的生长期，有利于光合作用，为下一年的生长积累较多的能量（Fritts，1991；Gutiérrez，1991）。当秋末和冬季的温度过高时，树木的呼吸和代谢作用加强，这加速了储存营养的消耗，对植物的次年生长不利（Rolland，1993；Cherubini et al.，1997）。

树木的生长除受温度、降水、光照等因子的影响外，一些异常变化如大气 CO_2 浓度升高、旱灾、火灾、森林病虫害、火山喷发、地震和冰川运动及人为环境污染等都会影响树木生长，进而影响树轮宽度重建气候序列的精度。

树木的径向生长同时受气温和降水共同影响。袁玉江等（2000）在我国新疆伊犁地区的研究发现，温度对树轮宽度的影响会随着降水量的变化而不同，当降水量低于某一阈值时，温度（通常 5～8 月）和树木径向生长呈明显的负相关关系；

当降水处于适量条件下，温度对树木径向生长的影响较小，这表明树木生理过程对温度的正需求与温度的增高而导致土壤含水量降低所产生的负影响在某种情况下相互抵消。当降水量高于某一阈值时，随着温度升高，树木的径向生长达到某一最高值，而后随温度的增加又有变小的趋势（沈长泗等，1998）。

受温度和降水共同影响的土壤水分也在很大程度上影响着树木的径向生长。土壤水分不足会阻碍树木根系对土壤养分的吸收，抑制树木躯干养分物质的输送，降低细胞的活力，从而影响树木形成层细胞分裂的速度（沈长泗等，1998）。因此，降水量减少和气温升高引起的土壤含水量减小会导致窄轮的形成。张志华等（1996）发现，在半干旱地区，云杉的径向生长明显受生长期温度和降水的影响。在此情况下，仅研究单一环境因子对树木径向生长的影响无法全面反映树木生长的制约性因子，因此，综合考虑温度和降水的气候指数，如湿润指数、干旱指数等复合指标来度量气候变化，更能反映出树木径向生长对气候的响应（Rigozo et al.，2002）。

1.5.2 利用树轮宽度重建环境与气候变化

树轮宽度分析是最早也是最常用的树木年代学分析方法之一。环境变化会影响树木生长，并反映在树木年轮上，利用树轮宽度的年际间变异，重建过去的温度、降水、径流等时间序列，已在全球变化研究中受到广泛应用（Fritts，1991；Mann et al.，1999；Zhang et al.，2003；Paul et al.，2004；袁玉江等，2005）。

在温度变化方面，目前全球已经开展了大量的重建研究，大多数重建结果证实了全球变暖的事实。根据树轮宽度对北美高纬度地区重建的1682~1968年的温度变化表明，与17~19世纪相比，20世纪该地区处于异常温暖期（D'Arrigo and Jacoby，1999）。刘晓宏等（2004）利用祁连山圆柏（*Sabina przewalskii*）建立的树轮宽度标准指数序列反映的温度变化较好地表现了小冰期降温特征，以及20世纪持续的全球变暖趋势，并反映出1998年为20世纪的最暖年。Palmer和Xiong（2004）对新西兰过去500多年（1459~2002年）的气温变化深入分析发现，15世纪70年代、16世纪30年代与70年代、17世纪初期、1730~1780年、1820~1840年、19世纪70年代、1920~1940年和20世纪60年代为暖期，1630~1680年、1790~1810年、1880~1910年和20世纪50年代为冷期，该结果与利用$\delta^{18}O$重建的温度变化一致性较高。然而，刘洪滨和邵雪梅（2003b）利用我国秦岭太白红杉（*Larix chinensis*）、华山松（*Pinus armandii*）、油松（*Pinus tabuliformis*）和铁杉（*Tsuga chinensis*）树轮年表资料重建的秦岭地区的初春温度发现，近300年来初春温度存在明显的冷暖时段，但是在20世纪后期，重建序列及器测序列均未反映出该区域具有明显的增温趋势，其原因有待进一步分析。

在降水重建方面，由于降水的空间与时间变异性大，不同的地区和时段规律性差异很大。Paul 等（2004）利用太平洋西北部 18 个刺柏（*Juniperus formosana*）树轮年表重建的近 250 年（1733～1980 年）的降水变化表明，该区气候长期干旱，是一个干旱核心区。Hans 等（2004）利用欧洲赤松（*Pinus sylvestris*）300 年的树轮宽度年表开展的温度和降水重建表明，1815～1833 年是过去 300 年中最为干旱的时期。Hughes 等（1994）重建的过去 400 年华山地区季节性气温和降水变化表明，20 世纪 20 年代中晚期是自 1683 年以来最干旱的时期，这与我国历史上同时期发生的大干旱灾难事件相一致。在美国大西洋沿岸南部，基于 800 年的树轮干旱指数重建序列表明，该区自 1185 年以来经历了显著的水分变异，16 世纪是干旱最为严重且持续时间较长的时期，20 世纪的水分变化处于正常范围之内（Quiring，2004）。

树轮年表对于重建季风系统变化发挥了非常重要的作用。刘禹等（2003a）根据树木年轮序列重建过去 160 年以来东亚夏季降水的演变历史，分析了贺兰山北部 5～7 月及内蒙古东部白音敖包地区 4 月至 7 月上旬的降水变化（刘禹等，2003b；Liu et al.，2004），反映了东亚夏季风锋面的变化。

树轮环境重建还受树木本身的生长特性及其他环境变化的影响。Wilson 和 Elling（2004）利用德国南部欧洲云杉（*Picea abies*）和白杉（*Abies alba*）的树轮资料重建了过去约 500 年（1480～1970 年）的气候变化，发现 20 世纪以前（1480～1899 年）2 个树种的树轮年表变化趋势相似，利用云杉树轮年表重建 1872～1930 年 3～8 月的降水序列的效果比白杉好，1930 年以后白杉年轮出现异常变化，20 世纪 70 年代中期以后云杉年表与降水的相关性显著减小，这与工厂大量排放 SO_2 等污染物有关，因此利用云杉年轮只能较精确地重建该区 1871～1978 年的降水序列。

气候只是影响树木生长的诸多因素之一，利用树轮宽度重建的气候要素能否精确地反映当地的气候是值得考虑的重要问题。树轮宽度在重建气候的精度和可靠性方面很大程度上取决于定年的准确性、样本量是否充足，以及能否最大限度地剔除非气候因子对树木生长的影响，因此在开展树轮气候重建时需要考虑环境因素之间，以及环境与生物因素之间的相互作用。

1.6 樟子松简介

1.6.1 地理分布

樟子松（*Pinus sylvestris* L. var. *mongolica* Litv.），又名蒙古松或海拉尔松，为欧洲赤松（*Pinus sylvestris* L.）的变种之一（吴中伦，1956；Farjon，1998），属第三纪孑遗植物，也是国家三级保护植物（国家环境保护局和中科院植物研究所，1987；傅立国和金鉴明，1992），为中国北方针叶林区的建群树种，主要分布在大兴安岭北部山地及呼伦贝尔草原向大兴安岭过渡带的沙地上（赵兴梁，1958；吴征镒，1980；中国树木志编委会，1981；徐化成，1998；中国森林编辑委员会，1999），该区域为北方针叶林分布区的东南角（赵兴梁，1958；吴征镒，1980），是第四纪冰期时北方植物群南迁的产物（吴征镒，1980；夏正楷，1997）。

樟子松天然林仅分布在蒙古国、中国东北和俄罗斯东西伯利亚的南部，海拔300～2000m，多生长在干旱的阳坡或沙地上，常形成纯林或与落叶松属（*Larix* Mill.）的一些种类形成混交林。在我国境内，樟子松的分布范围不大，大多小面积分散在最北部的大兴安岭山地，在呼玛河以北分布较多，以南则星散状分布在各地，如伊图里河、免渡河、阿尔山等；少数大面积集中连片樟子松天然林主要分布在呼伦贝尔草原向大兴安岭过渡带的沙地上（赵兴梁，1958；吴征镒，1980），其主要地貌类型为垄状、波状起伏的沙地，海拔700～1100m，该沙地是以厚度不等的沙层和沙砾层为主的第四纪冰水沉积物（内蒙古植物志编辑委员会，1998；慈龙骏，2005）。

在呼伦贝尔沙地上，樟子松主要以疏林的形式存在。在陈巴尔虎旗的完工—赫尔洪得沿海拉尔河一带的沙丘上有小片分布；而沿伊敏河分布在红花尔基以南地区的樟子松林面积很大，一直延伸至蒙古国，此外，在海拉尔区附近的西山和北山的沙丘上也有樟子松天然林的分布。

按照《中国植被》的分类系统，它属于寒温性针叶林植被型、樟子松林群系（Form. *Pinus sylvestris* var. *mongolica*）（吴征镒，1980）。内蒙古呼伦贝尔沙地的红花尔基樟子松天然林，是在20世纪50年代残存的块状、片状樟子松林的基础上封育而形成的（赵兴梁，1958；赵兴梁和李万英，1963），目前已进入中龄林阶段（赵兴梁和李万英，1963），为森林-草原过渡带沙地上的顶极植物群落（韩智毅，1985；中国森林编辑委员会，1999；杨帆等，2005）。

1.6.2 生物学特性

樟子松俗称海拉尔松，隶属于松科（Pinaceae）松亚科（Pinoideae）松属（*Pinus*）双维管束松亚属（Subgenus *Pinus*）油松组（Sect. *Pinus*）（吴中伦，1956；郑万钧，1983），为欧洲赤松的变种之一（吴中伦，1956；赵兴梁和李万英，1963；Farjon，1998）。

樟子松为常绿乔木，高15～25m，最高可达30m，胸径可达1m；树干通直，树干下部树皮黑褐色或灰褐色，不规则深裂，上部树皮及枝皮黄色或褐黄色，薄片脱落；枝斜展或平展，幼树树冠尖塔形，老树则呈圆顶或平顶，树冠稀疏；一年生枝淡黄褐色，无毛，二年生或三年生枝灰褐色，冬芽褐色或淡黄褐色，长卵圆形，有树脂；针叶2针一束，硬直，扭曲；球果圆锥状卵形，长3～6cm，径2～

3cm，成熟前绿色，成熟时淡褐色；鳞盾多呈斜方形，肥厚，隆起向后反曲或不反曲，有易脱落的短刺；种子长卵圆形或倒卵圆形，黑褐色；花期 5～6 月，球果成熟于次年 9～10 月。

1.6.3　生态学特性

樟子松树冠稀疏，针叶仅着生在 3～4 年生的枝梢上，即针叶全集中在树冠的外面，树干整枝很快，不耐庇荫，非常喜光，是典型的阳性树种（赵兴梁和李万英，1963）；樟子松对温度反应不敏感，能耐–50～–40℃甚至更低的温度，是中国松属树种中最耐寒的一种（赵兴梁和李万英，1963）；樟子松为松属双维管束松亚属中的一种，而双维管束是耐旱能力强的植物的特征，因此樟子松表现出较强耐旱的特性（吴中伦，1956）。樟子松生长在最贫瘠的石砾沙土和沙地上，其针叶数量不多且其中的灰分含量也很少，加之其主根不发达而有着强大的表层根系（赵兴梁和李万英，1963），并且其根系上发育着团状和分枝状的菌根（朱教君，2005），有助于其根系对水分和养分的吸收，故其对土壤养分要求不高，是很耐干旱和土壤贫瘠的树种（赵兴梁和李万英，1963；郑万钧，1983）。但是樟子松是喜酸树种，不耐盐碱（赵兴梁和李万英，1963）。

与同地区的其他针叶树相比，樟子松为速生或中等速生树种。受生长期较短及林下地被物较厚等因素的影响，1～2 年生樟子松幼苗死亡率较高；7～8 年甚至 10 年以下的幼树高生长极其缓慢，但是其根系生长旺盛；幼树从 6～7 龄以后随着根系发育加强，高生长加速，10 龄以后高和直径生长都迅速进入旺盛生长阶段，15～30 龄为其生长的高峰期，以后生长渐趋于缓慢，但不论是高生长还是直径生长均可以一直延续到 60～80 龄，之后樟子松仍然保持较为缓慢的生长速度（赵兴梁，1958；赵兴梁和李万英，1963；李永多等，1981；朱教君等，2005b）。

樟子松也是一种天然更新能力很强的树种，在林冠下能够很好地更新。不同樟子松林隙下有不同的幼树更新密度，一般幼树更新密度可达 3 万～34 万株/hm²；并且其更新的能力随着林龄的增加而增加，但是随着林分密度或胸高断面积增大而减小（赵兴梁，1958；赵兴梁和李万英，1963；韩智毅，1985；沈海龙等，1994；Zhu et al.，2005；朱教君等，2005b；秦建明等，2008）。

樟子松林的结构简单，种类贫乏，常混生有白桦（*Betula platyphylla* Suk.）、山杨（*Populus davidiana* Dode）等树种，往往形成纯林。从垂直结构来看，樟子松林一般分为乔木、灌木和草本 3 个层次。由于樟子松天然林是在 20 世纪 50 年代封育后形成的同龄林（赵兴梁，1958），其林分的径阶分布多表现为正态分布（朱教君等，2005b）。林分结构形成后，通过影响林内环境与生物因子而决定着林分的生态系统服务功能；另外，林业生产上也可以通过调整林分结构而实现森林合理经营目标（朱教君等，2005b）。

1.6.4 生长习性

樟子松为喜光性强、深根性树种，能适应土壤水分较少的山脊及向阳山坡，以及较干旱的砂地及石砾砂土地区，多成纯林或与落叶松混生。

樟子松耐寒性强，能忍受-50～-40℃低温，旱生，不苛求土壤水分。树冠稀疏，针叶稀少，短小，针叶表皮层角质化，有较厚的肉质部分，气孔着生在叶褶皱的凹陷处，干的表皮及下表皮都很厚，可减少地上部分的蒸腾。同时在干燥的沙丘上，主根一般深1～2m，最深达4m以下，侧根多分布到距地表10～50cm沙层内，根系向四周伸展，能充分吸收土壤中的水分。

樟子松是阳性树种，树冠稀疏，针叶多集中在树的表面，在林内缺少侧方光照时树干天然整枝快，孤立或侧方光照充足时，侧枝及针叶繁茂，幼树在树冠下生长不良。樟子松适应性强。在养分贫瘠的风沙土上及土层很薄的山地石砾土上均能良好生长。在章古台沙地上曾先后栽植针阔叶树种30余种，唯樟子松能适应沙地不同部位环境条件，即使在条件最差的丘顶也能生长。此外，在榆林、鄂尔多斯等地区沙地上也生长良好。过度水湿或积水地方，对其生长不利，喜酸性或微酸性土壤。在黑龙江林业科学院肇东实验林场薄层碳酸盐草甸黑钙土上（pH 7.6～7.8、总含盐量0.08%）生长发育良好，pH超过8，含碳酸氢钠超过0.1%即有不良影响。

樟子松抗逆性强。据调查10年生油松曾受到松针锈病的危害，而相邻的樟子松受害较轻；对松梢螟危害与油松相比亦有较强的抵抗力；辽宁南部地区，赤松、油松均遭到松干蚧危害，唯独樟子松未发现受害。

樟子松寿命长，一般年龄达150～200年，有的多达250年，在章古台的条件下，5龄以前生长缓慢，6～7年以后即可进入高生长旺盛期（每年高生长量30～40cm），如人工固沙区21年生樟子松平均高达8.6m，胸径14.8cm，最高达10.4m，胸径25cm。

1.6.5 樟子松与林火

樟子松为易燃树种（林业部护林防火办公室，1984；中华人民共和国林业部，1992；郑焕能，2000），其分布区也是中国森林一级火险区（王栋，2000），且其主要林型也属易燃植被类型（文定元等，1987；郑焕能和居恩德，1988；胡海清，2000）。樟子松林中，其树干下部树皮常有火烧炭化的痕迹，并且有些老龄大树下部有被林火烧空的火疤（赵兴梁，1958；赵兴梁和李万英，1963）；另外，樟子松径阶分布或更新幼苗的龄级分布中常出现断层，也表明存在着林火等干扰因素的影响（朱教君等，2005b）。同时，林火对樟子松的生长也产生一定的影响（胡海清等，1992；王立夫等，1996；肖功武等，1996；罗菊春，2002）。但是，樟子松也具有适应林火干扰的特性，属耐火树种（郑焕能等，1986）。樟子松顶芽朝上，四周有侧芽保护，外面又有针叶保护，虽然林火将所有针叶烤黄，但它的顶芽仍然萌发抽枝（文定元等，1987）；其树干基部树皮较厚，有较好的抗火能力（赵兴梁，1958），且其受火刺激后，能促使树皮加速分裂，使树皮迅速增厚，增强其耐火性（文定元等，1987）；樟子松的球果两年成熟，有迟开裂的特性，成熟球果挂在树上第 3 年春季末才飞落散播，这样可以避开林火而在火后促进种子传播和林分更新（赵兴梁和李万英，1963；文定元等，1987；胡海清，2000）。较小径阶的樟子松幼树不抗火，而较大径阶的林木对林火有较强的抵抗能力（胡海清，2000；郑焕能，2000）。因此，这也表明林火是樟子松林周期性的干扰因子（Wang et al.，2004），是其群落结构和特征动态变化的重要驱动力（顾云春，1985；郑焕能，2000）。

1.6.6 樟子松研究现状

由于樟子松具有耐寒、抗旱和耐贫瘠等独特的生物学特性（赵兴梁，1958；赵兴梁和李万英，1963；中国森林编辑委员会，1999；朱教君等，2005b），又是中国能在沙地上生长的少有的几种常绿针叶乔木树种之一，长期以来成为中国干旱区荒漠化防治中首选的乔木树种之一，并得到了广泛的应用（赵兴梁，1958；赵兴梁和李万英，1963；中国树木志编委会，1981；中国森林编辑委员会，1999；朱教君等，2005b；慈龙骏，2005）。因此，半个多世纪以来，不论是在理论还是实践上，樟子松的营林生产和科学研究一直都得到了广大人民群众及各级政府部门和众多专家学者的热情支持与广泛关注，并成为中国营造人工林的典范。

为满足樟子松在防风固沙及农田防护林生产建设中的需求，大量的科学研究多集中在樟子松母树林的建设及其种子生产（李永多等，1981；杨书文等，1991；孙洪志，2001）、种苗的生产和培育（辽宁省阜新市防护林试验站，1976；荔克让等，2000；朱教君等，2005a）、人工幼林抚育及营林管理（张秋良和常金宝，2001；康宏樟等，2005；移小勇等，2006）、幼林更新（韩广等，1999）和樟子松的病虫害防治（徐学恩等，2001；孙洪志，2001；孙洪志等，2005）等方面。另外，随着中国"三北"地区大面积樟子松人工林的营造，关于樟子松人工林中个体（李胜功，1994）和种群（郑元润，1999；移小勇等，2006）的生长发育（石家琛等，1980）、结构特征（曾德慧和姜凤岐，1997；曾德慧等，2000）和营林培育等也得到了深入的探讨和研究。同时，樟子松人工林与土壤理化性质（焦树仁，1983；欧国菁等，1987；陈伏生等，2005）及土壤微生物（朱教君，2005；朱教君等，2007）、水（焦树仁，1984）、光照和温度（朱教君等，2006）等环境因子（焦树仁，1986）及养分（焦树仁，1985）之间的关系，樟子松的生理发育特征（王臣立等，2001；朱教君等，2006；康宏樟等，2007）均取得了不同程度的研究成果，并较好地指导了樟子松人工林的建设。尤为引人注目的是，早期营造的樟子松人工林目前已接近中龄林，部分人工林也出现了生长衰退、大面积枯死及病虫害危害等现象（曾德慧等，1996）；因此，关于樟子松人工林衰退的现象及其不同机制也得到了不同程度的深入研究（焦树仁，2001；曾德慧等，2002），并取得了阶段性的成果（朱教君等，2005b），这为中国人工林营造和经营管理及人工促进生态系统恢复等方面也提供了一定的理论依据，并具有较高价值的借鉴意义。

相比之下，樟子松天然林的相关研究较为薄弱，其研究目的也主要是为樟子松人工林的营造、抚育及其管理等工作服务（赵兴梁，1958；赵兴梁和李万英，1963）。然而，在沙地樟子松天然林的林木结实（孙洪志和石丽艳，2004）、种实病虫害（孙洪志，2001；孙洪志等，2005）、林分更新（胡连义和白景阳，1997；韩广等，1999；Zhu et al.，2005；毛磊等，2008a）、种群（郑元润，1999）和群落结构（刘康等，2005）、林木竞争关系（毛磊等，2008b；喻泓等，2009b）、空间格局（孙洪志和石丽艳，2005；杨晓晖等，2008；喻泓等，2009a，2009c，2009d）、植物多样性和群落演替（杨晓晖等，2008）等方面也取得了一定的成就。另外，关于樟子松天然林的土壤理化性质（郭然等，2004；杨涛等，2006）和土壤微生物（杨涛等，2006）、林火干扰（孙静萍和冯瀚，1989a；赵晓霞等，1990；胡连义和白景阳，1997；赵慧颖等，2006；杨晓晖等，2008；喻泓等，2009a，2009b，2009c，2009d）及其损失评价（王正兴和石静杰，1997；秦建明等，2007）、火后更新（秦建明等，2008）等相关研究也得到了一定的关注，关于樟子松林中鸟类也得到了初步研究（王文等，2005，2007）。从长远来看，在利用樟子松进行自然植被的人工恢复过程中，有效地解决诸如人工林生长衰退等问题，还需要回过头来到樟子松天然林中去寻找有效解决问题的答案。因此，在今后的研究工作中，有必要进一步加强和深入地开展樟子松天然林的相关研究，以更好地为樟子松天然林的资源保护和区域性植被的自然与人工恢复等工作服务。

内蒙古呼伦贝尔沙地的红花尔基地区是中国天然樟子松最集中的分布区。由于气候寒冷干燥，樟子松林中的枯落物堆积较厚，林火成为其主要的干扰因子，每年的春秋季都是林火发生的高危险期。樟子松天然林的林火一般为地表火或林冠火（赵兴梁，1958；Wang et al.，2004），一次大的林火往往是二者的结合，且其影响范围可达到全部林分面积的 1/4 以上（兰玉坤，1996）。林冠火往往烧死树木和全部地面植被，使局部生态系统崩溃，产生次生裸地，在无人为措施的影响下，植被的演替将在林火产生的次生裸地上进行；而地表火的强度相对较小，部分或全部烧毁林冠层下植被及部分林冠层树木，林下植被的演替在林冠层庇护下的火烧迹地上进行。红花尔基樟子松林位于森林-草原的过渡带上（吴征镒，1980；

慈龙骏，2005），在草原放牧压力导致物种多样性变化及植被退化的环境中，樟子松林作为森林草原区的物种库（Köllner，2000）具有不可替代的作用。长期以来，林火干扰下樟子松的生长变化、个体间竞争、空间格局和更新演替等得到了关注（胡海清等，1992；罗菊春，2002；Wang et al.，2004；王宏良等，2005；秦建明等，2008；杨晓晖等，2008；喻泓等，2009a，2009b，2009c，2009d）；然而，林火干扰下，樟子松林下植物多样性的变化却少见报道（孙静萍和冯瀚，1989a；刘康等，2005；杨帆等，2005；喻泓和杨晓晖，2009）。因此，火后林下植被演替发展途径、植物多样性的变化是值得深入研究和探讨的领域。通过地表火干扰下樟子松林下植物多样性变化的研究，可为生物多样性保护和自然保护计划的制定提供依据。

对于樟子松树轮-气候响应及气候重建方面，目前已开展了一定研究，但主要集中于树轮-气候响应（尚建勋等，2012；王晓春等，2011；张先亮等，2011；王丽丽等，2005）、气候重建（Gao et al.，2013；Liu et al.，2009；Shi et al.，2016）、稳定同位素 $\delta^{13}C$ 气候响应（商志远等，2012）等方面，但不同区域樟子松对气候的响应，特别是对干旱响应机制的认识还很不足，严重制约了气候干旱化背景下沙地樟子松天然林的适应性管理。

1.7 研究的科学意义

沙地樟子松天然林片断化地分布在呼伦贝尔沙地上，对于气候变化和火干扰十分敏感，是研究植被对气候与火干扰响应的理想林分。樟子松作为我国北方沙区防风固沙造林的重要树种，目前已经在荒漠化防治中得到广泛应用，建立了大面积人工林，对于防风固沙、改善生态环境等方面发挥着重要生态服务功能。本书以呼伦贝尔沙地天然樟子松天然林为研究对象，分析了沙地樟子松天然林的林分结构、空间格局、林木竞争、林下生物多样性对林火干扰的响应，以及樟子松树木径向生长对气候变化的响应，探讨了樟子松林林分对火干扰和气候变化的响应机制，并对沙地樟子松天然林应对气候变化和火干扰的经营管理提供了建议对策，以其为呼伦贝尔沙地樟子松天然林的保护、经营与管理提供科学依据。

第2章 研究区自然概况与研究方法

2.1 研究区自然概况

2.1.1 地理位置

呼伦贝尔沙地位于内蒙古东北部呼伦贝尔草原，其东部为大兴安岭西麓丘陵漫岗，西临呼伦湖和克鲁伦河，南与蒙古国相连，北达海拉尔河北岸，地势自东向西降低，且南高北低。呼伦贝尔沙地东西长约270km，南北宽约170km，面积约1万km²。行政区域涉及内蒙古自治区呼伦贝尔市的海拉尔区、鄂温克自治旗、陈巴尔虎旗、新巴尔虎旗等旗县。本研究所选取的樟子松天然林位于呼伦贝尔沙地东部森林-草原过渡带上，研究地点包括海拉尔西山国家森林公园（简称西山公园）、伊敏河镇、辉河国家级自然保护区的南辉和红花尔基的沙地樟子松天然林，该区位于呼伦贝尔沙地南端、大兴安岭西坡中部向内蒙古高原过渡带上，北纬47°36′～48°35′、东经118°58′～120°32′。

2.1.2 地形地貌与土壤

本区基岩主要由花岗岩、安山岩、石英粗面岩等火成岩所组成，岩性较均一，久经剥蚀，山体浑圆，因此地形起伏比较平缓（吴征镒，1980）。主要地貌类型为垄状、波状起伏的沙地，沙丘多呈西北—东南走向，相对高度为10～30m；长岗状沙丘间为广阔平坦的高平原，海拔为700～1100m，该沙地是以厚度不等的沙层和沙砾层为主的第四纪冰水沉积物（赵兴梁，1958；吴征镒，1980；内蒙古植物志编辑委员会，1998；马世威等，1998；慈龙骏，2005）。土壤类型主要有灰色森林土、黑钙土、沙土和草甸土（赵兴梁，1958；赵兴梁和李万英，1963；吴征镒，1980）。另外，源出于大兴安岭西坡的河流均流经本区，河网较发育，间距多为3～10km，并形成宽阔的河谷与沼泽（吴征镒，1980）。

2.1.3 气候特征

该区属于中温带大陆性季风气候，在温带干旱、半干旱向湿润过渡气候带上，冬春干旱多风，严寒而漫长，夏秋季温暖湿润，但时间短暂。年平均气温

–1.5℃，其中 1 月（最冷月）平均气温为–25.8℃，7 月（最热月）平均气温为 19.9℃，全年大于 10℃积温为 1800～2200℃，无霜期 90～110d，日照时数平均 2900h；降水量年际变化较大，为 123.8～538.8mm，多年平均约 350mm，其中 85%集中于 5～9 月，冬季和春季降水量较少，仅约占全年降水量的 15%。年蒸发量为 1174mm，干燥度为 1.33；风向以西风为主，夏季多南风和东风，年平均风速为 3.8m/s；一般于 9 月上旬出现霜冻，晚霜止于 6 月上旬，平均无霜期约 90d，积雪日数约为 155d（赵兴梁和李万英，1963；郑元润，1999；王希平和赵慧颖，2006）。

2.1.4　水文水系

在呼伦贝尔沙地，特别是东部森林-草原过渡带上，河流水系分布密集，湿地发育明显，河网密度系数达 0.15～0.35km/km^2，主要河流有海拉尔河、伊敏河、辉河等，均属于额尔古纳水系，多发源于大兴安岭西侧，全年径流量约 115.8 亿 m^3。此外，本研究区内湖泊分布较多，其中，呼伦湖、贝尔湖是两个大型湖泊，另外在呼伦贝尔大草原上分布着大量的季节性湖泊，但水量较小。区域地表水资源量约 154 亿 m^3，是中国北方水资源量较为丰富的地区之一。本地区地下水资源储量较丰富，水资源总量约 18.9 亿 m^3。本区的湿地分布较广泛，主要有辉河湿地、呼伦湖湿地、海拉尔河湿地等，很多已建立国家级湿地自然保护区。

2.1.5　植被特征

内蒙古呼伦贝尔沙地是中国天然沙地樟子松最主要的集中分布区，是在 20 世纪 50 年代残存的团块状樟子松林的基础上经封育而形成的（赵兴梁，1958；赵兴梁和李万英，1963）。在中国植被类型的分类系统中，樟子松林属于针叶林植被型组、寒温性针叶林植被型、寒温性常绿针叶林植被亚型、寒温性松林群系组、樟子松林群系（吴征镒，1980）。根据中国植被区划，沙地樟子松林隶属于中国植被区划系统中的温带草原区域（VI temperate steppe region）、东部草原亚区域（VI A east steppe subregion）、温带北部草原地带（VIAi north temperate steppe zone）、温带北部典型草原亚地带（VIAib north-temperate typical steppe subzone）、大兴安岭西麓桦林草原区（VIAib-2 west side of Daxinganling Betula forest steppe district）（吴征镒，1980）。这是一个大陆性气候较强的森林草原区，往东与松辽平原外围森林草原区相接，其东北面逐渐进入大兴安岭针叶林区，西面与内蒙古高原典型草原区相邻，正处于草原向山地针叶林过渡的地区（吴征镒，1980）。本区植被保存完好，植被组合上以几种草甸草原群系（五花草甸、沼泽化草甸和草甸化沼泽）、林缘草甸和白桦为主的岛状森林交互分布为特色（吴征镒，1980）。本区植物区系组成中，起主要作用的成分是兴安-蒙古种，其中如狼针草（*Stipa baicalensis* Roshev.）、线叶菊 [*Filifolium sibiricum*（L.）Kitam.]、羊草 [*Leymus chinensis*（Trin.）Tzvel.] 等均为本区优势群系的建群植物；其次，欧亚温带和东亚分布的森林草甸种也起很大作用，如裂叶蒿（*Artemisia tanacetifolia* L.）、野火球（*Trifolium lupinaster* L.）、歪头菜（*Vicia unijuga* A. Br.）等；此外，东亚森林种如白桦与东西伯利亚森林种如樟子松也起着一定作用（吴征镒，1980）。

在呼伦贝尔沙地，樟子松形成了一条宽 10～20km、长约 150km 的断断续续绵延相连的林带。林带中的樟子松多形成纯林，有时也与白桦和山杨等形成混交林；林下灌木很少，常见的有绣线菊属（*Spiraea* L.）、光叶山楂（*Crataegus dahurica* Koehne ex Schneid.）、兴安柳（*Salix hsinganica* Y. L. Chang et Skv.）和山刺梅（*Rosa davurica* Pall.）等；郁闭度大的樟子松林下草本植物较少，而郁闭度小的樟子松林下草本植物较发达，以旱生的草类为主，主要有繁缕属（*Stellaria* L.）、薹草属（*Carex* L.）、小玉竹（*Polygonatum humile* Fisch. ex Maxim.）、委陵菜属（*Potentilla* L.）、兴安白头翁 [*Pulsatilla dahurica*（Fisch.）Spreng.]、兴安柴胡（*Bupleurum sibiricum* Vest）、单花鸢尾（*Iris uniflora* Pall. ex Link）、狼毒（*Stellera chamaejasme* L.）、防风 [*Saposhnikovia divaricata*（Turcz.）Schischk.] 和地榆（*Sanguisorba officinalis* L.）等（吴征镒，1980）。经过多年的封育管理，目前呼伦贝尔沙地的樟子松林多已进入中龄林（赵兴梁和李万英，1963）阶段，成为森林-草原过渡带沙地上的顶极植物群落（韩智毅，1985；中国森林编辑委员会，1999；杨帆等，2005）。

为了保护珍贵的沙地樟子松天然林，中国政府已经建立了一些自然保护区，主要有辉河国家级自然保护区、红花尔基樟子松林国家级自然保护区、海拉尔西山国家森林公园等沙地樟子松保护地。

2.1.6 红花尔基沙地樟子松林火干扰史

内蒙古红花尔基林业局作业区面积 $59.8×10^4 hm^2$，森林覆盖率为 31%，主要为樟子松纯林，局部间有白桦、山杨林。自 20 世纪 50 年代以来，红花尔基樟子松林主要采取封育措施进行天然更新（赵兴梁，1958；赵兴梁和李万英，1963；秦建明等，2008），仅进行抚育间伐生产作业，樟子松纯林已从封育初期的 $0.8866×10^4 hm^2$ 发展到目前的 $10.3×10^4 hm^{2†}$。

红花尔基樟子松林位于中国森林一级火险区（王栋，2000），林火也就成为樟

---

† 红花尔基林业局

子松林频繁的干扰因子，樟子松树干上火烧炭化的痕迹及一些老龄大树下部存在着被林火烧空的火疤也充分地说明了这一点（赵兴梁，1958；赵兴梁和李万英，1963）；同时，樟子松径阶分布或更新幼苗的龄级分布中常出现的断层也表明可能存在着林火等干扰因素的影响（朱教君等，2005b）。自 1970 年红花尔基林业局建局以来，共发生森林和草原火灾 91 起，其中雷击火 49 起，人为火 38 起，蒙古国外来火 4 起，共烧毁森林面积约 $13\times10^4hm^2$（王君，1995）。综合相关文献资料记载，红花尔基樟子松林发生大面积森林火灾的频率在 10 年左右，即 1961 年、1979 年、1987 年、1994 年、1996 年、2006 年共 6 次，平均每次过火面积在 $1.0\times10^4hm^2$ 左右（孙静萍和冯瀚，1989a；赵晓霞等，1990；徐学恩和韩铁圈，1995；兰玉坤，1996；王正兴和石静杰，1997；赵慧颖等，2006）。

在红花尔基林业局的森林经营管理记录中，自 1970 年以来，调查样地所在的樟子松林分别于 1994 年 4 月 16～22 日（兰玉坤，1996）和 2006 年 5 月 16～18 日（赵慧颖等，2006）发生过两次特大森林火灾（中华人民共和国林业部，1992），过火面积分别为 $4.4\times10^4hm^2$ 和 $0.83\times10^4hm^2$，火后有少量的林火烧死木被采伐，部分火烧迹地采取人工造林方式进行林分更新。

2.2　研　究　方　法

2.2.1　野外调查

2.2.1.1　空间点格局样地调查

2006 年 7～8 月和 2007 年 5～8 月，在红花尔基林业局天然樟子松中龄林（赵兴梁和李万英，1963）中，选取 6 块 100m×100m、面积 $1hm^2$ 典型调查样地，其中有 2 块样地（B06-1 和 B06-2）经历了 2006 年林火的干扰，有 1 块样地遭受到了 1994 年林火的干扰（B94），另外 3 块样地自 1970 年以来没有林火干扰的记录，研究中被称为无林火样地（the fire-excluded plot）（分别简记为 FE-1、FE-2 和 FE-3，下同）（表 2-1）。样地间的距离为 1～15km，海拔为 828～925m，分别位于垄状沙丘或沙丘间平地上。

为了方便调查作业，样地被分割成 1m×5m 的小样方。以样地的一个顶点为原点，调查记录样地中残桩（林火烧死木被砍伐后或林木死亡腐烂后的残存树桩，简称残桩，下同）、倒木（林木死亡后倾倒在林地中而仍然保持树干原有的外部形态，下同）、枯立木（林木死亡后仍站立在林地中，下同）、活立木的相对坐标，同时测量其胸径（diameter at breast height，DBH，指树干上高于地面 1.3m 处的直径，其中倒木测量距其根茎 1.3m 处的树干直径，残桩测量地径）和林火干扰后树

表 2-1 樟子松林调查样地①的基本情况

内容	样地						总计
	B06-1	B06-2	B94	FE-1	FE-2	FE-3	
面积（hm²）	1	1	1	1	1	1	6
纬度（°）	48.219 9	48.245 2	48.176 7	48.256 7	48.262 4	48.270 0	—
经度（°）	120.002 3	120.019 7	120.048 1	120.022 1	120.027 4	120.023 6	—
海拔（m）	863	828	925	839	883	832	—
坡度（%）	0.2	0.4	2.0	1.0	1.5	3.0	—
坡向	—	—	北	北	北	西南	—
坡位	—	—	上位	上位	上位	中位	—
胸径≥50cm	12	3	0	2	3	11	31
密度（株/hm²）	578	408	17 859	2 015	4 630	5 349	—
基面积（m²）	30.385 2	19.821 7	27.212 4	26.742 8	28.770 5	26.098 4	159.031 0
种数	4	2	4	5	7	4	8
林火时间	2006-5-16	2006-5-16	1994-4-16	—	—	—	—

①调查样地分别为：2006 年林火干扰样地（B06-1 和 B06-2）、1994 年林火干扰样地（B94）、无林火干扰样地 1（FE-1）、无林火干扰火样地 2（FE-2）、无林火干扰样地 3（FE-3）；"—"为该项目不存在，以下样地编号同此表

皮被林火熏黑的高度即树皮熏黑高（bark char height）[用树皮熏黑高来表征地表火强度（Regelbrugge and Conard，1993；Waldrop and Brose，1999；Menges and Deyrup，2001），下同]；另外，测量两年生以上、高度小于 1.3m 幼树的位置坐标（表 2-1，图 2-1）。同时，样地中所有的林木均按不同树种进行调查记录，树种的名称（表 2-2）及其鉴定参照了《中国植物志》（中国科学院中国植物志编辑委员会，2006）和 *Flora of China*（eFloras，2006）的相关卷册。另外，调查记录样地的地貌特征等因子见表 2-1。

2.2.1.2 植物多样性样地调查

2006 年 6～7 月，在内蒙古红花尔基樟子松中龄林（赵兴梁和李万英，1963）中，分别选取 2006 年发生地表火（赵慧颖等，2006）（火后 1 年，F01）、1994 年发生地表火（兰玉坤，1996）（火后 12 年，F12，样地中林木的树皮有明显被林火熏黑的痕迹，下同）和 1994 年以来没有发生过林火（无林火，FE，样地中林木的树皮没有被林火熏黑的痕迹，下同）3 种类型的林分分别布设调查样地，每种类型的林分各设 3 个在植物多样性调查中有较高效率、多尺度的、面积 0.1hm² 改进的 Whittaker 样地（图 2-2）（Stohlgren et al.，1995，1998；梁继业等，2007；喻泓和杨晓晖，2009）。3 种林分类型的样地间相距 3～8km，同一林分类型的样方间相距 50～100m。在每个改进的 Whittaker 样地中，调查记录 10 个 1m² 样方中每个小样方中植物（指维管植物，下同）种的数量及其总盖度；

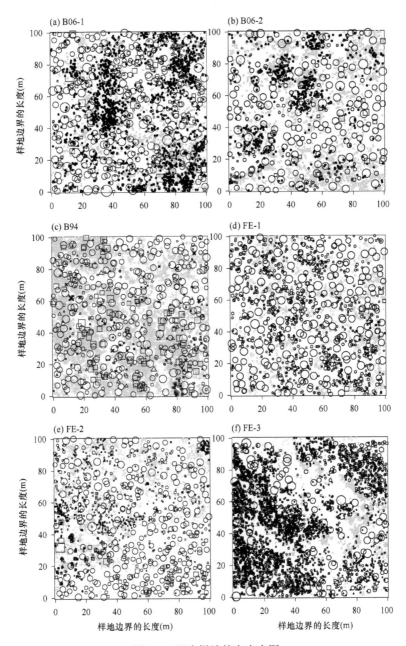

图 2-1　调查样地的立木点图

（a）B06-1、（b）B06-2、（c）B94、（d）FE-1、（e）FE-2 和（f）FE-3 分别为 2006 年林火干扰样地 1、2006 年林火干扰样地 2、1994 年林火干扰的样地、无林火样地 1、无林火样地 2 和无林火样地 3。图中符号（□）为残桩、（△）为倒木、黑色（×）为树高大于 1.3m 的枯立木、灰色（×）为树高小于 1.3m 的枯立木、黑色（●）为树高大于 1.3m 的林火烧死木、灰色（●）为树高小于 1.3m 的林火烧死木、黑色（○）为树高大于 1.3m 的活立木、灰色（○）为树高小于 1.3m 的幼树，图中地径或胸径大于 10cm 的残桩或立木的符号与其地径或胸径的大小成比例，最小的符号为地径或胸径小于或等于 10cm 的残桩或立木及树高小于 1.3m 的幼树

表 2-2 樟子松林调查样地的树木种类

种名	拉丁名	缩写代码	样地
樟子松	*Pinus sylvestris* L. var. *mongolica* Litv.	PiMo	B06-1、B06-2、B94、FE-1、FE-2、FE-3
白桦	*Betula platyphylla* Suk.	BePl	B06-1、B06-2、B94、FE-1、FE-2、FE-3
山杨	*Populus davidiana* Dode	PoDa	B94、FE-2
光叶山楂	*Crataegus dahurica* Koehne ex C. K. Schneider	CrDa	B06-1、B06-2、FE-2
山杏	*Armeniaca sibirica*（L.）Lam.	ArSi	FE-1、FE-2、FE-3
山荆子	*Malus baccata*（L.）Borkh.	MaBa	B06-1、B06-2、FE-1、FE-2、FE-3
稠李	*Padus avium* Mill.	PaAv	B06-1、B06-2、FE-1、FE-2
黄柳	*Salix gordejevii* Y. L. Chang et Skv.	SaGo	B94

注：在 B06-1 和 B06-2 样地中，也包括了林火烧死的树种

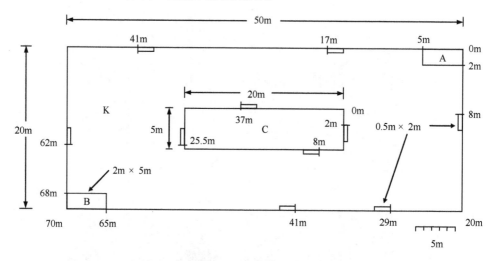

图 2-2 改进的 Whittaker 样方平面布局图

包括 10 个 1m² 的样方，2 个 10m² 的样方（A 和 B），1 个 100m² 的样方（C）和 1 个 1000m² 样方（K）

调查记录 2 个 10m² 样方（A 和 B）中出现的植物种；然后记录 100m² 样方（C）中新出现的植物种；最后记录 1000m² 样方余下部分中新出现的植物种。另外，对 1000m² 样方中树高大于 1.3m 的乔木进行每木检尺，调查记录其胸径（DBH）。调查样地均位于呼伦贝尔沙地典型的波状起伏低缓沙丘间宽广的低地上，土壤基质及小地貌因子等较为相似（赵兴梁，1958；赵兴梁和李万英，1963；吴征镒，1980），经过多年的封育管理，区域地带性植被已经演化成了外貌较为均一的樟子松顶极群落。调查中所有植物种的名称及其鉴定参照了《中国植物志》（中国科学院中国植物志编辑委员会，2006）和 *Flora of China*（eFloras，2006）的相关卷册。

2.2.2　林火及林分结构特征

2.2.2.1　林火特征

在一定的程度上，可以通过估算林火强度来评价林火对树木、植被、土壤和小气候等的影响（Cain，1984）。林火燃烧时是呈线状向前推进的，在估算林火强度时一般计算林火强度，它是指单位时间内、单位火线长度上林火燃烧时所释放的能量；林火强度一般是通过单位面积内的可燃物的重量、可燃物的平均发热量和火线的前进速度来计算的（Byram and Davis，1959）。然而，林火发生时或林火过后，关于可燃物特征的信息往往不容易得到。所以，通过可燃物进行林火强度估算在林火的预测和预报中有较高的价值，而对正在发生的林火强度的估算和林火干扰后林火强度的推算缺乏实际可操作的意义。为此，许多其他形式的林火强度估算方法应运而生，如利用火焰长度和树冠烧焦高度等来估算或推算林火强度（Cain，1984；姚树人和文定远，2002），这在野外不失为一种便捷而有效的方法。然而林火的火焰是不断跳动和随机变化的，要想获得精确的林火火焰长度需要大量的观测数据（Johnson，1982），并且在林火燃烧的过程中观察记录火焰的长度本身也是一个问题（Cain，1984）。因此，在野外调查中寻找更加稳定且能准确估算林火强度的调查因子更具有现实意义。

在林火生态学研究中，地面植被及表层土壤烧毁程度也可以用于对林火强度进行推算和比较（Tomback et al.，2001）；而树冠烤焦高（crown scorch height，指树冠上枝叶被林火熏烤焦黄的最高处距地面的垂直距离，下同）和树皮熏黑高是林火干扰后树木对林火响应的重要指示特征，并被应用于林火强度的推算中（van Wagner，1973；McNab，1977；Nickles et al.，1981）。有研究表明，树皮熏黑高与林火强度间存在着幂函数关系（van Wagner，1973）。

虽然树冠烧焦高和树皮熏黑高是野外调查中两个较稳定的且易测量的指标，然而，树冠烧焦高会受到林火强度大小和树冠结构的影响，有时可能无法测到（如成熟林中由于林火火焰高度太低而不能达到最低树冠的位置）；而火焰高度一般大于树皮熏黑高度，所以用其替代林火火焰高度来推算林火强度会有低估林火强度的可能性（Cain，1984）。然而，树皮熏黑高在野外较容易测量，具有较高的实用价值。但是，如果需要对林火行为进行定量分析而不是简单的定性描述的话，树冠烧焦高和树皮熏黑高也不失为表征林火强度相对估计值（而不是绝对的准确值）的有效指标（Cain，1984）；况且，在不同林分的林火强度的比较中，在相同的尺度下或相同的系统偏差的情况下，这种林火强度的估计值并不影响其相互间的比较。另外，在许多关于林火干扰下不同松树种类的研究中，树皮熏黑高与树木个体的死亡间是紧密相关的（Swezy and Agee，1993；Regelbrugge and Conard，1993；

Menges and Deyrup，2001）。所以，在不同林分的林火强度的比较中，常用树皮熏黑高替代林火火焰长度来估算不同林分的林火强度，并进行不同林分间林火强度的比较，以说明不同时期林火干扰下，不同林分的结构和空间格局的变化。

在林火干扰的 B94 样地中，林木树皮熏黑的痕迹在历经 12 年后调查时，仍然清晰可见而易于辨认；而在 2006 年林火干扰的 B06-1 和 B06-2 样地中，树皮熏黑高的痕迹很容易辨识。因此，可以利用树皮熏黑高来表征林火的强度（Regelbrugge and Conard，1993；Waldrop and Brose，1999；Menges and Deyrup，2001），同时也用树皮熏黑高替代林火火焰长度进行林火强度的估算，并以此分析和比较林火干扰样地上的林火特征。虽然这种推算地表火强度的方法存在着一定偏差，但作为林火强度的估算也不失为一种有效的手段。另外，本研究着重在于比较不同时期林火干扰下，不同林分的林火强度间的差异，而不是去准确估算研究林分的地表火的林火强度精确数值。因此，利用树皮熏黑高进行林火强度的估算在本研究中是可行的。在研究中，利用非参数 Kruskal-Wallis 法进行假设检验或方差分析来比较不同样地林火特征间的差异。

2.2.2.2 林分结构特征

林分结构包括树木的种类及其组成、林分密度、年龄结构、水平结构、垂直结构和生活型结构等（李景文，1981；Barnes et al.，1998）。在研究中，通过分析林分中树木的种类及其组成来反映林分的结构特征。另外，树木的直径是林分调查中较易精确测量的因子，因此，也应用林分的径级结构及其不同径阶的分布特征来分析林分的水平和垂直结构。用林木的胸径及其分布来反映林分的结构特征，通过方差分析和多重比较来研究不同林分结构间的差异。在需要的时候，把残桩的地径转换成相应的胸径（黑龙江省森林资源管理局，2005）来分析林分结构的特征。在样地林木胸径分布的统计计算和分析中，胸径的径阶间距为 5cm。

2.2.2.3 林火及林分结构特征的统计分析

在调查的样地中，B94 样地所在的林分受到了 1994 年林火的干扰；而 B06-1 和 B06-2 样地所在的林分经历了 2006 年的同一场林火的干扰，因此其发生林火的天气条件是一致的，二者的环境特征也是相似的（表 2-1）。在树皮熏黑高的统计分析及其与林木胸径之间的回归和相关分析中，B06-1 和 B06-2 样地的林木包括了林火烧死林木和火后存活立木，而 B94 样地的林木包括了高度大于 1.3m 的倒木、枯立木和活立木；进行林木的树皮熏黑高与其胸径之间、林木的树皮熏黑高与林火烧死树木的胸径之间的回归分析时，树干上没有树皮熏黑痕迹的林木不包括在分析中。

在样本的分布检验中，根据样本量的大小来选定正态性检验方法。当样本量大于或小于等于 2000 时，分别利用 Kolmogorov-Smirnov 和 Shapiro-Wilk 法进行样本的正态性检验。利用非参数 Kruskal-Wallis 法进行方差分析，并采取 Duncan 法进行不同样地上林火强度、林分结构之间的多重比较，从而来阐明不同样地林火特征和林分结构特征上的异同。采用非参数方法，计算林木的树皮熏黑高与其胸径之间的 Spearman 相关系数。

在林火干扰样地中，利用公式（2-1）的线性模型进行林木的树皮熏黑高与其胸径之间的回归分析：

$$y_i = a + bx_i + \varepsilon_i \qquad (2\text{-}1)$$

式中，y_i 为树皮熏黑高观测值；x_i 为林木胸径；ε_i 为随机变量；a 和 b 为参数；i（$=1,\cdots,n$）为观测的样本数。

另外，也可用树皮熏黑高替代林火火焰长度，进行林火干扰林分中的林火强度值的估算，见公式（2-2）（Whelan，1995）：

$$I = 258L^{2.17} \qquad (2\text{-}2)$$

式中，I 为林火强度，单位为 kW/m；L 为林火火焰长度，单位为 m。数据统计分析利用 SAS 9.0 进行（SAS Institute，2002）。

2.2.3　空间点格局分析

2.2.3.1　Ripley's K 函数

二阶函数分析即 Ripley's K 函数（Ripley，1976，1977，1981）是近年来发展起来的、较常用的和最有效的点格局分析方法（Andersen，1992；Stoyan D and Stoyan H，1994；Dale，1999；Dixon，2002；Diggle，2003；Illian et al.，2008），它是利用成对点间的距离，计算任一点为圆心、半径为 t 的圆形区域内的点的数量来进行点格局分析的（Stoyan D and Stoyan H，1994；Dale，1999；Fortin and Dale，2005；Illian et al.，2008）。其计算见公式（2-3）（Ripley，1977；Upton and Fingleton，1985）：

$$\hat{K}(t) = A\sum_{\substack{i=1\\i\neq j}}^{n}\sum_{\substack{j=1\\j\neq i}}^{n} w_{ij}I_t(i,j)\Big/n^2 \qquad (2\text{-}3)$$

式中，i，j 为取样点；A 为样方面积；n 为植物体总数；w_{ij} 为边缘效应校正的权重值，当以 i 为圆心，以 t 为半径的圆全部位于样地之内时，w_{ij} 值为 1，反之，w_{ij} 值为该圆位于样地内的周长与整个圆周长的比值（Ripley，1977，1988；Haase，1995；Goreaud and Pelissier，1999；Diggle，2003；Yamada and Rogerson，2003；Wiegand and Moloney，2004）；$I_t(i,j)$ 为指标函数；t 为距离；d_{ij} 为取样点 i 到 j 的距离，当 $d_{ij} \leqslant t$ 时为 1，否则为 0。通常把 $K(t)$ 进行线性化，得到 $L(t)$ 函

数，见公式（2-4）：

$$\hat{L}(t) = \sqrt{(\hat{K}(t)/\pi)} - t \tag{2-4}$$

在取样点遵从泊松分布的情况下，K（t）$=\pi t^2$。L（t）等于 0 时，为完全空间随机分布；L（t）值大于或小于 0 分别表示聚集分布或均匀分布。为了确定计算结果偏离随机状态的显著性，常采用蒙特卡罗（Monte Carlo）模拟进行检验（Besag and Diggle，1977；Marriott，1979；Prentice and Werger，1985；Upton and Fingleton，1985；Skarpe，1991；Zhang and Skarpe，1995；Dixon，2002；Diggle，2003；Wiegand and Moloney，2004；Wiegand et al.，2007）。在一特定的空间尺度上，当观测的 L（t）值位于蒙特卡罗模拟包迹线以外时，表明在相应的空间尺度上拒绝零假设（Upton and Fingleton，1985；Stoyan D and Stoyan H，1994；Bailey and Gatrell，1995），即表明其聚集或均匀分布状态是显著的。在许多空间尺度的检验中，由于联立推断（simultaneous inference）会出现增加犯第一类错误的概率（Diggle，2003）；因此，在通常所说的假设检验中，蒙特卡罗模拟包迹线不能被认为是置信区间（以下的双变量及成对相关函数的分析中也一样）。然而，对进行探索性数据分析的空间点格局分析来说，这不会形成较大的影响，对结果的分析和阐述来说是足够的（Yu et al.，2009）。

经过适当变换，二阶函数也可以用于双变量点格局分析（Upton and Fingleton，1985；Dale，1999）。双变量点格局分析就是计算以物种 1 的每一个个体为圆心、半径为 t 的圆形区域内物种 2 的数量，其计算如公式（2-5）和公式（2-6）所示：

$$\hat{K}_{1,2}(t) = A\sum_{\substack{i=1 \\ i \neq j}}^{n_1} \sum_{\substack{j=1 \\ j \neq i}}^{n_2} w_{ij} I_t(i,j) / n_1 n_2 \tag{2-5}$$

$$\hat{K}_{2,1}(t) = A\sum_{\substack{i=1 \\ i \neq j}}^{n_1} \sum_{\substack{j=1 \\ j \neq i}}^{n_2} w_{ji} I_t(j,i) / n_1 n_2 \tag{2-6}$$

式中，n_1，n_2 为双变量各自的样本数量；I_t（i，j）为指标函数，t 为距离，w_{ij} 为物种 1 的样点 i 到物种 2 的样点 j 的距离，当 $w_{ij} \leq t$ 时为 1，否则为 0；式中其他符号与单变量点格局计算公式中的意义相同。同理，也可以将 K（t）函数进行线性化得到 L（t）函数（Upton and Fingleton，1985），即公式（2-7）：

$$\hat{L}(t) = \sqrt{[n_2 \hat{K}_{1,2}(t) + n_1 \hat{K}_{2,1}(t)] / \pi(n_1 + n_2)} - t \tag{2-7}$$

当 L（t）>0 时表示双变量之间是相互吸引的，即两者间相互促进呈集群分布；L（t）$=0$ 时，表示双变量之间呈独立分布状态；L（t）<0 时表示双变量之间是相互排斥的，即两者间相互竞争呈均匀分布。蒙特卡罗模拟确定计算结果与 99 个随机产生的空间格局相比偏离的显著性，即包迹线取值为 99%。当 L（t）值位于包迹线外时，表明两者间的关系是显著的。然而，Ripley's K 函数是一个累积分布函数

（Ripley，1976），在大尺度上存在着累积效应从而使其格局分析复杂化（Getis and Franklin，1987；Penttinen et al.，1992；Condit et al.，2000；Schurr et al.，2004；Wiegand and Moloney，2004）。

2.2.3.2　成对相关函数

成对相关函数［the pair correlation function，$g(r)$］（Stoyan D and Stoyan H，1994；Condit et al.，2000；Wiegand and Moloney，2004；Wiegand et al.，2007；Illian et al.，2008）是 Ripley's K 函数的变形（Stoyan D and Stoyan H，1994），它是利用空间点间的距离，计算以任一点为圆心、半径为 r、指定宽度的圆环区域内的点的数量来进行空间点格局分析（Ripley，1976；Stoyan D and Stoyan H，1994；Condit et al.，2000；Dale et al.，2002；Schurr et al.，2004）。成对相关函数 $g(r)$ 与 Ripley's K 函数之间存在着函数关系（Stoyan D and Stoyan H，1994），即公式（2-8）：

$$g(r) = (2\pi r)^{-1} \, dK(r)/dr \qquad (2\text{-}8)$$

它是用指定宽度的圆环区域代替了 Ripley's K 函数中半径为 r 的圆形区域进行点的计算。因此，成对相关函数 $g(r)$ 是一个概率密度函数，它克服了 Ripley's K 函数作为一个累积分布函数而在大尺度上存在着累积效应的缺点（Ripley，1976；Penttinen et al.，1992；Condit et al.，2000；Schurr et al.，2004），能够分析指定尺度上的空间格局（Condit et al.，2000），从而更有效地进行空间点格局分析并有助于探讨形成格局的生态过程（Wiegand and Moloney，2004；Watson et al.，2007；Wiegand et al.，2007）。同样，成对相关函数也可以进行双变量点格局分析，即公式（2-9）（Diggle，1983；Dale，1999）：

$$g_{12}(r) = (2\pi r)^{-1} \, dK_{12}(r)/dr \qquad (2\text{-}9)$$

它计算以物种 1 的每一个个体为圆心、半径为 r、指定宽度圆环区域内物种 2 的数量（Ripley，1981；Stoyan D and Stoyan H，1994；Wiegand and Moloney，2004；Wiegand et al.，2007）。

2.2.3.3　零假设模型

由于格局的异质性（即格局的密度在研究范围内不是近似相等的）等因素的影响，利用二阶函数进行空间点格局分析也存在着应用上的困难和缺陷（Wiegand and Moloney，2004）。例如，异质性而导致的空间格局可能并不是空间点间的相互作用形成的，而是由空间点的密度造成的。因此，必须在排除空间点密度影响的条件下去探讨空间格局，在利用二阶函数进行空间点格局分析时，选择合适的、具有明确生态学意义、能准确描述数据偏离零假设程度的零假设模型是非常关键和重要的问题（Dixon，2002；Wiegand and Moloney，2004）。

本研究中将根据空间点密度的结构和特定的研究对象选择不同的零假设模型（表 2-3）（Thomas，1949；Kenkel，1988b；Dixon，2002；Goreaud and Pélissier，2003；Wiegand and Moloney，2004；Wiegand et al.，2007；Illian et al.，2008；Yu et al.，2009；喻泓等，2009a，2009c），利用 Ripley's K 函数或成对相关函数 $g(r)$ 进行林分的空间点格局分析。Ripley's K 函数和成对相关函数 $g(r)$ 是有效地分析和探讨林分及其不同组分空间格局常用的方法，能够在小尺度上揭示林木死亡前后、非随机死亡林分的空间结构（Kenkel，1988b；Andersen，1992；Dale，1999；Getzin et al.，2006）。因此，在樟子松天然林中，通过分析林火干扰前后、林分各组成部分的空间格局来揭示和探讨林火干扰下樟子松天然林空间格局变化及其不同组分的空间关系，以期找出樟子松天然林发展演替的内在的生态过程，为自然资源保护和生产经营管理服务。研究中，所有的空间点格局分析均是在 Programita 上完成的（Wiegand and Moloney，2004；Wiegand et al.，2007）。

表 2-3　空间点格局分析的零假设模型及其代码

假设	零模型	代码	点格局分析
双变量的两个格局先后顺序出现，格局 1 独立于格局 2，但是后者受前者的影响	先决条件假设	AC	双变量
格局的点间没有相互作用且相互独立，其密度在研究区相对均一	完全空间随机	CSR	单变量
在两个大小不同的尺度上表现为 Neyman-Scott 过程	双尺度集聚过程	DC	单变量
点的密度在不同区域上存在差异（探测空间异质性的滑动窗口的半径为 30m）	空间异质性泊松过程	HP	单变量
两个格局是由相互独立的两个不同的过程产生的	独立性假设	ID	双变量
点由服从 CSR 的母体及其随机产生的子体组成，若子体到母体距离为二元高斯分布，则子体遵从 Neyman-Scott 过程	Neyman-Scott 过程	NS	单变量，双变量
研究对象和对照产生于同一随机过程，分别是其共同分布格局的一个随机子样本	随机标识假设	RL	单变量，双变量

2.2.4　单木竞争模型

研究竞争指数模型较多（Bella，1971；马建路等，1994；Miina and Pukkala，2000；Weigelt and Jolliffe，2003；Canham et al.，2004），单木竞争指数模型（Hegyi，1974）既简便易行又有较好的预测效果，并且计算该指数的数据在野外调查中比较容易准确地获得（李先琨等，2002；段仁燕和王孝安，2005；刘彤等，2007；张谧等，2007；喻泓等，2009b），它在形式上表现的是植物个体大小及空间位置的关系，其实质上也反映了植物个体对可利用的资源和环境的现实分配（喻泓等，2009b）。樟子松林为 20 世纪 50 年代残存的块状、片状樟子松林的基础上经封育而形成的同龄纯林（赵兴梁，1958；赵兴梁和李万英，1963），林相和外貌整齐均匀一致，结构简单，林冠层树种种类较少且以樟子松为主，其他伴生树种很少且在林分中占很小的比例（喻泓等，2009a）。因此，在这种结构简单、成分单一的林分中，采用 Hegyi（1974）提出的形式较简单、有明确的生物学意义和较好的实际应用效果的单木竞争指数模型来计算林木的竞争强度。一般来说，计算林木竞争强度的公式可以表示为

$$CI_i = \sum_{j=1}^{n} D_j^2 D_i^{-1} L_{ij}^{-1} \qquad (2\text{-}10)$$

$$CI = \frac{1}{N} \sum_{i=1}^{N} CI_i \qquad (2\text{-}11)$$

式中，CI 为竞争强度，其值越大，表明对象木承受的竞争压力越大；CI_i 为第 i 株对象木的竞争强度；n 为第 i 株对象木周围的竞争木株数；D_j 为第 j 株竞争木胸径；D_i 为第 i 株对象木胸径；L_{ij} 为第 i 株对象木与第 j 株竞争木之间的距离；N 为对象木的株数。

另外，可以利用对象木胸径与其竞争强度进行回归分析。一般来说，对象木胸径与其竞争强度之间近似地服从幂函数关系，即对象木胸径与其竞争强度的关系可以用公式（2-12）来计算：

$$CI = aD^{-b} \qquad (2\text{-}12)$$

式中，CI 为竞争强度，D 为对象木胸径，a、b 为参数。

从研究林木个体间竞争入手，樟子松天然林的种内及种间竞争（毛磊等，2008b）、有无林火干扰下樟子松林竞争关系比较（喻泓等，2009b）等已进行过探讨。林火干扰下，森林中大量的小径阶林木常常被烧死（Ryan，2002；喻泓等，2009a），森林结构及个体间的竞争关系等会随之发生相应的变化。而地表火干扰下，樟子松林的竞争关系也必然发生一定程度的变化；然而，其竞争强度的变化是否显著？地表火干扰后时间序列上即火后一定时期内，其竞争强度是否仍然显著降低？伴随着林分竞争强度的变化，林下幼树更新如何？这些问题的探讨，对于正确评价地表火干扰对樟子松天然林的作用等均具有重要的意义。在樟子松林调查样地中，分别选取有无林火干扰林分（B06-2 和 FE-1）和地表火干扰后持续的时间尺度上的林分（B06-1 和 B94）为典型样地来分析和探讨地表火干扰对樟子松林内林木个体间竞争关系的影响，以及林火干扰时间尺度上林分竞争关系的变化。

在林木竞争强度的计算中，确定林木个体间竞争的影响范围（即样圆半径）是非常重要的（张跃西，1993）。一般认为，只有在树冠或根系发生接触或重叠时，林木个体之间的竞争才会出现，所以，对象木所受的竞争压力主要来自于其周围一定距离范围内的林木个体，离对象木较远的个体对它的竞争会减弱或消失（邱学清等，1992；王政权等，2000）。另外，林木个体对光和水分等生态因子的竞争

也对林木个体间的竞争产生较大的影响（邹春静等，2001）。因此，通过竞争强度随着样圆半径递增速率的变化趋势，可以确定竞争木分布范围，以便较合理地、定量地选择对象木的样圆半径（段仁燕和王孝安，2005）。实际研究中，一般利用树冠的接触和遮荫状况（张跃西，1993）并结合冠幅与林窗大小（张池等，2006）、树木生长量与竞争强度回归（吴巩胜和王政权，2000）、逐步扩大对象木的影响范围（段仁燕和王孝安，2005）、基于 Voronoi 图（汤孟平等，2007）、计算竞争强度的变化趋势（毛磊等，2008b）等方法来确定林木竞争的影响范围，即确定计算竞争强度时所采用的样圆半径大小。本研究中，调查林分的主林层全部为樟子松，林窗半径多为 10m（Zhu et al., 2005），树冠大小为 5~8m。另外，以 1m 为单位，逐渐增大样圆的半径，计算相应的樟子松林的竞争强度，并通过竞争强度随着样圆半径的变化趋势来确定计算樟子松林竞争强度所采用的样圆半径的大小。研究中，选取 FE-1 样地来计算樟子松林的竞争强度随着样圆半径的增加而表现出的变化趋势，并以此来确定计算樟子松林竞争强度所采用的样圆半径大小。

另外，在选取对象木的过程中，当对象木的样圆的部分面积处在样地之外时，位于样地以外的那部分的竞争木由于没有调查而不会被包括在竞争强度的计算中，从而造成一定程度的偏差（喻泓等，2009b）。为了避免这种边缘效应，将样地内距边界一定距离的区域作为选定对象木的缓冲带，即在这个缓冲带内不能选取任何一株林木作为对象木（喻泓等，2009b）；否则，就会出现对象木的样圆超出调查样地的情况，从而造成竞争强度计算上的偏差。这样，对象木只能在调查样地中部的一定区域内选取，从而使任何一株对象木的样圆都不会超出调查样地的范围。然而，竞争木却可以在调查样地的全部范围内选取。

一般在林木竞争关系的研究中，常采用在调查林分中进行抽样的方法来确定对象木（张跃西，1993；段仁燕和王孝安，2005；张池等，2006；张谧等，2007），这仅仅是反映了特定林木径阶范围内的对象木的竞争关系，其结果将是对森林群落竞争关系的一种近似（喻泓等，2009b）。本研究采用 1hm² 调查样地内全部林木定位的方法，能够探讨和分析林分尺度上、连续范围内全部林木个体间的竞争关系，可以有效地减少因对象木抽样所带来的主观偏差，使林木竞争强度的计算结果更接近林分中林木个体间实际的竞争关系（喻泓等，2009b）。

在林木竞争强度的具体计算中，利用林木个体在研究样地中的相对坐标位置来计算每个竞争木到其对象木之间的距离，再通过公式（2-10）计算出每个竞争木对对象木的竞争强度，将全部竞争木的竞争强度累加并求算术平均，即得每个对象木的竞争强度；然后，计算调查林分中所有对象木竞争强度的平均值，即得到樟子松林的竞争强度。另外，为了解樟子松林的竞争关系及其规律，还可将对象木胸径与其竞争强度进行回归分析，并以此对樟子松林竞争强度进行预测。调查样地林木个体之间的距离是在 R 统计软件上实现的（Baddeley and Turner, 2005;

王斌会和方匡南，2007），其他的统计分析是在 SAS 9.0 上完成的（SAS Institute，2002）。

2.2.5 林下植物多样性

在研究较大区域的生物多样性时，物种的丰富度常作为度量多样性的指标，当然，物种的多度也不能够被忽视。显然，基于生态位的物种多样性模型应用到大尺度、物种较为丰富的区域时是没有意义的，同样也不能用来描述物种相对较少的局部地区的物种多样性（Magurran，2004）。另一个值得注意的问题是，α多样性和 β 多样性间的相互关系会随着研究尺度的不同而变化（Magurran，2004）。另外，必须清楚，小尺度的生物群落是镶嵌在大尺度的景观生态系统中的，其种的组成、种的丰富度和多度是由大尺度的生态过程所支配的（Gaston and Blackburn，2000；Hubbell，2001）。

尽管有许多指数来描述物种多样性，但是没有任何一个指数是尽善尽美的，因为它们只能强调物种的丰富度和多度中的某一侧面（Clarke and Warwick，2001）。因此，近年来，人们又不断地构造出许多物种多样性指数，而越来越多的指数又往往让研究者无所适从；另外，最流行的多样性指数也并不一定是最好的（Magurran，2004）。那么，应该如何调查和分析物种多样性呢？首先，选择物种多样性指数最重要的一条就是，我们注重的是多样性的哪一个侧面及为什么要这样做。其次，取样样方的大小要合适，并且取样样本要设计足够多的重复以满足统计上的要求；还要考虑是否需要分析物种的均匀度指数，因为一般情况下，用物种丰富度来表达物种多样性就已经足够了（Magurran，2004）。一般来说，α多样性和 β 多样性均有明确意义且易于理解；另外，相对来说，当样本量较大时，α多样性受样方尺寸大小的影响较小（Magurran，2004）。

有许多种测度β多样性的方法，它们大致可以分为 3 类（Magurran，2004）：①测度两个或多个样方或研究区α多样性的差值与其物种总数（即 γ 多样性）的比率；②不同样方或研究区α多样性中各类组成的差异；③利用种-面积曲线来测度物种随着面积增加而增加的过程中物种的更替（Lennon et al.，2001；Ricotta，2002）。一个最简单而有效的测度β多样性的方法是由 Whittaker 构建的β多样性指数（Whittaker，1960），Harrison 将 Whittaker 的β多样性指数改进为 Harrison 多样性指数（β_{H1}）（Harrison et al.，1992）；这样，它就可以用来比较不同大小样带或样方间的物种多样性。因此，本研究采用 Harrison 多样性指数来进行不同取样层次上物种多样性的计算。

虽然还可以构建出无穷多的α多样性指数（Molinari，1996），但是它们也不一定能够更好地进行生物多样性的测度和表述，而现有的指数和测度方法已经获得了人们的认同和共识（Magurran，2004）。然而，关于β多样性的测度和表述却鲜见意见一致，近年来仍被人们忽视（Magurran，2004）。

在樟子松林下维管植物种的多样性分析中，研究的目的在于通过调查不同类型的樟子松林下的植物多样性来反映林火干扰下其种类组成和变化趋势，以便为生物多样性保护和植被恢复提供依据。因此，用植物种的丰富度来比较不同林分类型林下植被的α多样性；而其相互间的β多样性利用较为简单而有效的公式（2-13）来计算（Whittaker，1960；Wilson and Shmida，1984；Gray，2000）。

$$\beta_w = \frac{S}{\alpha} \tag{2-13}$$

式中，β_w 为 Whittaker 多样性指数，S 为物种总数，α 为平均每个样方的物种数。而不同层次上所有植物种的β多样性利用公式（2-14）来计算（Harrison et al.，1992）。

$$\beta_{H1} = \frac{(S/\alpha - 1)}{(N-1)} \times 100 \tag{2-14}$$

式中，β_{H1} 为 Harrison 多样性指数，S 为物种总数，α 为平均每个样方的物种数，N 为调查的样方数。另外，利用种-面积曲线来分析不同时期地表火干扰下林下植物种的丰富度的变化格局；通过间接梯度分析（DCA）来反映不同类型林分林下植物种的组成及地表火干扰后的变化，间接梯度分析是在 CANOCO for Windows 4.5 上进行分析的（ter Braak and Šmilauer，2002）。其他所有数据的统计分析均在 SAS 9.0 上进行（SAS Institute，2002）。

2.2.6 树轮年表研制

2.2.6.1 样本选择与采集

采样时严格按照树木年轮取样标准进行（Fritts，1976；吴祥定，1990），充分考虑树木生长的各类限制因子，具体选择依据如下。①大环境要求：取样点远离人为活动影响较强的地区，且未受火灾、病虫害等干扰。②小环境要求：采样点的地形比较一致，土壤厚度适中，郁闭度小，此种环境有助于提高样本的敏感性，更好地解释环境信息变化。③树种要求：所选择的树种要符合气候等环境变化研究的需要，树木年轮的纹理清晰，年轮较长，且树轮宽度的变化与气候要素的年变化基本呼应（崔海亭等，2005）。内蒙古呼伦贝尔的樟子松完全符合以上要求，是树木年轮气候分析比较理想的树种。

本研究樟子松树木样本选取在海拉尔西山国家森林公园、辉河国家级自然保护区的南辉、伊敏河镇 3 个地点。在 2009 年 9 月底，以上述 3 个地点沙地樟子松优势木为样本，基于国际树木年轮数据库（ITRDB）的标准，采用生长锥钻取横截面上的树芯，取样高度为胸径处（1.3m 处），每棵树从不同的方向钻取 2～4 个样芯，共采集 60 棵树。在采样布局上，首先要遵循树木年轮气候学采样点选择的基本原理，并考虑不同样点之间的空间代表性，各采样点均选择在沙质土壤上，选择在小山丘的中上部优势树木，受人类的影响小。为了保证采集树木受到的伤害最小，采用较细的生长锥（直径为 5.5cm）。采集到的样芯放置在自制的纸管内，并在管上用油性笔标记采集地点、时间、树木胸径、高度、编号等，然后封好，放置于羽毛球桶内，以防折断，并使样芯中的水分可以被纸面吸收，防止发霉。各采集样点的情况见表 2-4。

表 2-4　樟子松采集样点基本情况

代号	样点名称	经纬度	海拔（m）	平均胸径（cm）	样树量	树种	采样时间
XS	西山公园	49°12′N，119°42′E	515～669	74.7	26	樟子松	2009-9
NH	南辉	48°17′N，119°16′E	692～751	78.2	20	樟子松	2009-9
YMH	伊敏河	48°45′N，120°00′E	724～780	61.0	8	樟子松	2009-9

2.2.6.2　样本预处理

将采集的样本带回实验室后，进行加工处理，以供定年、宽度测量分析使用，主要的预处理过程有以下两个过程。

1）样本的固定、打磨

将取回的样本初步干燥后，使用白乳胶将其固定在样本槽内，保证样本的木质纤维直立在样本槽内，然后使用砂纸打磨去样本弧形部分，打磨时先用 P240 号粗砂纸打磨，再用 600c 号细砂纸打磨，使样本达到光、滑、亮，轮间清晰分明，在显微镜下可以看到清晰的细胞轮廓即可结束。

2）年轮标识

年轮标识是从样本的外轮向髓芯数，每到公元 10 年做一记号，如 2010 年、2000 年、1990 年……，做出"·"标志，到公元 50 年整时，做出"："标志，到公元 100 年整数时，做出"┆"标志，并记录样本总长度。除标识之外，一些窄轮、伪轮、缺轮、断轮等，尽可能在预处理过程中标出，并作记录，便于定年。

2.2.6.3　轮宽测量

树轮宽度于中国科学院地理科学与资源研究所树木年轮实验室测定，采用的仪器为德国 Frank Rinn 公司生产的 Lintab 5 年轮分析仪，仪器精度 0.01mm。数据采集使用 TSAP（time series analysis presentation）软件获取，最终得到 Heidelberg 格式的树轮宽度资料。TASP 是树木年代学、年轮测量、数据编辑、交叉定年、建立树木年表，以及数学分析和时间序列的图表绘制的平台，也是在树木年轮学和相关应用中的时间序列分析的一个标准程序之一。TSAP 软件系统包含了现有的多种类型的树轮宽度格式，可以转化为国际年轮研究的通用格式 Tocson，也可以在多种计算机操作平台上运行。可以同时测定树轮宽度、早材宽度和晚材宽度等多种指标，并能在测量的同时进行直观交叉定年。

2.2.6.4 交叉定年

交叉定年可以在样品上直接进行，也可以先测量，再利用测量的树轮宽度序列进行。欧美在交叉定年的过程中有所差异，主要是其操作步骤的过程的差异。我国树轮工作者结合我国树木生长的实际情况，总结出三步定年法，即选样目测定年—示意图（骨架图）式定年—精确计算定年（计算机程序），交叉定年的基本步骤：①对各个可见的和统计上的样本年轮特征，包括轮宽、早晚材颜色和厚度的逐个变化等进行判断；②检查上述这些特征的同步性；③确定出与众多样本不吻合的个例；④进一步判断造成这种不吻合的原因，确定可能为伪年轮、缺失轮等差异，并进行调整；⑤根据众多年轮序列的连贯性，对年轮的变异给出解释；⑥最终建立精确的树木年轮年表。

在交叉定年和树轮宽度量测完成之后，利用国际年轮库中的 COFECHA 定年质量控制程序进行交叉定年的检验，以确保每一生长年轮具有准确的日历年龄。由于此程序只能指出某一序列可能存在的定年错误，并不能决定某个序列能否进入最终年表的客观标准，因此它不能代替树轮工作者主观上的定年及其调整。确定年轮年代和编制年表，主要根据所选择标本年轮宽窄型的一致性。

本书选择了目测定年—测量宽度—精确定年（计算机）的方式定年，在测量宽度后定年，再采用 COFECHA 程序进行序列检验，对有问题的年再重新进行宽度测量。

2.2.6.5 树轮宽度年表的研制

采用国际年轮库 ARSTAN 年表研制程序分别研制出 3 个采样点的树轮宽度年表，每个样点分别建立标准化年表（STD）、差值年表（RES）和自回归年表（ARS），以增加气候重建时的年表可选择性。

标准化年表是通过树轮宽度的标准化，剔除与树龄有关的生长趋势，得到年轮指数，再根据指数序列与主序列间的相关系数，剔除相关性差的样本，最后采用双权重平均法合并得到，它是常规意义上的树轮年表。差值年表则是在标准化年表的基础上，去掉树木特有的与前期生理条件对后期生长造成的连续性影响而建立的一种年表，它只含有群体共有的高频变化。自回归年表则是估计采样点树木群体所共有的持续性造成的生长量，再将其加回到差值年表上得到的，因此它既含有群体所共有的高频变化，又含有群体所共有的低频变化。

2.2.7　年表相关统计变量分析

2.2.7.1　树轮宽度指数

树轮宽度指数，也称标准化树轮宽度年表，是指所读出的年轮序列的树轮宽度值经过生长量曲线订正后所得的指数序列。年轮指数是以每年生长的期望值，即生长趋势曲线上读得的树轮宽度值去除每年实际生长值，即原来树轮宽度的实测度数。这样处理，去除了其他环境因子对树木生长的影响，突出了主要限制因子的作用，而且便于计算和比较。序列总平均值为 1.0，最小值>1，一般多在 2.0以下，最大值有时会大于 3.0 或更大些。需根据实际情况进行修匀。其公式为

$$I_i = \frac{W_i}{Y_i} \tag{2-15}$$

式中，I_i 为树轮宽度指数，W_i 为树轮宽度实测值，Y_i 为树轮宽度每年生长的期望值。

2.2.7.2　平均敏感度

树木年轮学研究中，将树轮宽度的逐年变化作为树木生长对气候反映的敏感程度，因此引入了平均敏感度（mean sensitivity）概念，它主要反映气候的短期变化或高频变化。当敏感值很大时，一般来说气候因子的限制作用非常明显，相关性就很好。平均敏感度（MS）计算公式如下：

$$\text{MS} = \frac{1}{n-1} \sum_{i=1}^{n-1} \left| \frac{2(X_{i+1} - X_i)}{X_{i+1} + X_i} \right| \tag{2-16}$$

式中，X_i 为第 i 个树轮宽度值，X_{i+1} 为第 $i+1$ 个树轮宽度值，n 为样本年轮总数目。

2.2.7.3　样本量的总体代表性

样本的群体代表量（express population signal）表示所建立的树轮年表能反映理论年表的程度。大样本在统计分析中是很重要的，作交叉定年需要较多的样本，消除非气候因子的噪声干扰也需要较多的样本。但在实际工作中不可能采集非常多的样本，因而在一个特定的采样点采集的最小样本量需要有一定的数量才能达到年轮分析的要求。

$$\text{EPS} = \frac{r_{\text{bn}}}{r_{\text{bn}} + \frac{(1 - r_{\text{bn}})}{n}} \tag{2-17}$$

式中，n 为样本数，r_{bn} 为不同树间的相关系数，EPS 是样本数的函数，即随着样本数的增加 EPS 会相应增大。已有研究表明，EPS=0.85 是一个年表可以接受的最

低值（Wigley et al., 1984；Briffa and Jones，1990）。

2.2.7.4 信噪比

信噪比（signal to noise ratio）是度量所有样本表达共有环境信息量多少的指标，它是年表中气候信息与其他噪声的比值。通过方差分析，可知道总年表平均指数的方差贡献（即气候信息），剩余的即可认为是非气候因素形成的噪声。

$$\text{SNR} = n \frac{r_{bn}}{1 - r_{bn}} \qquad (2\text{-}18)$$

SNR 表明信噪比不仅与取样地点、树种及生长趋势的订正模式有关，还与样本量的多少成正比（Fritts，1976）。对于所建立的树木年轮年表来说，总是要使信噪比（SNR）值越大越好。

2.2.7.5 树间平均相关系数

树间平均相关系数（mean series correlations）是度量不同树间年轮序列间的树轮宽度变化的同步性指标（Fritts，1976），相关系数越高，证明由样本所建成的年表包含的环境信息越丰富，适合于树木年代气候学研究。

2.2.7.6 样本的一阶自相关

样本的一阶自相关（first order autocorrelation）的大小，反映上一年气候状况对当年树轮宽度生长的影响。一阶自相关系数大，说明上年气候对当年树轮宽度生长影响强（李江风等，1989）。

2.2.8 树轮宽度-气候响应分析

在研究树轮宽度与气候的关系时，常用方法包括相关函数和响应函数（Fritts，1976）。相关函数是以年轮资料与气候要素之间的简单相关系数为表现形式，这种方法计算简单、容易解释，但只考虑了单个气候要素与树木生长的关系。响应函数是多变量的分析方法，它先将多个气候要素做主分量变换后，再和树木年轮资料做逐步回归，然后将主分量的回归系数转换回对应原始气候资料的回归系数，并以大小和正负表示树木生长对气候要素的响应程度（Fritts，1976）。响应函数可以同时考虑树木生长对多个气候要素的响应，但其回归系数的置信区间常被估计过窄，造成过分强调气候要素的作用（邵雪梅和吴祥定，1994）。为弥补两种方法各自的缺陷，分析时两种方法均被采用。

本研究中，以树轮宽度指数为因变量，月平均气温、月降水量为自变量，采用逐步回归法进行多元回归分析，利用多元回归方程与气候要素之间的关系，推算出树轮宽度指数与气候因子间的响应函数。利用 Dendroclim2002 软件程序研究各采样点的树轮宽度序列与气候要素的相关性。由于树木的径向生长不仅受当年气候条件的影响，还会受到上一年气候条件的影响，因此在分析树轮宽度序列与气候变量之间关系时，还需要考虑前一年的气候要素，包括前一年 7 月至当年 12 月的气候要素。

2.2.9　气候重建转换函数检验

为检验树轮气候重建值的稳定性、可靠性和精确性，采用常用的"逐一剔除法"（leave-one-out）交叉检验，其方法为在校准期中，剔除其中某一年的值，建立回归方程，然后将所剔除年代的年表值代入此方程，得到相应年份气候要素的估计值。重复上述过程，直至得到整个重叠时段气候要素的估计序列，并与实测值进行对比，用以检验回归方程的稳定性。利用"逐一剔除法"，从误差缩减值 RE、相关系数 r、一阶差相关系数 r、乘积平均数 t 等几个方面对重建方程进行交叉检验。如果这些检验统计量中的误差缩减值或其他某几个能通过检验，则说明该重建方程是稳定的，由其重建出的气候要素是可靠的。

（1）误差缩减值：误差缩减值（RE）是精确检验估计气象要素重建值可靠性的统计量，比其他统计量更有效，是一个敏感的统计量。其计算公式为

$$\mathrm{RE} = 1.0 - \frac{\sum_{i=1}^{m}(y_i - \overline{y})(\hat{y}_i - \overline{y})}{\sum_{i=1}^{m}(y_i - \overline{y})^2} \tag{2-19}$$

$$\overline{y} = \frac{\sum_{i=1}^{n} y_i}{n} \tag{2-20}$$

式中，$\hat{y}_i$ 和 y_i 为重建值和观测值，$\overline{y}$ 为 y_i 在校准期内的平均值，n 为建立重建方程的样本个数。一般认为 RE>0 就算通过了检验。

（2）乘积平均数 t 检验：它同时考虑了重建值与实测值之间距平符号和二者数值的大小。将气候要素重建值 $\hat{y}_i$ 和实测值 y_i 的距平乘起来构成一个乘积序列 $x_i = (\hat{y}_i - \overline{\hat{y}_i})(y_i - \overline{y_i})$，当重建值与实测值的距平符号一致时，$x_i$ 为正，反之 x_i 为负，将正的和负的距平乘积分别平均，记为 M_+ 和 M_-，分别代表重建值对实测值一致的和不一致的估计量。t 检验统计量计算公式为

$$t = \frac{M_+ - M_-}{\sqrt{\dfrac{\sigma_+^2}{N_+} + \dfrac{\sigma_-^2}{N_-}}} \tag{2-21}$$

式中, t 值若大于从 t 分布表中由自由度 $N_+ + N_- - 2$ 查得的单侧 95% 的概率临界值 t,则接受正的距平乘积平均数比负的距平乘积平均数大,重建值包含与所重建的气候要素有关的气候信息。

（3）一阶差序列:其计算方法为

$$y_i' = y_i - y_{i-1} \qquad (i = 2,3,\cdots,n) \tag{2-22}$$

2.2.10 气候变化周期分析

气候变化具有一定的周期性,了解重建气候的周期性,对于了解气候的长期变化规律,探讨变化的成因及展望其未来变化趋势具有重要意义。目前的周期分析方法主要有功率谱、交叉谱、最大熵谱、奇异谱和小波分析等方法。本部分采用功率谱分析方法提取重建要素的周期性变化。

功率谱分析:把重建气候要素序列看作由无数个波长连续的波动组成,波动强度对于波长组成一个连续谱,谱值即相当波动的能量。其计算步骤可简要归纳如下:给出一个重建气候要素序列 x_i (i=1, 2, 3, $\cdots$, n),选择最大滞后数 m（一般 m 取 $N/3 \sim N/2$）,计算出 $T=0$ 至 $T=m$ 的序列协方差:

$$C_T = \frac{1}{N-T} \sum_{i=1}^{N-T} (x_i - \overline{x})(x_{i+T} - \overline{x}) \tag{2-23}$$

类似于连续变量的傅里叶变换,进行余弦变换,从 C_T 求得 $m+1$ 个最初的粗谱估计值 $\hat{S}_k$ (k=0, 1, 2, $\cdots$, n),即有

$$\hat{S}_0 = \frac{1}{2m}(C_0 + C_m) + \frac{1}{m}\sum_{T=1}^{M-1} C_T \tag{2-24}$$

$$\hat{S}_k = \frac{C_0}{m} + \frac{2}{m}\sum_{T=1}^{m-1} C_T \cos(\frac{\pi kT}{m}) + \frac{1}{m}C_m(-1)^k \tag{2-25}$$

$$\hat{S}_m = \frac{1}{2m}\left[C_0 + (-1)^m C_m\right] + \frac{1}{m}\sum_{T=1}^{m-1}(-1)^T C_T \tag{2-26}$$

然后再进行加权移动平均,可以得到最终的谱估计值:

$$S_0 = \frac{1}{2}(\hat{S}_0 + \hat{S}_1) \tag{2-27}$$

$$S_k = \frac{1}{4}(\hat{S}_{k-1} + 2\hat{S}_k + \hat{S}_{k+1}) \tag{2-28}$$

$$S_m = \frac{1}{2}(\hat{S}_{m-1} + \hat{S}_m) \tag{2-29}$$

检验原重建序列的显著持续性,如果持续性很强,则序列作为红噪声处理,反之序列很少有持续性,应视为白噪声,检验标准为

$$(r_1)_t = \frac{-1 + 1.645\sqrt{N-3}}{N-2} \tag{2-30}$$

同时有 $r_1 = c_1 / c_0$

如果 $r_1 \leqslant (r_1)_t$，即为白噪声，并有

$$y_k = \overline{S} \tag{2-31}$$

如果有 $r_1 > (r_1)_t$，按噪声处理得

$$y_k = \overline{S}\left[\frac{1-r_1^2}{1+r_1^2 - 2r_1\cos(\frac{\pi k}{m})}\right] \tag{2-32}$$

其中，

$$\overline{S} = \frac{1}{m+1}\sum_{i=0}^{m}\hat{S}_k \tag{2-33}$$

谱估计的自由度 $v = \frac{1}{m}(2N - \frac{m}{2})$，根据自由度查得 χ^2 在显著水平 α=0.05 或 α=0.01 时的数值，将得到的值乘以 yk 得到一条显著性水平曲线或直线，凡超过这水平界限的谱估计值，则认为此波动作为准周期看待是可信的。

值得注意的是，最大滞后 m 的选用，当它较大时，计算出的准周期较细；当其较小时，计算出的周期较稳定，可根据实际资料选用不同的 m。对显著性水平的选用一般取 α=0.05 或 α=0.01，但也可根据需要而改变。

本部分利用中国科学院地理科学与资源研究所邵雪梅研究员提供的程序进行功率谱分析。

2.2.11 气候变化突变检验

气候突变是气候系统具有的非线性特性的表现形式,是指气候由一种稳定(或稳定持续的变化)态趋势跳跃式转变到另一种稳定态（或稳定持续的变化）的现象，表现为气候在时空上从一个统计特性到另一个统计特性的急剧变化，由于气候突变反映了两种稳定的气候状态，代表了不同的时间演变和气候特征，因此气候突变受到越来越多的重视和关注。用统计方法检测可以比较一个长时间序列中，两个前后相继的子序列的统计性质（均值、方差）有显著差异，两个子序列的过渡点即为突变点，子序列长度为突变事件的时间尺度。目前气候突变的统计检测方法有滑动 t 检验法、Yamamoto 检验法、曼-肯德尔（Mann-Kendall）检验法、Lepage 检验法等，本书采用滑动 t 检验法、曼-肯德尔检验法检测重建序列的突变。

1. 滑动 t 检验

滑动 t 检验为均值突变检验，是考察两组样本平均值的差异是否显著来检验突变的诊断方法，与其他方法相比，其最大优点是能简单且直观地确定突变，其实质是若一个序列某一时段的平均值与另一时段的平均值之间的差异具有充分的统计显著性，则认为在给定的信度范围内，该系统在选定的时间点上出现了突变现象。

设所要检验的某气候要素重建值序列为 x_i（$i=1$，2，$\cdots$，n），n 为样本容量。将序列人为地分为两段，x_{i1} 和 x_{j2}，其容量分别为 m_1 和 m_2，用 x_1 和 x_2 分别代表它们的平均值。

假设它们总体平均值无显著差异，则统计量：

$$t = \frac{\overline{x_1} - \overline{x_2}}{S(\frac{1}{m_1} + \frac{1}{m_2})^{0.5}} \qquad (2\text{-}34)$$

$$S^2 = \frac{\sum_{i=1}^{m_1}(x_{i1} - \overline{x_1}) + \sum_{j=1}^{m_2}(x_{j1} - \overline{x_2})}{m_1 + m_2 - 2} \qquad (2\text{-}35)$$

式中，x_{i1} 和 x_{j1} 分别为两个子样本的要素值。给出信度 α，由自由度为 m_1+m_2-2 的 t 分布可得到临界值 t_α。若用实际资料求得的 $|t|>t_\alpha$，拒绝原假设，则两个均值时段的交接点为一突变点。为便于判定是由多向少突变还是由少向多突变，实际应用时，常用 x_1 代表较晚的时段均值，x_2 代表较早的时段值。这样如计算出的 $t>0$，则是由少向多发生突变，反之为由多向少发生突变。从序列的开头向结尾逐年滑动进行 t 检验，就可找出所有的突变年份。

在实际应用中，常取 $m_1=m_2=m$，由于平均时段 m 的选定具有人为性，常会造成突变点的漂移，这时可反复变动 m，如取 $m=30$，20，15，10 等，进行试验比较，以提高计算结果的准确性。

2. 曼-肯德尔检验法

曼-肯德尔检验法是一种非参数统计检验方法，其优点是不需要样本遵从一定的分布规律，也不受少数异常值的干扰，适用于类型变量和顺序变量，计算也比较简便。其具体计算过程为

对序列 X_t，$t=1$，2，$\cdots$，m（$m \leqslant n$），构造统计量：

$$d_k = \sum_{i=1}^{k} r_i \qquad (k = 2,3,\cdots,n) \qquad (2\text{-}36)$$

其中，

$$r_i = \begin{cases} 1 & x_i > x_j \\ 0 & x_i \leqslant x_j \end{cases} \qquad (j = 1, 2, \cdots, n) \qquad (2\text{-}37)$$

可见，秩序列 d_k 是第 i 时刻数值大于 j 时刻数值个数的累计数。在时间序列随即独立的假定下，定义的统计量：

$$UF_k = \frac{d_k - E[d_k]}{\sqrt{\text{Var}[d_k]}} \qquad (k = 1, 2, 3, \cdots, n) \qquad (2\text{-}38)$$

式中，$UF_1 = 0$，$E[d_k]$、$\text{Var}[d_k]$ 分别是累计数 d_k 的均值和方差，在 x_1, x_2, x_3, $\cdots$, x_n 相互独立，且有相同连续分布时，它们可由下式计算：

$$E[d_k] = \frac{n(n+1)}{4} \qquad (2\text{-}39)$$

$$\text{Var}[d_k] = \frac{n(n-1)(2n+5)}{72} \qquad (2\text{-}40)$$

UF 系列为标准正态分布，它是按时间序列 x 顺序 x_1, x_2, x_3, $\cdots$, x_n 计算出的统计量序列，给定显著性水平 α，查正态分布表，若 $|UF_i| > U_\alpha$，则表明序列存在明显的趋势变化。

按时间序列 x 逆序 x_n, x_{n-1}, x_{n-2}, $\cdots$, x_1，形成 UB 系列，再重复上述过程，同时使 $UB_k = -UF_k$，$k = n$, $n-1$, $\cdots$, 1，$UB = 0$。

一般取显著性水平 $\alpha = 0.05$，那么临界值 $U_{0.05} = \pm 1.96$。将 UF_k 和 UB_k 两个统计量序列曲线和 ± 1.96 两条直线均绘在一张图上。分析绘出的 UF_k 和 UB_k 曲线图。若 UF_k 和 UB_k 的值大于 0，则表明序列呈上升趋势，若小于 0，则表明呈下降趋势。当它们超过临界直线时，表明上升或下降趋势显著。超过临界线的范围确定为出现突变的时间区域。如果 UF_k 和 UB_k 两条曲线出现交点，且交点在临界线之间，那么交点对应的时刻便是突变开始的时间。

2.2.12　气候数据获取与分析

树轮宽度与过去气候因素的相关性分析是衡量树轮年表能否反映外界环境信息的关键。本研究所利用的气象数据来源于国家气候数据共享服务网（http://data.cma.cn/），在本研究区内有 5 个国家基准气象站：新巴尔虎左旗（48°13′N、118°16′E）、新巴尔虎右旗（48°40′N、116°49′E）、满洲里（49°21′N、117°11′E）、海拉尔（49°8′N、119°25′E）、额尔古纳（50°8′N、120°6′E）。本研究以 5 个站实测气象数据（气温、降水量、风速、日照时数、相对湿度等）为基本数据，利用累积距平法和线性拟合法，开展区域的气候变化研究。

本研究中所用的气候序列时间长度为 1960~2013 年，本研究设定每年的 3~

5月为春季，6~8月为夏季，9~11月为秋季，12月至来年2月为冬季，4~10月为生长季。本章中各要素距平是指各气候要素与1960~2013年平均值的差值。

气候要素的变化趋势通过分析气候要素与年份之间的线性回归分析开展。气候要素的趋势变化用一元线性回归方程来表示：

$$y = at + b \tag{2-41}$$

式中，t为年份；a为每年的气候变化趋势率，用于定量描述气候序列的趋势变化特征，a为正或负值时，分别表示气候要素y在所统计的时段内有线性增加或减少的趋势。气候趋势率在实际表达时通常表示为第10年的气候趋势率，即$a \times 10$，b为常量。

此外，为反映区域干燥度与树木生长的关系，计算了干燥指数，计算公式如下：

$$I_i = \frac{T_i}{\log(P_i)} \qquad (i = 1, 2, 3, \cdots, n) \tag{2-42}$$

式中，i为长度为n的时间序列中某个时间点，I_i为i时间点上的干燥指数值；T_i为i时间点上的地表温度值；P_i为i时间点上的降水量值。由公式（2-42）可见，干燥指数不仅与降水量大小有关，也决定于与地表蒸发量密切相关的地表温度。地表温度越高，降水量越少，所得到的干燥指数值就越大，反之，地表温度越低，降水量越大，干燥指数值越小。

2.2.13 森林-草原过渡带植被变化研究

树轮数据来源于本研究建立的樟子松树轮宽度年表数据（STD、RES和ARS年表），归一化植被指数（NDVI）数据来源于AVHRR GIMMS NDVI逐月数据，空间分辨率为8km×8km，时间段为1982年1月至2006年12月，本研究中NDVI区域为海拉尔西山国家森林公园所在区域周围的64个像元，取其所有像元NDVI值平均值得到研究区域内的逐月NDVI平均值序列。气候数据来自海拉尔气象站（119°45′E、49°13′N，610.2m），本书所用气候要素为1982~2006年的月平均温度、月降水量、月平均最高气温、月平均最低气温、月平均相对湿度等。

第3章　呼伦贝尔沙地气候变化特征

呼伦贝尔沙地位于大兴安岭山地森林、森林草原、典型草原和干草原的过渡区，气候干旱，植被类型丰富，对全球气候变化十分敏感。本章利用国家标准气象站监测数据，分析了1960～2013年呼伦贝尔沙地的气候变化特征，为区域植被与樟子松适应气候变化的研究提供气候变化基础数据。

3.1　温　度

3.1.1　平均气温

呼伦贝尔沙地春季平均气温（简称春季均温）呈显著上升趋势，变化率为0.44℃/10a（图 3-1a），线性升温趋势通过了 $\alpha=0.01$ 的显著性检验。1960～2013年呼伦贝尔春季均温不断上升，1960～1964 年春季均温呈波动上升，1964 年之后气温下降，到 1966 年降至最低值，为-2.29℃。1967 年以后，春季均温回升，到1998 年达到最高，为 4.57℃。1990～2009 年为春季均温高值期，平均为 2.34℃。2010 年春季均温陡降至-1.03℃。此后，春季均温回升，至 2013 年，春季均温达到-0.49℃（图 3-1a）。总体来看，春季均温变化可以分为两个阶段：1960～1988年是偏冷阶段，平均为-0.29℃；1989～2013 年为偏暖阶段，平均为 2.05℃。

呼伦贝尔沙地夏季平均气温（简称夏季均温）呈显著上升趋势，夏季均温上升率为0.43℃/10a（图 3-1b），线性升温趋势通过了 $\alpha=0.01$ 的显著性检验。1960～2013 年呼伦贝尔夏季均温不断上升，其中 1960～1970 年夏季均温波动上升，1970年以后，夏季均温陡降，到 1972 年达到历史最低值，为 16.95℃。1972～1998 年为夏季均温低值期，平均为 18.48℃，此后，夏季均温稳定波动攀升（图 3-1b）。总体来看，夏季均温变化可以分为两个阶段：1960～1993 年为偏冷阶段，平均为18.32℃；1994～2013 年为偏暖阶段，平均为 19.85℃。

呼伦贝尔沙地秋季平均气温（简称秋季均温）呈显著上升趋势，秋季均温上升率为0.37℃/10a（图 3-1c），线性升温趋势通过了 $\alpha=0.01$ 的显著性检验。1960～2013 年呼伦贝尔秋季均温不断上升，其中 1960～1975 年研究区秋季均温基本平稳，在-0.72℃上下波动，1975 年之后秋季均温持续降低，到 1981 年达到 50 年最低值，为-2.29℃。此后，秋季均温开始不断上升，且温度上下波动幅度加大，秋季最高温出现在 2004 年，为 2.35℃，2004～2013 年，秋季均温在平均 0.98℃水平上波动升高（图 3-1c）。总体来看，秋季均温变化可以分为两个阶段：1960～1987年为偏冷阶段，平均为-0.79℃；1988～2013 年为偏暖阶段，平均为 0.52℃。

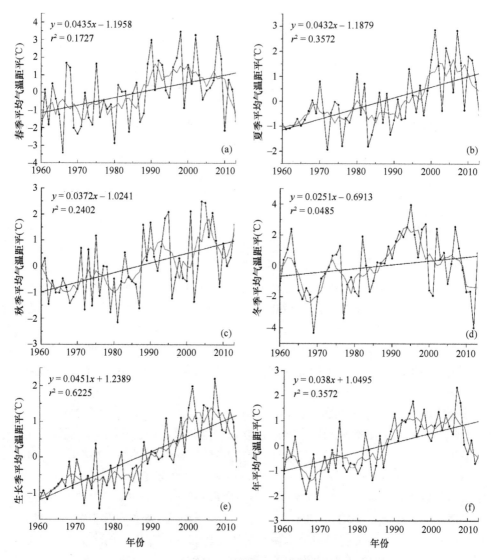

图 3-1　1960～2013 年呼伦贝尔沙地平均气温距平

　　呼伦贝尔沙地冬季平均气温（简称冬季均温）整体表现为平稳上升，冬季均温上升率为 0.25℃/10a（图 3-1d）。1960～1963 年冬季均温基本维持在-21.54℃左右，1963 以后冬季均温陡降，1969 年达历史最低值，为-26.49℃。此后，冬季均温迅速回升到 1976 年的-20.9℃，自 1977 年起，冬季均温平稳上升。1986～1998 年为冬季均温高值期，平均为-20.67℃。冬季均温最高值出现在 1995 年，为-18.22℃（图 3-1d）。总体来看，冬季均温变化可以分为两个阶段：1960～1985 年为偏冷阶段，平均为-22.91℃；1986～2013 年为偏暖阶段，平均为-21.51℃。

呼伦贝尔沙地生长季平均气温（简称生长季均温）呈显著上升趋势，上升率为 0.45℃/10a（图 3-1e），线性升温趋势通过了 $\alpha=0.01$ 的显著性检验。其中 1960～1970 年生长季均温呈波动上升，此后生长季均温呈波动下降，1976 年生长季均温降至历史最低值，为 10.23℃。1976 年以后，生长季均温回升，到 2007 年达到最高，为 13.87℃。1993～2013 年为生长季均温高值期，平均温度为 12.53℃（图 3-1e）。总体来看，生长季均温变化可以分为两个阶段：1960～1987 年为偏冷阶段，生长季均温为 11℃；1988～2013 年为持续升温阶段，生长季均温为 12.38℃。

随全球变暖，呼伦贝尔沙地年平均气温（简称年均温）呈显著上升趋势，上升率为 0.38℃/10a（图 3-1f），线性升温趋势通过了 $\alpha=0.01$ 的显著性检验。其中 1960～1969 年气温呈不断下降，1969 年气温降至近 50 年最低，为-2.76℃，随后气温回升，到 2007 年达到最高，为 1.72℃。2007 年之后气温再次出现持续下降，到 2013 年气温降至-1℃（图 3-1f）。总体来看，该地区年均温变化分为两个阶段：1960～1988 年是偏冷阶段，年均温为-1.28℃；1989～2013 年为偏暖阶段，年均温为 0.13℃。

3.1.2　最低气温

呼伦贝尔沙地春季最低气温呈显著上升趋势，其升温的线性倾向率为 0.55℃/10a（图 3-2a），线性升温趋势通过了 $\alpha=0.01$ 的显著性检验。1960～2013 年呼伦贝尔春季最低气温不断上升，其中 1960～1987 年春季最低气温整体表现平稳，基本维持在-6.8℃左右，随后春季最低气温陡升，到 2002 年增至最高值，为-1.95℃。2010 年春季最低气温陡降至-7.43℃。此后，春季最低气温回升，至 2013 年，春季最低气温达到-6.65℃（图 3-2a）。总体来看，春季最低气温变化可以分为两个阶段：1960～1988 年为低值稳定期，平均为-6.8℃；1989～2013 年为高值上升期，平均为-4.67℃。

呼伦贝尔沙地夏季最低气温呈显著上升趋势，其升温的线性倾向率为 0.53℃/10a（图 3-2b），线性升温趋势通过了 $\alpha=0.01$ 的显著性检验。1960～2013 年呼伦贝尔夏季最低气温不断上升，其中 1960～1970 年夏季最低气温呈波动上升，1970 年以后，夏季最低气温陡降，到 1972 年达到历史最低值，为 9.99℃。此后，夏季最低气温稳定波动攀升（图 3-2b）。总体来看，夏季最低气温变化可以分为两个阶段：1960～1979 年为低值稳定期，平均为 11.6℃；1979～2013 年为高值上升期，平均为 13.1℃。

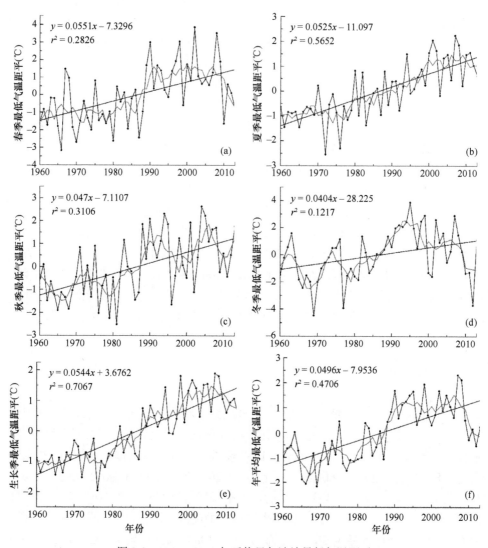

图 3-2　1960～2013 年呼伦贝尔沙地最低气温距平

　　呼伦贝尔沙地秋季最低气温呈显著上升趋势,其升温的线性倾向率为 0.47℃/10a
(图 3-2c),线性升温趋势通过了 α=0.01 的显著性检验。1960～2013 年呼伦贝尔
秋季最低气温不断上升,其中 1960～1982 年研究区秋季最低气温基本平稳,在
-6.73℃附近上下波动,1982 年后秋季最低气温持续升高,到 2004 年达到 50
年最高值,为-3.19℃。自 2004～2013 年,秋季最低气温在平均-4.67℃水平上
波动升高(图 3-2c)。总体来看,秋季最低气温变化可以分为两个阶段:1960～
1982 年为低值稳定期,平均为-6.73℃;1983～2013 年为高值上升期,平均为
-5.14℃。

呼伦贝尔沙地冬季最低气温呈显著上升趋势，其升温的线性倾向率为 0.4℃/10a
（图 3-2d），线性升温趋势通过了 α=0.01 的显著性检验。1960～1987 年冬季最低
气温基本维持在-27.97℃左右，1987 以后冬季最低气温陡升，1995 年达历史最高
值，为-23.23℃。1988～2007 年冬季最低气温维持在-25.73℃左右。自 2007 年起，
冬季最低气温陡降，到 2012 年，冬季最低气温降为-30.83℃（图 3-2d）。

呼伦贝尔沙地生长季最低气温呈显著上升趋势，其升温的线性倾向率为
0.54℃/10a（图 3-2e），线性升温趋势通过了 α=0.01 的显著性检验。1960～2013
年呼伦贝尔生长季最低气温不断上升，其中 1960～1980 年生长季最低气温保持平
稳，平均为 4.19℃。1979 年以后，生长季最低气温陡升，到 2007 年达到最高，为
7.07℃（图 3-2e）。总体来看，生长季最低气温变化可以分为两个阶段：1960～1980
年为低值稳定期，平均为 4.34℃；1981～2013 年为高值上升期，平均为 4.7℃。

随全球变暖，呼伦贝尔沙地年平均最低气温呈显著上升趋势，其升温的线性
倾向率为 0.5℃/10a（图 3-2f），线性升温趋势通过了 α=0.01 的显著性检验。其中
1963～1969 年年平均最低气温呈不断下降，1969 年年平均最低气温降至近 50 年最
低，为-8.76℃，1969 年之后年最低气温回升，到 2007 年达到最高，为-4.28℃。
2007 年之后年平均最低气温再次出现持续下降，到 2013 年年平均最低气温降至
-6.37℃（图 3-2f）。总体来看，年平均最低气温变化可以分为两个阶段：1960～1980
年为低值稳定期，平均为-7.45℃；1981～2013 年为高值上升期，平均为-5.66℃。

3.1.3　最高气温

呼伦贝尔沙地春季最高气温呈上升趋势，其升温的线性倾向率为 0.33℃/10a
（图 3-3a）。1960～1988 年春季最高气温整体表现平稳，基本维持在 7.54℃左右，
随后春季最高气温陡升，到 1998 年增至最高，为 12.39℃。2010 年春季最高气温
陡降至 5.42℃。此后，春季最高气温回升，至 2013 年，春季最高气温达到 5.99℃
（图 3-3a）。总体来看，春季最高气温变化可以分为 3 个阶段：1960～1988 年为低
值稳定期，平均为 7.54℃；1989～2009 年为高值上升期，平均为 9.33℃；2010～
2013 年为高值下降期，平均为 7.16℃。

呼伦贝尔沙地夏季最高气温呈显著上升趋势，其升温的线性倾向率为 0.39℃/10a
（图 3-3b），线性升温趋势通过了 α=0.01 的显著性检验。1960～2013 年呼伦贝尔
夏季最高气温不断上升，其中 1960～1980 年夏季最高气温呈波动上升，1980 年
以后，夏季最高气温陡降，到 1983 年达到历史最低值，为 22.93℃。此后，夏季
最高气温稳定波动攀升（图 3-3b）。总体来看，夏季最高气温变化可以分为 3 个阶
段：1960～1998 年为低值稳定期，平均为 24.73℃；1999～2009 年为高值上升期，
平均为 26.65℃；2010～2013 年为高值下降期，平均为 26.09℃。

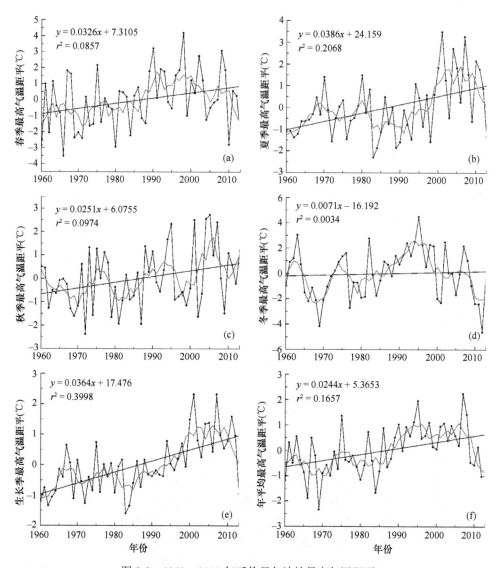

图 3-3　1960～2013 年呼伦贝尔沙地最高气温距平

　　呼伦贝尔沙地秋季最高气温呈显著上升趋势，其升温的线性倾向率为 0.25℃/10a（图 3-3c），线性升温趋势通过了 $\alpha=0.01$ 的显著性检验。1960～2013 年呼伦贝尔秋季最高气温不断上升，其中 1960～1992 年秋季最高气温基本平稳，在 6.44℃ 附近上下波动，1992 年之后秋季最高气温持续升高，到 2005 年达到 50 年最高，为 9.49℃。2005～2013 年，秋季最高气温在 7.59℃ 水平上波动升高（图 3-3c）。总体来看，秋季最高气温变化可以分为两个阶段：1960～1992 年为低值稳定期，平均为 6.44℃；1993～2013 年为高值上升期，平均为 7.28℃。

呼伦贝尔沙地冬季最高气温上升趋势弱,其升温的线性倾向率为 0.07℃/10a (图 3-3d)。1960~1984 年冬季最高气温基本维持在-16.49℃左右,1984 年以后冬季最高气温波动上升,1995 年达历史最高,为-11.52℃。1984~2008 年冬季最高气温维持在-15.17℃左右。自 2008 年起,冬季最高气温陡降,到 2012 年,冬季最高气温降至历史最低值,-20.6℃(图 3-3d)。总体来看,冬季最高气温变化可以分为 3 个阶段:1960~1988 年为低值稳定期,平均为-16.39℃;1989~1995 年为高值上升期,平均为-13.93℃;1996~2013 年为高值下降期,平均为-16.17℃。

呼伦贝尔沙地生长季最高气温呈显著上升,其升温的线性倾向率为 0.36℃/10a (图 3-3e),线性升温趋势通过了 $\alpha=0.01$ 的显著性检验。1960~2013 年呼伦贝尔生长季最高气温不断上升,其中 1960~2001 年生长季最高气温呈波动上升,到 2001 年达到最高,为 20.8℃。2001~2013 年生长季最高气温围绕 19.46℃平稳波动(图 3-3e)。总体来看,生长季最高气温变化可以分为 3 个阶段:1960~1993 年为低值稳定期,平均为 18.01℃;1994~2007 年为高值上升期,平均为 19.33℃;2008~2013 年为高值下降期,平均为 19.13℃。

随全球变暖,呼伦贝尔沙地年平均最高气温呈显著上升趋势,上升率为 0.24℃/10a,线性升温趋势通过了 $\alpha=0.01$ 的显著性检验(图 3-3f)。1963~1969 年最高气温呈不断下降趋势,1969 年最高气温降至近 50 年最低,为 3.71℃,随后最高气温回升,到 2007 年达到最高,为 8.28℃。2007 年之后最高气温再次持续下降,到 2013 年最高气温降至 5.05℃(图 3-3f)。总体来看,年平均最高气温变化可以分为 3 个阶段:1960~1988 年为低值稳定期,平均为 5.57℃;1989~2007 年为高值上升期,平均为 6.82℃;2008~2013 年为高值下降期,平均为 5.79℃。

3.2　降　　水

呼伦贝尔沙地春季降水量呈上升趋势,线性倾向率为 1.44mm/10a(图 3-4a),但变化趋势没有通过 $\alpha=0.05$ 的显著性检验。1960~1984 年,春季降水量呈平缓增加趋势,平均降水量为 34.31mm。1984 年之后,春季降水量陡降,1986 年春季降水量降至历史最低值 9.7mm,随后春季降水量再次波动上升,到 2013 年达到历史最高值 74.62mm。2004~2013 年为春季降水量高值期,平均降水量为 44.99mm。总体来看,春季降水量变化可以分为两个阶段:1960~2001 年是春季降水量偏少阶段,平均为 31.94mm,有 25 年的春季降水量距平为负值;2002~2013 年为春季降水量偏多阶段,平均为 42.94mm,这 12 年中,有 7 年的春季降水量距平为正值。

呼伦贝尔沙地夏季降水量呈下降趋势,线性倾向率为-3.42mm/10a(图 3-4b),但变化趋势没有通过 $\alpha=0.05$ 的显著性检验。夏季降水量的最低值出现在 2001 年,为 108.06mm，最高值出现在 1998 年，为 404.8mm；1960～1983 年，夏季降水量平缓减少，平均为 210.31mm，1984～1998 年夏季降水量波动幅度较大。1999～2012 年为夏季降水量低值期，平均降水量为 163.93mm（图 3-4b）。总体来看，夏季降水量变化可以分为两个阶段：1960～1998 年是夏季降水量偏多阶段，平均降水量为 228.98mm，有 20 年的降水量距平为正值；1999～2013 年为夏季降水量偏少阶段，平均降水量为 178.81mm，这 15 年中，仅 2 年的降水量距平为正值。

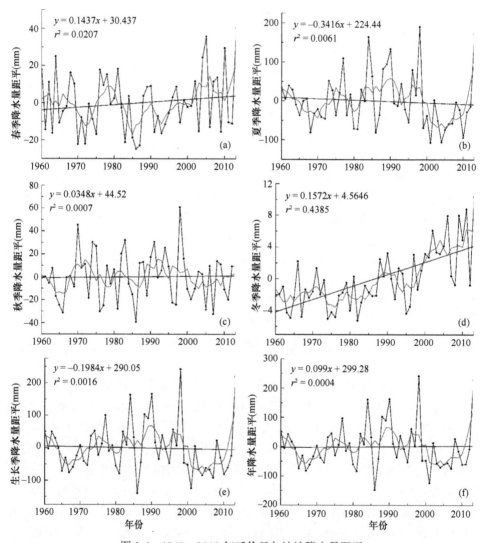

图 3-4　1960～2013 年呼伦贝尔沙地降水量距平

　　呼伦贝尔沙地秋季降水量上升趋势弱，线性倾向率为 0.35mm/10a（图 3-4c），变化趋势没有通过 $\alpha=0.05$ 的显著性检验。秋季降水量最低值出现在 1986 年，为

6.16mm，最高值出现在 1998 年，为 106.24mm；20 世纪 70 年代前期和 2000 年之后为秋季降水量低值期，平均为 39.23mm；总体来看，研究区秋季降水量平稳维持在 45.48mm 上下，虽整体表现为上升，但是趋势不明显。秋季降水量变化可以分为两个阶段：1960～1998 年是秋季降水量偏多阶段，平均为 46.86mm，有 20 年的降水量距平为正值；1999～2013 年为秋季降水量偏少阶段，平均为 41.87mm，7 年的降水量距平为负值。

呼伦贝尔沙地冬季降水量呈显著增加趋势，线性倾向率为 1.57mm/10a（图 3-4d），变化趋势通过了 $\alpha=0.01$ 的显著性检验。冬季降水量最高值（19.24mm）出现在 2013 年，其最低值（3.64mm）出现在 1982 年。1960～1988 年，冬季降水量波动幅度较小，平均为 6.82mm；1989 年以后，冬季降水量波动幅度变大，降水量平均维持在 11.28mm。2006～2013 年是冬季降水量的高值期，平均为 13.74mm。总体来看，冬季降水量变化可以分为两个阶段：1960～1996 年是冬季降水量偏少阶段，平均为 7.14mm，有 28 年的降水量距平为负值；1997～2013 年为秋季降水量偏多阶段，平均为 12.68mm，仅 3 年的降水量距平为负值。

呼伦贝尔沙地生长季降水量呈减少趋势，线性倾向率为–1.98mm/10a（图 3-4e），变化趋势没有通过 $\alpha=0.05$ 的显著性检验。生长季降水量的最低值出现在 1986 年，为 145.36mm，最高值出现在 1998 年，为 526.82mm；1960～1983 年，生长季降水量平缓减少，波动幅度在±100mm 以内，1984～1998 年生长季降水量波动幅度较大，超出±100mm。1999～2012 年为生长季降水量低值期，平均为 230.78mm。总体来看，生长季降水量变化可以分为两个阶段：1960～1983 年是生长季降水量偏少阶段，降水量平缓浮动，平均为 279.71mm；1984～2013 年为生长季降水量偏多阶段，降水量强烈浮动，平均为 288.5mm。

呼伦贝尔沙地年降水量呈增加趋势，线性倾向率为 0.99mm/10a（图 3-4f），变化趋势没有通过 $\alpha=0.05$ 的显著性检验。年降水量的最低值出现在 1986 年，为 154.16mm，最高值出现在 1998 年，为 543.18mm。1960～1983 年，年降水量平缓增加，波动幅度在±100mm 以内；1984～1998 年，年降水量波动幅度较大，超出±100mm。1999～2012 年为年降水量低值期，平均为 256.48mm。总体来看，年降水量变化可以分为两个阶段：1960～1983 年是年降水量偏少阶段，平均为 293.31mm，有 13 年的降水量距平为负值；1984～2013 年为年降水量偏多阶段，平均为 308.96mm。

3.3　日　照　时　数

呼伦贝尔沙地春季日照时数呈减少趋势，线性倾向率为–9.14 h/10a（图 3-5a），变化趋势通过了 $\alpha=0.05$ 的显著性检验。春季日照时数（简称日照时数）变化可以分为两个阶段：1960～1995 年为日照时数偏多阶段，平均日照时数为 840h，有 23 年的日照时数距平为正值，1970 年的日照时数最多，为 931.55h，1981 年的日照时数最少，为 786.2h；1996～2013 年为日照时数偏少阶段，平均为 800.5h，有 11 年的日照时数距平为负值，1999 年的日照时数最多，为 868.04h，2008 年的日照时数最少，为 677.9h。

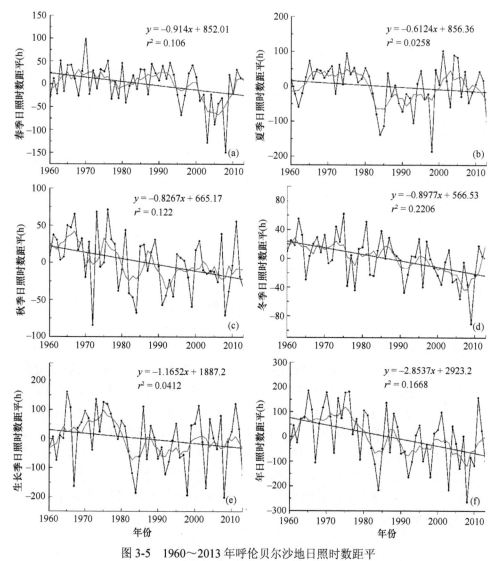

图 3-5　1960～2013 年呼伦贝尔沙地日照时数距平

　　呼伦贝尔沙地夏季日照时数呈减少趋势，线性倾向率为–6.12h/10a（图 3-5b），变化趋势没有通过 $\alpha=0.05$ 的显著性检验。夏季日照时数（简称日照时数）变化可以分为两个阶段：1960～1982 年为日照时数偏多阶段，平均为 864.89h，有 19 年的日照时数距平为正值，1975 年的日照时数最多，为 934.52h，1962 年的日照时数最少，为 780.26h；1983～2013 年为日照时数偏少阶段，平均为 820.69h，有 17 年的日照时数距平为负值，2001 年的日照时数最多，为 941.4h，1998 年的日照时数最少，为 653.6h。

呼伦贝尔沙地秋季日照时数呈减少趋势，线性倾向率为–8.27h/10a（图 3-5c），变化趋势通过了 $\alpha=0.01$ 的显著性检验。秋季日照时数（简称日照时数）变化可以分为两个阶段：1960～1981 年为日照时数偏多阶段，平均为 661.01h，有 16 年的日照时数距平为正值，1976 年的日照时数最多，为 713.7h，1972 年的日照时数最少，为 558.26h；1982～2013 年为日照时数偏少阶段，平均为 629.67h，有 21 年的日照时数距平为负值，2011 年的日照时数最多，为 698.34h，2008 年的日照时数最少，为 572h。

呼伦贝尔沙地冬季日照时数呈减少趋势，线性倾向率为–8.98h/10a（图 3-5d），变化趋势通过了 $\alpha=0.01$ 的显著性检验。冬季日照时数（简称日照时数）变化可以分为两个阶段：1960～1989 年为日照时数偏多阶段，平均为 554.27h，有 23 年的日照时数距平为正值，1975 年的日照时数最多，为 603.96h，1978 年的日照时数最少，为 497.92h；1990～2013 年为日照时数偏少阶段，平均为 526.31h，有 17 年的日照时数距平为负值，1995 年的日照时数最多，为 569h，2009 年的日照时数最少，为 451.16h。

呼伦贝尔沙地生长季日照时数呈减少趋势，线性倾向率为–11.65h/10a（图 3-5e），变化趋势没有通过 $\alpha=0.05$ 的显著性检验。生长季日照时数（简称日照时数）变化可以分为两个阶段：1960～1981 年为日照时数偏多阶段，平均为 1895.12h，有 17 年的日照时数距平为正值，1965 年的日照时数最多，为 2016.22h，1967 年的日照时数最少，为 1692.8h；1982～2013 年为日照时数偏少阶段，平均为 1827.63h，有 20 年的日照时数距平为负值，2011 年的日照时数最多，为 1976h，2008 年的日照时数最少，为 1654.04h。

呼伦贝尔沙地年日照时数呈减少趋势，线性倾向率为–28.54h/10a（图 3-5f），变化趋势通过了 $\alpha=0.01$ 的显著性检验。年日照时数（简称日照时数）变化可以分为两个阶段：1960～1981 年为日照时数偏多阶段，平均为 2910.46h，有 17 年的日照时数距平为正值，1965 年的日照时数最多，为 3029.82h，1967 年的日照时数最少，为 2739.35h；1982～2013 年为日照时数偏少阶段，平均为 2799.58h，有 21 年的日照时数距平为负值，2011 年的日照时数最多，为 3002.14h，2008 年的日照时数最少，为 2581.46h。

3.4　相　对　湿　度

呼伦贝尔沙地春季相对湿度呈减小趋势，线性倾向率为–0.53%/10a（图 3-6a），

变化趋势没有通过 $\alpha=0.05$ 的显著性检验。春季相对湿度（简称相对湿度）变化可以分为两个阶段：1960～1981 年为相对湿度偏大阶段，平均相对湿度为 53.94%，有 15 年的相对湿度距平为正值，1960 年的相对湿度最大，为 61.33%，1963 年的相对湿度最小，为 44.77%；1982～2013 年为相对湿度偏小阶段，平均相对湿度为 51%，有 20 年的相对湿度距平为负值，1984 年的相对湿度最大，为 62.68%，1987 年的相对湿度最小，为 40.2%。

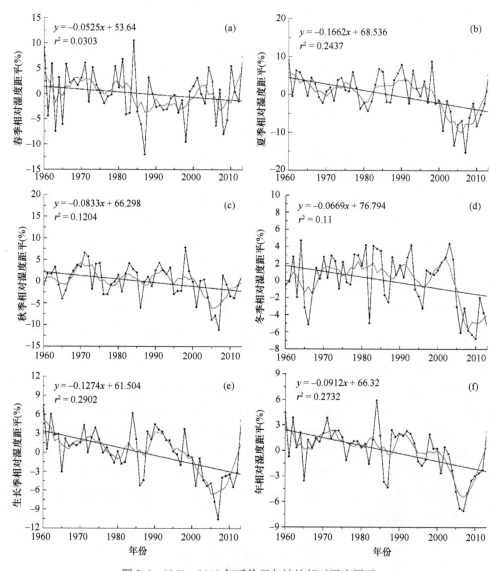

图 3-6　1960～2013 年呼伦贝尔沙地相对湿度距平

呼伦贝尔沙地夏季相对湿度呈减小趋势，线性倾向率为-1.66%/10a（图 3-6b），变化趋势通过了 $\alpha=0.01$ 的显著性检验。夏季相对湿度（简称相对湿度）变化可以分为两个阶段：1960～1999 年为相对湿度偏大阶段，平均相对湿度为 65.95%，有 24 年的相对湿度距平为正值，1960 年的相对湿度最大，为 72.97%，1981 年的相对湿度最小，为 59.63%；2000～2013 年为相对湿度偏小阶段，平均相对湿度为 58.28%，有 13 年的相对湿度距平为负值，2013 年的相对湿度最大，为 69.11%，2007 年的相对湿度最小，为 48.69%。

呼伦贝尔沙地秋季相对湿度呈减小趋势，线性倾向率为-0.83%/10a（图 3-6c），变化趋势通过了 $\alpha=0.01$ 的显著性检验。秋季相对湿度（简称相对湿度）变化可以分为两个阶段：1960～1999 年为相对湿度偏大阶段，平均相对湿度为 65.07%，有 24 年的相对湿度距平为正值，1998 年的相对湿度最大，为 71.87%，1986 年的相对湿度最小，为 57.95%；2000～2013 年为相对湿度偏小阶段，平均相对湿度为 60.97%，有 10 年的相对湿度距平为负值，2008 年的相对湿度最大，为 65.42%，2007 年的相对湿度最小，为 52.91%。

呼伦贝尔沙地冬季相对湿度呈减小趋势，线性倾向率为-0.67%/10a（图 3-6d），变化趋势通过了 $\alpha=0.05$ 的显著性检验。冬季相对湿度（简称相对湿度）变化可以分为两个阶段：1960～1981 年为相对湿度偏大阶段，平均相对湿度为 75.76%，有 13 年的相对湿度距平为正值，1964 年的相对湿度最大，为 79.64%，1966 年的相对湿度最小，为 69.84%；1982～2013 年为相对湿度偏小阶段，平均相对湿度为 74.39%，有 15 年的相对湿度距平为负值，2003 年的相对湿度最大，为 79.3%，2010 年的相对湿度最小，为 68.19%。

呼伦贝尔沙地生长季相对湿度呈减小趋势，线性倾向率为-1.27%/10a（图 3-6e），变化趋势通过了 $\alpha=0.01$ 的显著性检验。生长季相对湿度（简称相对湿度）变化可以分为两个阶段：1960～1985 年为相对湿度偏大阶段，平均相对湿度为 59.61%，有 21 年的相对湿度距平为正值，1960 年的相对湿度最大，为 65.44%，1965 年的相对湿度最小，为 54.97%；1986～2013 年为相对湿度偏小阶段，平均相对湿度为 56.51%，有 19 年的相对湿度距平为负值，2013 年的相对湿度最大，为 63.12%，2007 年的相对湿度最小，为 47.47%。

呼伦贝尔沙地年相对湿度呈减小趋势，线性倾向率为-0.91%/10a（图 3-6f），变化趋势通过了 $\alpha=0.01$ 的显著性检验。年相对湿度（简称相对湿度）变化可以分为两个阶段：1960～1985 年为相对湿度偏大阶段，平均相对湿度为 65.14%，有 22 年的相对湿度距平为正值，1984 年的相对湿度最大，为 69.71%，1965 年的相对湿度最小，为 60.29%；1986～2013 年为相对湿度偏小阶段，平均相对湿度为 62.58%，有 17 年的相对湿度距平为负值，1988 年的相对湿度最大，为 66.23%，2007 年的相对湿度最小，为 56.75%。

3.5 风 速

呼伦贝尔沙地春季平均风速（简称春季风速）呈减弱趋势，线性倾向率为 −0.32m/（s·10a）（图 3-7a），变化趋势通过了 $\alpha=0.01$ 的显著性检验。最大值出现在 1974 年，为 5.02m/s，最小值出现在 2007 年，为 2.94m/s。1960～1978 年是一段稳定期，平均为 4.67m/s，1978 年之后，春季风速波动减小，2013 年春季风速为 3.9m/s（图 3-7a）。总体来看，春季风速变化可以分为两个阶段：1960～1983 年是

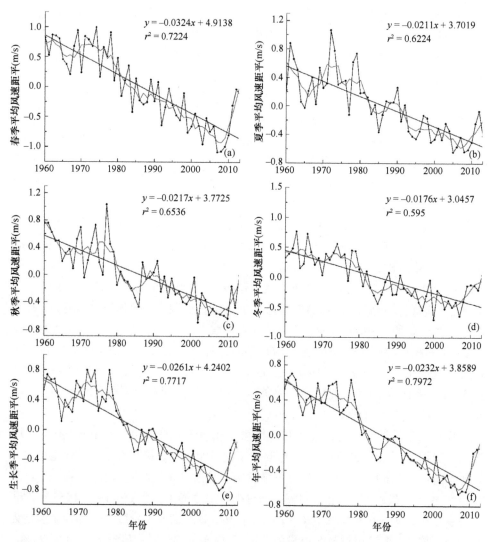

图 3-7 1960～2013 年呼伦贝尔沙地平均风速距平

春季风速偏大阶段，平均春季风速为 4.58m/s，有 23 年的风速距平为正值；1984～2013 年是春季风速偏小阶段，平均春季风速为 3.58m/s，有 23 年风速距平为负值。

呼伦贝尔沙地夏季平均风速（简称夏季风速）在减小，线性倾向率为–0.21m/(s·10a)（图 3-7b），变化趋势通过了 α=0.01 的显著性检验。夏季风速波动下降状态没有春季风速强烈，夏季风速最大值出现在 1972 年，为 4.19m/s，最小值出现在 2005 年，为 2.48m/s。1965～1972 年夏季风速不断增加，由 1965 年的 3.09m/s 增加到 1972 年的 4.19m/s。此后夏季风速陡降至 1977 年的 3m/s，随后大幅波动减小，2013 年夏季风速为 2.71m/s（图 3-7b）。总体来看，夏季风速变化可以分为两个阶段：1960～1984 年是夏季风速偏大阶段，平均夏季风速为 3.46m/s，有 22 年的风速距平为正值；1985～2013 年是夏季风速偏小阶段，平均夏季风速为 2.83m/s，有 24 年风速距平为负值。

呼伦贝尔沙地秋季平均风速（简称秋季风速）在减小，线性倾向率为–0.22m/(s·10a)（图 3-7c），变化趋势通过了 α=0.01 的显著性检验。秋季风速最大值（4.21m/s）出现在 1977 年，其最小值（2.48m/s）出现在 2002 年。1960～1979 年为一段高值期，平均为 3.61m/s。1980 年后秋季风速波动减少，到 2013 年秋季风速减少为 3.17m/s。总体来看，秋季风速变化可以分为两个阶段：1960～1982 年是秋季风速偏大阶段，平均秋季风速为 3.55m/s，有 19 年的风速距平为正值；1983～2013 年是秋季风速偏小阶段，平均秋季风速为 2.9m/s，有 28 年风速距平为负值。

呼伦贝尔沙地冬季平均风速（简称冬季风速）在减小，线性倾向率为–0.18m/(s·10a)（图 3-7d），变化趋势通过了 α=0.01 的显著性检验。冬季风速最大值（3.73m/s）出现在 1963 年，其最小值（1.88m/s）出现在 2000 年。1960～1968 年为冬季风速稳定高值期，平均为 2.99m/s。1996～2012 年为冬季风速的稳定低值期，平均为 2.23m/s。总体来看，冬季风速变化可以分为两个阶段：1960～1982 年是冬季风速偏大阶段，平均冬季风速为 2.9m/s，有 21 年的风速距平为正值；1983～2013 年是冬季风速偏小阶段，平均冬季风速为 2.31m/s，有 28 年风速距平为负值。

呼伦贝尔沙地生长季平均风速（简称生长季风速）呈减小趋势，线性倾向率为–0.26m/(s·10a)（图 3-7e），变化趋势通过了 α=0.01 的显著性检验。生长季风速的最低值出现在 2008 年，为 2.72 m/s，最高值出现在 1972 年和 1978 年，为 4.32m/s；1960～1978 年，生长季风速表现为平稳高值期，平均为 3.97m/s，1978 年之后，生长季风速波动减少，到 2013 年，生长季风速为 3.25m/s（图 3-7e）。总体来看，生长季风速变化可以分为两个阶段：1960～1983 年是生长季风速偏大阶段，平均风速为 3.97m/s，风速距平都为正值；1984～2013 年是生长季风速偏小阶段，平均风速为 3.16m/s，有 28 年风速距平为负值。

呼伦贝尔沙地年平均风速（简称年风速）呈减小趋势，线性倾向率为–0.23m/(s·10a)（图 3-7f），变化趋势通过了 α=0.01 的显著性检验。年风速最大值出现在 1962 年，为 3.92m/s，最小值出现在 2007 年，为 2.56m/s。1960～1978 年风速表现平稳，平均为 3.68m/s。自 1978 年起风速陡降，2000～2010 年为风速低值期，平均为 2.7m/s。2010 年后，风速呈增加态势，到 2013 年年均风速为 3.08m/s。总体来看，年风速变化可以分为两个阶段：1960～1983 年是年风速偏大阶段，平均风速为 3.61m/s，仅 1 年风速距平为负值；1984～2013 年是年风速偏小阶段，平均风速为 2.9m/s，风速距平都为负值。

3.6 蒸 散 发

1960～2013 年呼伦贝尔沙地春季平均潜在蒸散呈微弱下降趋势，线性倾向率为 1.363mm/10a（图 3-8a），最大值出现在 1998 年，达 317.4mm，最小值出现于 2010 年，为 214.2mm。1998 年之前春季蒸散在波动中增加，平均为 261.3mm，线性倾向率为 4.05mm/10a，而 1998 年之后下降趋势较明显，其平均值仅为 248.7mm，线性倾向率为 18.36mm/10a。

夏季潜在蒸散总体上呈不显著增加趋势，线性倾向率为 1.736mm/10a（图 3-8b）。夏季蒸散最高值出现于 2001 年，达 485.7mm，最低值出现于 1998 年，为 345.9mm。夏季潜在蒸散的波动幅度较大，1970 年之前蒸散呈增加趋势，然后呈波动下降，1984～1998 年，蒸散徘徊于低位，之后又呈增加趋势。

秋季蒸散变化趋势不明显（图 3-8c），其最大值出现于 1977 年，为 181.2mm，最低值出现于 1999 年，为 123.9mm。1977 年之前蒸散在波动中呈微弱增加趋势，之后迅速下降，1983 年之后呈持续增加趋势，线性倾向率达 6.279mm/10a。

冬季潜在蒸散呈微弱下降趋势，其线性倾向率为 0.449mm/10a（图 3-8d）。其最高值出现于 1962 年，达 28.53mm，最低值出现于 1981 年，为 12.69mm。1970 年之前蒸散呈下降趋势，之后呈增加趋势，至 20 世纪 90 年代中期之后又呈下降趋势。

生长季潜在蒸散与夏季蒸散趋势相似，总体上呈不显著增加趋势，线性倾向率为 0.916mm/10a（图 3-8e）。其蒸散最高值出现于 2001 年，达 739.68mm，最低值出现于 1984 年，为 591.12mm。生长季潜在蒸散的波动幅度较大，1970 年之前蒸散呈增加趋势，之后较为稳定，1980～1989 年蒸散呈显著下降趋势，1990 年之后蒸散呈显著增加趋势。

年潜在蒸散与生长季蒸散趋势非常相似，几乎无变化趋势（图 3-8e），其蒸散最高值出现于 2001 年，达 923.5mm，最低值出现于 1984 年，为 736.2mm。年潜在蒸散的波动幅度较大，1970 年之前蒸散呈增加趋势，之后较为稳定，1980～1985 年呈显著下降趋势，1986 之后呈显著增加趋势。

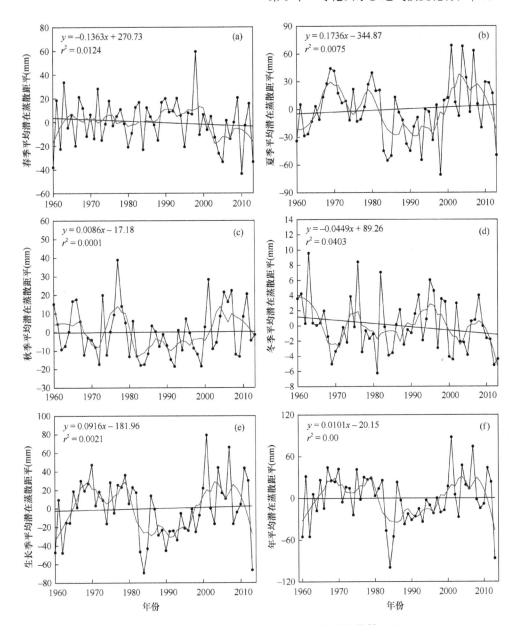

图 3-8　1960～2013 年呼伦贝尔地区平均潜在蒸散距平

3.7　结论与讨论

近 50 年以来，呼伦贝尔沙地正在经历着显著变暖趋势，其年平均气温、最高气温和最低气温上升率分别达到 0.380℃/10a、0.244℃/10a 和 0.496℃/10a，不同季节的变暖趋势存在一定差异性；降水量总体呈微弱增加趋势，但多未达到显著增加趋势，仅冬季降水量显著增加，达到 1.57mm/10a，年降水量增加率为 0.99mm/10a；对于日照时数来说，呼伦贝尔沙地日照时数呈显著减少趋势，年日照时数下降率为 28.54h/10a；相对湿度也呈下降趋势，年均相对湿度下降率为 0.91%/10a；平均风速呈显著减弱趋势，其线性下降率为 0.23m/s/10a；呼伦贝尔沙地的潜在蒸散总体上来看变化趋势不明显。综合来看，呼伦贝尔沙地气候整体上呈暖干化趋势，特别是在夏季，暖干化趋势更加明显，但在冬季则呈暖湿化趋势。

第4章 火干扰对樟子松林林分结构的影响

4.1 林 火 特 征

4.1.1 树皮熏黑高表征的地表火特征

在 3 个受林火干扰的样地中，B06-1 样地中仅有一株胸径为 5.7cm 的白桦没有树皮熏黑的痕迹，有 76.7%的树皮熏黑高不超过 2m；B06-2 样地也仅有一株胸径为 4.2cm 的樟子松没有树皮熏黑的痕迹，有 75.4%的树皮熏黑高不超过 2m；B94 样地中有 24 株林木没有树皮熏黑的痕迹，有 74.7%的树皮熏黑高不超过 2m（图4-1～图 4-3）。从树皮熏黑高度表征的林火强度来看，3 个调查样地所发生的林火均为典型的地表火（表 4-1，图 4-3）（Ryan，2002；姚树人和文定远，2002；林其钊和舒立福，2003）。但是，不同样地之间的林火强度有显著的差异，即 B06-1 和 B94 的林火强度间有显著的差异，而样地 B06-1 和 B06-2、B06-2 和 B94 的林火强度间没有显著差异（表 4-1）。另外，3 个样地中表征林火强度的树皮熏黑高与立木胸径之间均表现为显著的正相关，且有显著的回归关系；而且，树皮熏黑高度按照样地 B94、B06-2 和 B06-1 的顺序有逐渐递增的趋势（表 4-1，表 4-2，图 4-2）。而其余 3 块调查样地，即 FE-1、FE-2 和 FE-3，自 1970 年以来没有林火发生。

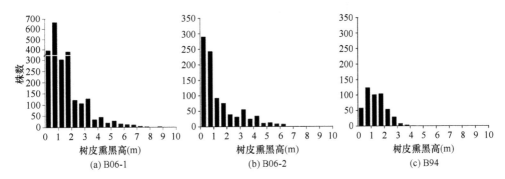

图 4-1　林木树皮熏黑高的分布

利用公式（2-2），采用树皮熏黑高替代林火火焰长度的方法，分别估算林火干扰样地中的林火强度值。结果表明，B06-2、B06-1 和 B94 样地中单位火线长度上释放出的总能量分别为 $2.7614 \times 10^6 \text{kW/m}$、$1.1787 \times 10^6 \text{kW/m}$ 和 $0.3556 \times 10^6 \text{kW/m}$，且 B06-2 和 B06-1 样地的林火强度间没有显著的差异，而 B94 样地的林火强度与

B06-2 和 B06-1 样地的林火强度间有显著的差异（表 4-1），这与用树皮熏黑高来表征林火强度特征进行的分析结果是相类似的（表 4-1）。

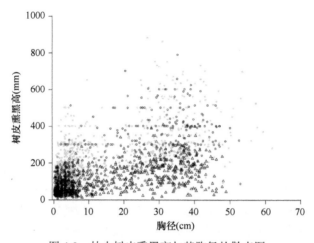

图 4-2　林木树皮熏黑高与其胸径的散点图

图中符号"●""○""△"分别为 B06-1、B06-2 和 B94 样地中树皮被林火熏黑的林木

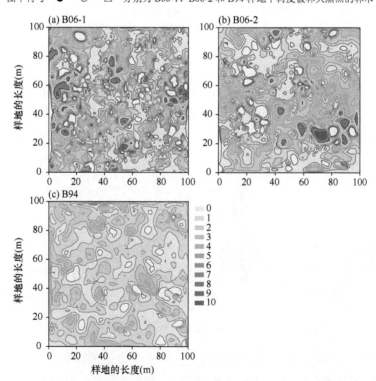

图 4-3　调查样地林火强度（以树皮熏黑高表示）等值面图

B06-1（a）和 B06-2（b）为 2006 年林火干扰样地，B94（c）为 1994 年林火干扰的样地，图中颜色从浅灰色到深灰色表示树皮熏黑高度（以 m 为单位）从低到高

表 4-1　调查样地林火强度（树皮熏黑高）的统计特征

样地	样本量	均值（标准误）	中位数	标准差	最小值	最大值	正态性检验
			树皮熏黑高（m）				
B06-1	2 255	1.502 3（0.026 8）[a]	1.07	1.273 3	0.12	8.80	0.150 6（<0.010 0）
B06-2	928	1.399 0（0.046 5）[a]	0.77	1.417 8	0.03	7.88	0.791 5（<0.000 1）
B94	482	1.395 4（0.035 0）[a]	1.32	0.768 0	0.10	4.10	0.964 8（<0.000 1）
			林火强度（kW/m）				
B06-1	2 255	1 224.56（53.49）[a]	298.80	2 539.94	2.59	28 916.59	0.315 2（<0.010 0）
B06-2	928	1 270.11（83.75）[a]	146.32	2 551.28	0.13	22 755.25	0.552 4（<0.000 1）
B94	482	737.85（38.19）[b]	471.26	838.44	1.74	5 512.65	0.765 4（<0.000 1）

注：样地 B06-1 采用 Kolmogorov-Smirnov 法进行正态分布检验，样地 B06-2 和 B94 采用 Shapiro-Wilk 法进行正态分布检验，正态性检验统计量后括号内的数值为显著性 P 值；利用 Kruskal-Wallis 法进行树皮熏黑高之间的非参数方差分析并采用 Duncan 法进行多重比较。均值列中相同的字母表示它们之间没有显著差异

表 4-2　林火强度（树皮熏黑高）与立木胸径间的回归及相关分析

样地	样本量	参数		R^2	校正 R^2	F 统计量	相关系数
		a	b				
B06-1	2255	93.9581	7.9638	0.4965	0.4962	2221.26（<0.0001）	0.6565（<0.0001）
B06-2	928	55.8501	8.3455	0.6091	0.6087	1443.03（<0.0001）	0.6207（<0.0001）
B94	482	77.0688	2.5784	0.1819	0.1802	106.75（<0.0001）	0.4656（<0.0001）

注：利用非参数 Spearman 方法进行相关分析，F 统计量及相关系数后括号内数字为显著性 P 值

4.1.2　地表火的火烈度特征

在地表火干扰的 3 个样地中，林火烧死树木均为小径阶林木（表 4-3，图 4-4，图 4-5）。在 B06-1 样地中，林火烧死木胸径大于 10cm 的树木仅 2 株，其最大胸径为 14.2cm，94.6%的烧死木胸径小于 5cm；在 B06-2 样地中，林火烧死木胸径大于 10cm 的树木仅 1 株，其胸径为 12.5cm，89.9%的烧死木胸径小于 5cm。而在林火干扰 12 年内，地表火干扰表现出一定的时滞效应；在林火和竞争等多种因素的综合影响下，B94 样地一部分树木逐渐死亡并以倒木和枯立木的形式出现在样地中，共有 2 株死亡树木的胸径超过了 30cm，最大胸径为 32.6cm，其中仅有 21.2%的树木的胸径小于 5cm，54.3%的树木的胸径小于 10cm（图 4-4，图 4-5）。在 B06-1 和 B06-2 样地中，地表火直接烧死树木的数量分别是 B94 样地中林火干扰后逐渐死亡树木的 13 倍和 4 倍；然而，B06-1 和 B06-2 样地中林火烧死树木的胸径平均值间没有显著的差异，B94 样地中死亡树木的胸径均值与其他 2 个林火干扰样地林火烧死树木的胸径平均值间均有显著的差异（表 4-3）。另外，3 个地表火干扰样地的林火烧树木的胸径与树皮熏黑高表征的林火强度之间有显著的线性回归和相关关系（表 4-4，图 4-5）。

表 4-3　调查样地烧死木的统计特征

样地	样本量	平均值（标准误）	中位数	标准差	最小值	最大值	正态性检验
B06-1	1688	2.1960（0.0358）[a]	1.70	1.4723	0.20	14.20	0.8374（<0.0001）
B06-2	534	2.4281（0.0746）[a]	2.10	1.7247	0.20	12.50	0.8954（<0.0001）
B94	127	10.3366（0.5817）[b]	9.50	6.5559	0.90	32.60	0.9334（<0.0001）

注：采用 Shapiro-Wilk 法进行正态分布检验，正态性检验统计量后括号内的数值为显著性 P 值；利用 Kruskal-Wallis 法进行树皮熏黑高之间的非参数方差分析，并采用 Duncan 法进行多重比较，平均值列中相同的字母表示它们之间没有显著的差异

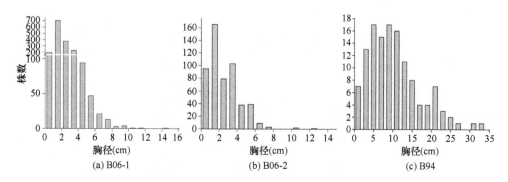

图 4-4　林火干扰样地烧死木的径阶分布

B06-1（a）和 B06-2（b）样地的径阶间距为 1cm，B94（c）样地的径阶间距为 2cm，
B94 样地的林火烧死树木包括倒木和枯立木

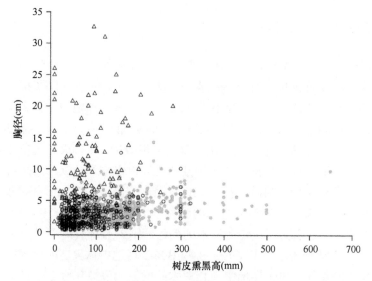

图 4-5　林火干扰样地烧死木的树皮熏黑高与其胸径间的散点图

图中符号"●""○""△"分别为 B06-1、B06-2 和 B94 样地中被林火烧死的林木，
B94 样地的林火烧死树木包括倒木和枯立木

表 4-4　林火强度（树皮熏黑高）与烧死木胸径间的回归及相关分析

| 样地 | 样本量 | 参数 | | R^2 | 校正 R^2 | F 统计量 | 相关系数 |
		a	b				
B06-1	1688	1.1614	0.0096	0.2530	0.2526	571.03（<0.0001）	0.4559（<0.0001）
B06-2	534	1.7858	0.0086	0.0823	0.0806	47.73（<0.0001）	0.2206（<0.0001）
B94	107	7.2451	0.0293	0.0607	0.0517	6.78（0.0105）	0.2388（0.0132）

注：B94 样地的林木仅包括树干上有树皮熏黑痕迹的死亡树木，利用非参数 Spearman 方法进行相关分析，F 统计量及相关系数后括号内数字为显著性 P 值

4.2　林　分　结　构

4.2.1　树木种类

在不同时期的地表火干扰下，樟子松林中树木的种类及其数量也各不相同，6 个样地中总共调查记录到了 8 种木本植物。每个样地中的树木种类从 4 种（B94 和 FE-3）到 7 种（FE-2）不等，而樟子松和白桦则出现在所有的样地中（表 2-1，表 2-2，表 4-5）。林火干扰前，B06-1 和 B06-2 中的树木种类相同；而林火干扰后，B06-1 中有 1 种树木消失了，而 B06-2 中有 3 种树木消失了。B94 和 FE-3 均有 4 种树木，且它们有 3 种是相同的。黄柳仅出现在 1 个样地中（B94），而其他的树木种类则均出现在 2 个或多个样地中（表 4-5）。

4.2.2　林分密度

地表火干扰下，不同樟子松林林分及不同树种的密度之间也有相当大的差异。林分密度最小的样地为 408 株/hm²（林火干扰后的 B06-2），而最大者达 17 859 株/hm²（B94）（表 2-1）。黄柳仅在 B94 样地中以单株的形式出现，稠李和山楂也以单株的形式出现在不同的样地中；样地中密度最大的是樟子松，从密度最小的 343 株/hm²（林火干扰后的 B06-2）到最大的 17 466 株/hm²（B94）（表 4-5）。在所有的调查样地中，樟子松均占有绝对的优势。在林木数量方面，樟子松所占的比例从最小的 60.07%（FE-2）到最大的接近 98.00%（B94）；从林木的胸高断面积来看，樟子松的比例均超过了 90%（表 4-5）。

地表火干扰前，各个样地的林分密度处在同一数量级上（B94 除外）。而林火干扰后，B06-1 和 B06-2 的林分密度均下降了一个数量级，分别降低了 84.2%和 89.7%；然而地表火干扰 12 年后，B94 的林木密度却又明显地增加，达到了所有调查样地中的最大值，其中绝大多数为高度小于 1.3m 的幼树（占总数的 95.7%）（表 4-5）。地表火干扰后，B06-1 和 B06-2 的胸高断面积仅分别下降了 3.0%和 6.2%；最小胸高断面积（B06-2）与最大胸高断面积（B06-1）间相差 34.8%（表 2-1，表 4-5）。

表4-5 调查样地的树种组成及其结构特征

内容	B06-1 林火前	B06-1 林火后	B06-2 林火前	B06-2 林火后	B94	FE-1	FE-2	FE-3
密度（株/hm²）								
PiMo	2 870 (78.26)	428 (74.05)	3 144 (78.99)	343 (84.07)	17 466 (97.799 4)	1 947 (96.63)	2 781 (60.07)	5 053 (94.47)
BePl	761 (20.75)	142 (24.57)	2 (0.05)	0 (0)	385 (2.155 8)	4 (0.20)	1 222 (26.39)	3 (0.05)
PoDa	—	—	—	—	7 (0.039 2)	—	191 (4.13)	284 (5.31)
CrDa	1 (0.03)	1 (0.17)	1 (0.03)	0 (0)	—	—	6 (0.13)	—
ArSi	—	—	—	—	—	21 (1.04)	2 (0.04)	—
MaBa	34 (0.93)	7 (1.21)	821 (20.63)	65 (15.93)	—	42 (2.08)	358 (7.73)	9 (0.17)
PaAv	1 (0.03)	0 (0)	12 (0.30)	0 (0)	—	1 (0.05)	70 (1.51)	—
SaGo	—	—	—	—	1 (0.005 6)	—	—	—
总计	3 667	578	3 980	408	17 859	2 015	4 630	5 349
胸径（cm）								
PiMo	8.452 4 (0.321 4)	26.700 7 (0.645 4)	14.673 9 (0.649 9)	23.380 6 (0.803 1)	28.142 6 (0.572 0)	15.569 1 (0.429 4)	19.320 8 (0.537 7)	7.576 0 (0.180 8)
BePl	3.534 3 (0.086 8)	5.773 4 (0.226 9)	1.1 (—)	0 (0)	1.354 5 (0.450 9)	0.650 0 (0.050 0)	7.047 0 (0.377 6)	8.7 (—)
PoDa	—	—	—	—	*52.571 4 (10.465 0)*	—	2.782 8 (0.243 0)	0 (0)
CrDa	*1.5 (—)*	*1.5 (—)*	*129 (—)*	0 (0)	—	—	*2.4 (—)*	—
ArSi	—	—	—	—	—	*1.2 (—)*	*106.5 (16.5)*	—
MaBa	1.066 7 (0.114 5)	*36.285 7 (3.616 8)*	3.112 5 (0.103 2)	5.201 5 (0.219 9)	—	3.506 2 (0.522 0)	3.617 6 (0.157 9)	0 (0)
PaAv	*57*	0 (0)	2.100 0 (1.400 0)	0 (0)	—	*109*	11.500 0 (10.950 0)	—
SaGo	—	—	—	—	*90 (—)*	—	—	—
总计	7.065 0	21.535 0	10.064 9	20.389 1	25.349 5	15.296 8	12.173 6	7.576 5

续表

内容	B06-1		B06-2		B94	FE-1	FE-2	FE-3
	林火前	林火后	林火前	林火后				
	胸高断面积（m²）							
PiMo	30.465 3 (97.297 4)	29.943 6 (98.546 6)	19.800 8 (93.648 7)	19.667 8 (99.22)	27.175 8 (99.87)	26.722 1 (99.922 3)	26.150 1 (91.306 5)	26.092 5 (99.98)
BePl	0.845 6 (2.7)	0.441 4 (1.452 7)	0.950 3 (4.494 5)	0 (0)	0.036 5 (0.13)	0.000 07 (0.000 3)	1.966 8 (6.867 3)	0.005 9 (0.02)
PoDa	—	—	—	—	0 (0)	—	0.142 7 (0.498 3)	0 (0)
CrDa	0.000 2 (0.000 6)	0.000 2 (0.000 7)	0 (0)	0 (0)	—	—	0.001 8 (0.006 3)	—
ArSi	—	—	—	—	—	0.000 1 (0.000 4)	0 (0)	—
MaBa	0.000 6 (0.002)	0 (0)	0.391 6 (1.852 1)	0.153 9 (0.78)	—	0.020 6 (0.077 0)	0.290 8 (1.015 4)	0 (0)
PaAv	0 (0)	0 (0)	0.001 (0.004 7)	0 (0)	0 (0)	0 (0)	0.087 7 (0.306 2)	—
SaGo					0 (0)	—	—	—
总计	31.311 7	30.385 2	21.143 7	19.821 7	27.212 3	26.742 9	28.639 9	26.098 4

注：树高小于 1.3m 的幼树不包括在胸径和胸高断面积的统计范围内；若某一树种全部为幼树，则计算其相应的树高统计值并用斜体字表示；密度和胸高断面积后括号内的数字表示该项占总数的百分比，平均胸径（DBH）后括号内的数字为标准误

4.2.3 林分径阶分布

不同樟子松林林分的平均胸径和径阶分布之间存在着显著的差异，但是随着林分径阶的增大，林分间的平均胸径趋于相同且并没有显著的差异；调查的樟子松林林分的所有树种中，樟子松的平均胸径均是最大的（表4-5，表4-6，图4-6）。当将倒木和枯立木的胸径也包括在径阶的计算中时，B06-1 和 FE-3 的胸径间没有显著差异；而在包括所有径阶的活立木胸径间，只有经历了同一场林火干扰的 B06-1 和 B06-2 的胸径间没有显著的差异，也就是说林火干扰使胸径间有显著差异的林分变得没有显著差异。当仅考虑胸径大于 10cm 林木时，受林火干扰的 3 个林分（B06-1、B06-2 和 B94）的胸径间均没有显著的差异，没有林火干扰的 2 个林分（FE-1 和 FE-2）的胸径间也没有显著的差异。当仅考虑胸径大于 20cm 或更大的径阶时，有更多类型的林分的胸径间没有显著的差异（表4-6）。

表 4-6　调查样地的林分结构特征

径阶	统计量	样地					
		B06-1	B06-2	B94	FE-1	FE-2	FE-3
所有立木	样本量	2 256	929	506	1002	1243	2665
	均值	7.0650 (0.2371) [a]	10.0649 (0.4348) [b]	23.6580 (0.5672) [c]	13.7158 (0.3924) [d]	12.0201 (0.3472) [e]	7.0768 (0.1680) [a]
活立木	样本量	568	395	422	871	1217	2430
	均值	21.5350 (0.6192) [a]	20.3891 (0.7527) [a]	25.3495 (0.6510) [b]	15.2968 (0.4247) [c]	12.1736 (0.3529) [d]	7.5765 (0.1807) [e]
胸径≥10cm	样本量	359	246	341	479	499	699
	均值	30.8552 (0.5433) [a]	29.9959 (0.6725) [a]	30.6152 (0.4681) [a]	23.6198 (0.5138) [b]	24.7309 (0.4320) [b]	18.4914 (0.3614) [c]
胸径≥20cm	样本量	304	196	295	239	317	188
	均值	34.0668 (0.4308) [a]	34.0056 (0.5432) [a]	32.9338 (0.3914) [a]	33.0155 (0.5383) [a]	30.7934 (0.3608) [b]	31.5644 (0.6830) [b]
胸径≥30cm	样本量	215	135	190	147	167	84
	均值	37.4102 (0.4233) [a, b]	38.1089 (0.4385) [a, b]	36.9850 (0.3161) [a]	38.5687 (0.4215) [b]	35.7120 (0.3447) [c]	40.3643 (0.7496) [d]
胸径≥40cm	样本量	56	47	46	59	26	41
	均值	45.9928 (0.6999) [a]	43.8085 (0.4654) [b]	42.8326 (0.3752) [b]	43.5949 (0.4089) [b]	43.8346 (0.6935) [b]	46.2756 (0.6889) [a]

注：以林木的胸径及其分布来表征林分的结构特征，所有立木包括样地中的倒木、枯立木和活立木（B06-1 和 B06-2 样地中所有立木是指林火烧死木和活立木），利用 Kruskal-Wallis 法进行林木胸径之间的非参数方差分析并采用 Duncan 法进行多重比较，均值后括号内数值为标准误，每行中相同的字母表示它们的均值在 0.05 水平上没有显著的差异

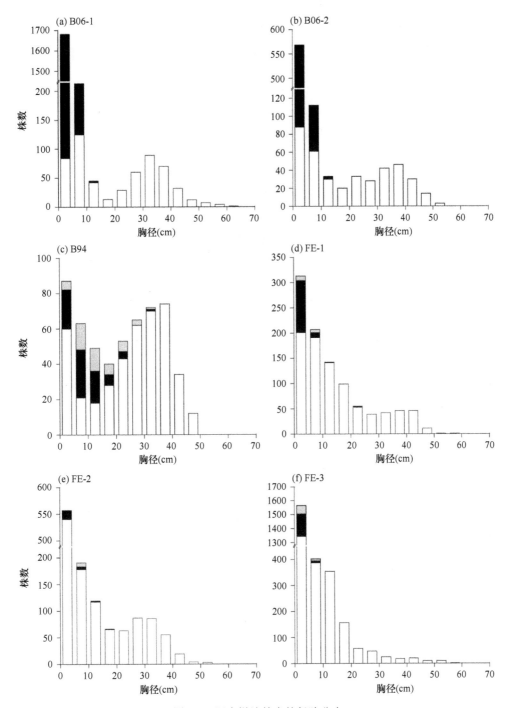

图 4-6　调查样地林木的径阶分布

径阶间距为 5cm，B06-1 和 B06-2 样地的林木包括林火烧死木和活立木，其他样地的林木包括倒木、枯立木和活立木，图中灰色、黑色和白色条形柱分别表示倒木、枯立木（在 B06-1 和 B06-2 样地中指林火烧死木）和活立木

4.3 结论与讨论

干扰是生态系统的有机组成部分，并显著地影响着系统的组成、结构和功能（Pickett and White，1985；Whitney，1994；Oliver and Larson，1996；Barnes et al.，1998；Mackey and Currie，2000；White and Jentsch，2001；Sutherland，2007）。干扰改变生物群落的成分及其相互之间的竞争关系（Hegyi，1974；Huston et al.，1988；张谧等，2007），使植被发生明显的变化（Pickett and White，1985；White and Jentsch，2001）。火是大多数陆地生态系统中普遍存在的干扰形式之一（Whelan，1995；Bond and van Wilgen，1996），林火干扰显著地改变了植物种的组成（孙静萍和冯瀚，1989a，1989b；Cochrane and Schulze，1999；Keeley et al.，2005；喻泓和杨晓晖，2009），由于森林中低矮的灌木受林火的损伤更大，短期内可以明显地减少木本植物的种数。

呼伦贝尔沙地樟子松天然林位于为中国森林高火险发生区（中华人民共和国林业部，1992；王栋，2000；郑焕能，2000），林火干扰在樟子松林中也经常发生（王正兴和石静杰，1997；Wang et al.，2004；王宏良等，2005；翟晓光和韩铁圈，2006），并成为樟子松林重要的生态因子（赵兴梁，1958；赵兴梁和李万英，1963；杨晓晖等，2008）。在地表火干扰下，樟子松林的林下植被（喻泓和杨晓晖，2009）、树种种类组成、林分密度等结构特征、林木间的竞争关系和空间格局都发生了不同程度的变化（喻泓等，2009a，2009b，2009c，2009d）。

1. 林火特征

以树皮熏黑高表征的林火强度表明，调查的樟子松林所发生的林火均为典型的地表火（表 4-1，图 4-1～图 4-3）。同一次林火过程中，不同样地之间的林火强度间没有显著的差异，两次林火过程中的林火强度间也有一定的相似性（B06-1和 B94 有显著的差异，而 B06-2 和 B94 间没有显著的差异）（表 4-1，图 4-3）。以树皮熏黑高估算的林火强度估计值也表明，同一场林火的林火强度间没有显著的差异，而不同时期林火的林火强度间有显著的差异，这与树皮熏黑高表征的林火强度间有相似的结果（表 4-1）。另外，林火强度与林木胸径间表现为显著的正相关并具有显著的回归关系（表 4-2，图 4-2），表明林火强度不仅与林火发生时的天气条件有关，也受林分类型和地貌等环境条件的影响。地表火烧死木主要为小径阶林木，同一场地表火干扰下，林火烧死林木的胸径间没有显著的差异，且林火烧死木胸径与其树皮熏黑高间有显著的线性回归和相关关系。因此在林火管理中，不同地区的樟子松林可以采取相应的生产措施如抚育间伐等，通过改变林分结构和可燃物的状况等间接地影响可能将要发生的林火过程。

2. 树木种类组成

从样地树木种类组成的角度来看，地表火的干扰虽对于樟子松林的主林层影响不大，却不同程度地排除了下层树木（Wooldridge and Weaver，1965；Nickles et al.，1981；顾云春，1985；Zenner，2005；Blankenship and Arthur，2006；Marozas et al.，2007；Waldrop et al.，2008；喻泓等，2009a）。地表火的干扰明显地减少了樟子松林的树木种数，改变了林分的种类组成；然而，樟子松林冠层的种类变化不大，主林层中樟子松的比重在林火干扰后反而有所增加；虽然林火干扰后随着时间的推移，树木种类在数量和组成上有所恢复（B94），但是与无林火干扰的样地相比，其树木种类的数量仍偏低（喻泓等，2009a）。地表火干扰后，样地树木种类的数量由林火干扰前的平均 4.7 种下降到林火干扰后的平均 3.3 种；2006 年地表火干扰的两个样地中，总共有 3 种树木被林火烧掉而从样地中消失，其中B06-2 样地林火干扰后树木种类仅存 2 种，是林火干扰后所有样地中种类最少的（表 4-5）（喻泓等，2009a）。林火干扰 12 年后，B94 树木的种类仅为 4 种，仍是林火干扰前所有样地中树木种类最少的两个样地之一（表 4-5），说明在短期内，林火干扰后树木种类的恢复是缓慢的；甚至由于林冠层强烈地遮荫作用，其在树木种类的数量或组成上恢复到林火干扰前的状态也许是不可能的（Cochrane et al.，1999）。而无林火干扰样地的树木种类从 4 到 7 种不等，平均为 5.3 种；FE-2 样地的树木种类有 7 种，是所有样地中最多的，而 FE-3 样地种类仅 4 种，为林火干扰前所有样地中种类最少的两个样地之一。樟子松出现在林火干扰前后的所有样地中，白桦仅在林火干扰后的 B06-2 样地中消失，而山荆子出现在除 B94 外的所有样地中，稠李则由于林火的干扰在 B06-1 和 B06-2 样地中消失了（表 4-5）。因此，地表火减少了下层林木的竞争，有利于樟子松主林层林木对资源和养分的充分利用，这在资源和养分相对短缺的半干旱区的单纯林的培育方面具有特殊重要的意义。

3. 林分密度

地表火干扰主要烧死对林火干扰敏感的林下幼苗和小径阶林木（Nickles et al.，1981；顾云春，1985；Agee，1993；Bond and van Wilgen，1996；Quintana-Ascencio and Morales-Hernández，1997；Barnes et al.，1998；Peterson and Reich，2001；Zenner，2005；Albrecht and McCarthy，2006；Fulé and Laughlin，2007；Marozas et al.，2007；North et al.，2007；Waldrop et al.，2008；Stephens et al.，2009；喻泓等，2009a），显著地降低了樟子松林林分的密度；然而，林冠层树种樟子松在林火干扰前后的各个样地中的比例均占绝对的优势（喻泓等，2009a）；但是随着时间的推移，林火干扰后林冠层树种樟子松的更新出现后，林分密度和樟子松的密度均明显增大。长期无林火干扰的林分，其密度也在同一数量等级上，樟子松的比重也占绝对优势。

林火干扰显著地降低林分密度（Hutchinson et al.，2005；Blankenship and Arthur，2006），但随着时间的推移，林分密度由于幼苗更新的发生又逐渐地增大（顾云春，1985；Marozas et al.，2007；Waldrop et al.，2008）。调查样地林分的密度相差很大，但是林火干扰前的所有样地中，除了 B94 外，其他的林分密度均在一个数量级上。在具有相似特征的地表火干扰下（图 4-1，图 4-3，表 4-1），B06-1 和 B06-2 的林分密度下降了一个数量级，分别仅为林火干扰前的 15.8%和 10.3%；然而地表火干扰 12 年后（B94 样地），随着林分幼苗更新（小于 1.3m 的幼树占总数的 95.7%）的出现（秦建明等，2008；杨晓晖等，2008），林分密度又急剧上升，因此 B94 为所有调查样地中密度最大者，并明显地高出其他林分一个数量级（表 2-1，表 4-5）。无林火干扰的 3 个样地中，密度最大的（FE-3）也超出了密度最小者（FE-1）1 倍多。

在林火干扰的过程中，不同树种的反应各不相同（Hutchinson et al.，2005；Glasgow and Matlack，2007）。从样地的树种种类组成来看，无论是林火干扰前或后，林冠层树种樟子松的密度在各个样地中均占绝对优势，从 60.1%（FE-2）到 97.8%（B94）不等（表 4-5）。地表火干扰后，林冠层树种樟子松的密度也明显地降低，然而与地表火干扰前相比，林冠层树种樟子松在相应样地中的比重有下降（B06-1）也有上升（B06-2）（表 4-5）。由于樟子松林下更新的出现（Zhu et al.，2005；秦建明等，2008；杨晓晖等，2008），地表火干扰 12 年后（B94），樟子松的密度在样地中占有绝对的优势（97.8%），为所有样地中最高者（表 4-5）。

另外，地表火主要烧死树高低于 1.3m 的幼苗和小径阶下层林木（Wade，1993；Hutchinson et al.，2005；Zenner，2005；Blankenship and Arthur，2006；Fulé and Laughlin，2007；喻泓等，2009a）。B06-1 样地中，林火烧死木中胸径大于 10cm 的仅有 2 株，最大胸径为 14.2cm，幼苗及胸径小于 5cm 的幼树占 94.6%。B06-2 样地中，林火烧死木中胸径大于 10cm 的仅有 1 株，其胸径为 12.5cm，幼苗及胸径小于 5cm 的幼树占 89.9%。地表火干扰 12 年后，B94 火后存活林木的最小胸径为 3cm，胸径小于 5cm 的幼树仅占全部存活林木的 4.5%，而胸径小于 10cm 和 20cm 的幼树也仅占全部火后存活林木的 10.0%和 22.2%。因此，这从一个侧面也反映出了地表火所具有的林分稀疏作用。

因此，地表火具有强烈的林分稀疏作用（Wade，1993；Fulé and Covington，1998；Marozas et al.，2007）。在樟子松林林分中，地表火排除了绝大多数下层林木和几乎全部幼苗的竞争（孙静萍和冯瀚，1989a；Hutchinson et al.，2005；喻泓等，2009a）；然而，随着林火干扰后时间的推移，由于林分更新的出现，林分密度又明显增大，长期无林火干扰，林分在密度上又将会回归到林火干扰前的状态；然而，随着时间的推移，林分会由于过分密集而增加个体间的竞争，并导致个体的死亡从而降低林分密度，这种由林分稀疏而引起的密度下降的速度是较为缓慢的（Gent and Morgan，2007）。因此，在适当的周期性的地表火干扰下，樟子松林将保持相对稳定的林分密度，并不断向大径阶成熟林方向演替，周期性地表火的干扰（Albrecht and McCarthy，2006；North et al.，2007）可能是樟子松林经营管理中不可或缺的林分稀疏措施。

4. 林分平均胸径及胸高断面积

林火干扰的过程中，林分的胸高断面积也较林火干扰前有不同程度地下降（Elliott et al.，1999；Blankenship and Arthur，2006）。由于大量下层林木和樟子松小径阶林木被烧死，样地中火后存活林木的平均胸径成倍地增加；然而，林分的胸高断面积却因为存活林木数量的减少而降低。

地表火干扰后，B06-1 和 B06-2 中樟子松的平均胸径分别为林火干扰前的 3.2 倍和 1.6 倍。而林火干扰 12 年后，B94 样地樟子松的平均胸径是林火干扰后所有调查样地中最大的（表 4-5）；尽管 B94 样地中没有胸径 50cm 以上的林木（表 2-1），但是该样地活立木的平均胸径却是所有调查样地中最大的（表 4-6）。从树高大于 1.3m 的林木死亡率来看，B94 样地为 25.2%，而其他 3 个无林火干扰的样地的死亡率为 2.1%～13.1%，平均为 8.0%。因此，地表火干扰的林分中，其火后死亡率也明显高于无林火干扰样地，表现出林火干扰的时滞效应（Glasgow and Matlack，2007；Waldrop et al.，2008）。而无林火干扰的 3 个样地由于有大量的小径阶林木，其平均胸径都比林火干扰后样地的平均胸径小，为 7.6cm～15.3cm（表 4-6）。样地平均胸径的变化可能是由于地表火干扰下，除大量的下层林木被林火直接烧死外，另有一部分受林火干扰时滞效应影响的小径阶林木在地表火干扰后的 12 年内也逐渐死亡；而大径阶樟子松由于树干下部的树皮较厚，具有较强的抗火能力（赵兴梁，1958；文定元等，1987；郑焕能等，1998；胡海清，2000），受林火影响较小而仍然存活，因此林分中存活林木总的数量较少，并且 12 年内绝大多数更新苗还没有达到 1.3m，所以 B94 样地中有 77.8%的林木的胸径大于 20cm，这样林分的平均胸径较大。因此，地表火的干扰将有利于大径阶林木的培育，这与营林生产的管理目标也是一致的。

地表火干扰前后，樟子松林调查样地的胸高断面积均保持相对稳定的状态（喻泓等，2009a）。因此，林火干扰前后各个样地的胸高断面积也相差不大，B06-2 样地的胸高断面积在地表火干扰前后的所有样地中是最低的。地表火的干扰只是略微地降低了林分的胸高断面积（喻泓等，2009a），B06-1 和 B06-2 样地的胸高断面积仅分别下降了 3.0%和 6.2%（表 4-5）；因此，尽管样地中林木数量在林火的干扰下大大地降低了（表 4-5），但是胸高断面积却只有很小的损失，也就是说林火干扰下林分的材积损失不大，地表火对樟子松的出材量仅有很小的影响（喻泓等，2009a）。另外，林冠层树种樟子松的胸高断面积在各个样地中都占绝对的优势，均在 90%以上；地表火干扰后，樟子松的胸高断面积在样地中的比重还略有上升，B06-1 和 B06-2 樟子松的胸高断面积所占的比例比地表火干扰前分别增加了 1.2%和 5.6%（表 4-6）。样地胸高断面积的变化是由于地表火主要烧死的是下层林木，而处于林冠层的樟子松受到的影响较小，因此其在样地中的相对比例反而有所增加；B06-2 樟子松胸高断面积的变化可能与该样地早期（20 年前）的人工间伐抚育生产措施有关，间伐抚育后林冠层较稀疏（表 4-5，表 4-6），可燃物相对较少，从而导致相似特征地表火干扰下，林火强度表现出局部的差异（图 4-1～图 4-3，表 4-1，表 4-2），林冠层林木受到较小的影响，而林火干扰烧死的更多是小径阶林木（表 4-6），从而表现出地表火干扰下林分胸高断面积的相对稳定性。

第5章 火干扰对樟子松空间格局的影响

5.1 单变量空间格局分析

5.1.1 林火干扰或林分稀疏作用下的空间格局

在地表火的干扰下，樟子松林林分中林木的显著性聚集分布及其相应的尺度范围都发生了不同程度的变化。$g(r)$ 函数分析表明，林火干扰后 B06-1 和 B06-2 样地林木在小尺度上的显著性聚集分布均略微降低，且其相应的尺度范围也仅稍微变窄，而在大尺度上仅表现为略微的呈显著性聚集分布；然而 $L(r)$ 函数分析则表明，林木在所有尺度上均表现为显著性聚集分布，但其显著性程度有所不同（图 5-1a～d）。B94 样地在林火干扰后 12 年内的林分稀疏过程中，$g(r)$ 和 $L(r)$ 函数分析均表明，其空间格局均表现为在大小不同尺度上的双尺度聚集分布，且其聚集斑块的大小尺度保持相对稳定（图 5-1e、f）。在林木的稀疏过程中，FE-1 样地的空间格局在小尺度上呈显著性聚集分布，且其尺度相对稳定不变，但是 $g(r)$ 和 $L(r)$ 函数所表现的显著性聚集尺度范围有所不同（图 5-1g、h）；$g(r)$ 和 $L(r)$ 函数分析均表明，FE-2 和 FE-3 样地均为大小不同尺度上的显著性双尺度聚集分布；但 FE-2 样地在小尺度上的显著性聚集尺度大小有所下降，而在大尺度上的显著性聚集尺度的大小保持相对稳定；而 FE-3 样地则在大小不同尺度上的显著性聚集斑块尺度的大小均有所增大（图 5-1 i～l）。

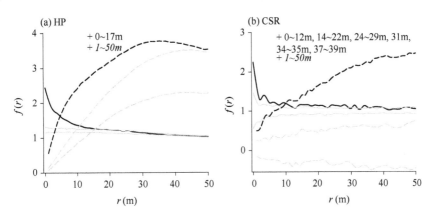

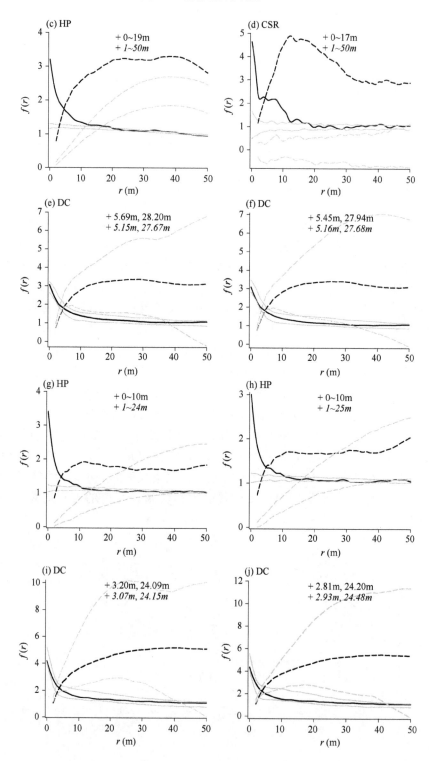

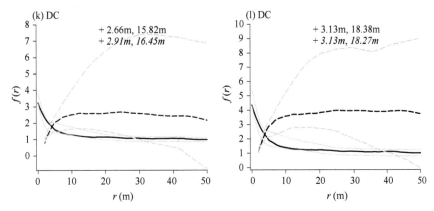

图 5-1　林火干扰前（左侧）、后（右侧）或林分稀疏死亡前（左侧）、
后（右侧）的单变量空间格局分析

（a）和（b）、（c）和（d）、（e）和（f）、（g）和（h）、（i）和（j）、（k）和（l）分别为 B06-1、B06-2、B94、FE-1、
FE-2 和 FE-3 样地的二阶函数值，林火干扰前或林分稀疏死亡前的林分包括了烧死木（a、c）或林分稀疏过程中
死亡的林木（e、g、i、k）。图中大写字母为点格局分析所采用的相应的零假设模型代码（表 2-3），"+" 符号及其
后的数字分别表示显著性聚集分布及其相应的尺度范围，正体和斜体数字分别为 g（r）和 L（r）函数的显著性尺
度范围；黑色实线和虚线分别为 g（r）和 L（r）函数值，灰色实线和虚线分别为 g（r）和 L（r）函数的 99 次蒙
特卡罗模拟检验的 99% 包迹线

5.1.2　幼树及大树的空间格局

在有林火干扰的样地中，樟子松林的幼树在小尺度上均表现为显著性的聚集
分布（图 5-2a、c）或在大小不同的尺度上呈现出双尺度聚集分布（图 5-2e）；而
大树则接近随机分布（图 5-2b）或在小尺度上为均匀分布（图 5-2d、f）。在无林
火干扰下，樟子松林的幼树在小尺度上表现为显著性聚集分布（图 5-2g）或在大
小不同的尺度上呈现出双尺度聚集分布（图 5-2i、k）；大树则在小尺度上为显著
性聚集分布（图 5-2h、j）或表现出在大小不同尺度上的双尺度聚集分布（图 5-2l）。

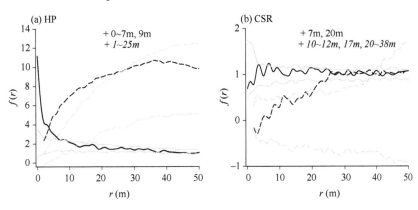

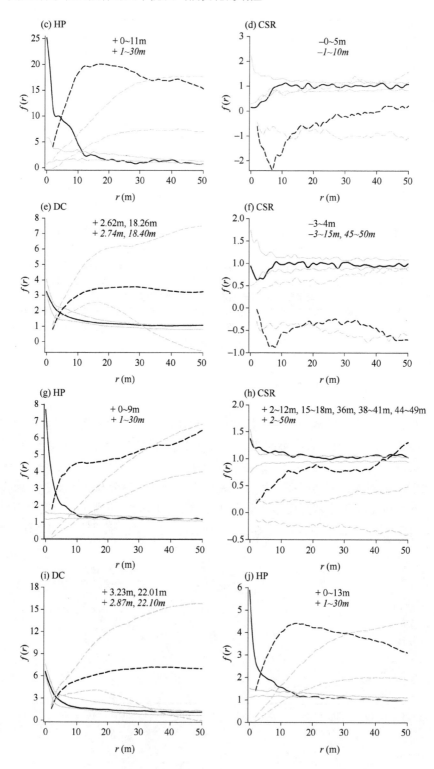

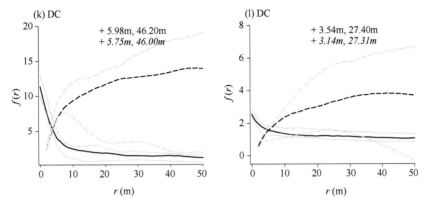

图 5-2 幼树（左侧）及大树（右侧）的单变量空间格局分析

B06-1（a、b）和 B06-2（c、d）样地幼树是指树高低于 1.3m 的火后存活幼树和胸径小于 10cm 的火后存活小树的总和，大树是指胸径大于等于 10cm 的活立木；B94（e、f）样地的幼树是指林火干扰后更新的树木，大树是指活立木；FE-1（g、h）、FE-2（i、j）、FE-3（k、l）样地的幼树是指树高低于 1.3m 的树木，大树是指树高大于 1.3 m 的活立木。图中大写字母为点格局分析所采用的零假设模型的代码（表 2-3），"+" 和 "–" 符号及其后的数字分别表示显著性聚集和均匀分布及其相应的尺度范围，正体和斜体数字分别为 $g(r)$ 和 $L(r)$ 函数的显著性尺度范围；黑色实线和虚线分别为 $g(r)$ 和 $L(r)$ 函数值，灰色实线和虚线分别为 $g(r)$ 和 $L(r)$ 函数的 99 次蒙特卡罗模拟检验的 99% 包迹线

5.1.3 死亡树木的空间格局

地表火干扰后，B06-1 和 B06-2 样地的林火烧死树木均表现出聚集斑块大小较相似、大小不同尺度上的显著性双尺度聚集分布（图 5-3a、b）。而无林火干扰下，FE-3 样地死亡树木的分布格局也同样呈现出大小不同的显著性双尺度聚集分布，只是大小不同尺度上的聚集斑块均较林火干扰样地的聚集斑块明显偏大（图 5-3f）。在林火干扰后的演替中，B94 样地 12 年内死亡的树木呈现出完全空间随机分布的格局（图 5-3c）。另外两个无林火干扰样地（FE-1 和 FE-2）的死亡树木均在小尺度呈现出显著性的聚集分布（图 5-3d、e）。

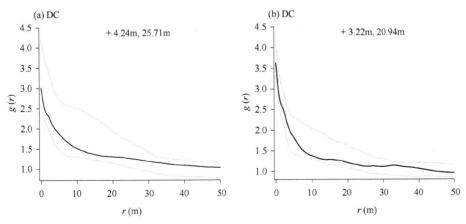

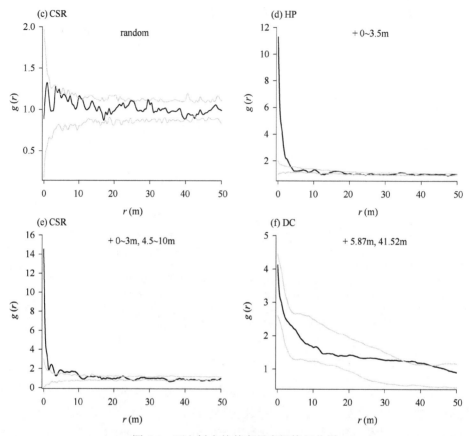

图 5-3　死亡树木的单变量空间格局分析

B06-1（a）和 B06-2（b）样地中的死亡树木是指林火烧死的树木；B94（c）、FE-1（d）、FE-2（e）和 FE-3（f）
样地的死亡树木是包括残桩、倒木和枯立木。图中大写字母为点格局分析所采用的零假设模型的代码（表 2-3），
"+"符号及其后的数字分别表示显著性聚集或双尺度聚集分布及其相应的尺度范围和聚集斑块大小，"random"为
随机分布；黑色和灰色实线分别为 $g(r)$ 函数值及其 99 次蒙特卡罗模拟检验的 99%包迹线

5.1.4　非林冠层树木的空间格局

在研究中，非林冠层树木是指除樟子松以外的所有其他树种组成的林木。在地
表火干扰下，B06-1 和 B06-2 样地火后存活及林火烧死的非林冠层树木均在小尺度
上表现为显著性的聚集分布（图 5-4a～d），而 B06-2 样地火后存活的非林冠层树
木也在小尺度上表现出略微的显著性均匀分布（图 5-4c）。林火干扰 12 年后，B94 样地
中更新的非林冠层树木也在小尺度上表现为显著性的聚集分布（图 5-4e）；而这期间
死亡的小径阶（胸径小于 10cm）林冠层树木则表现出完全空间随机分布（图 5-4f）。
无林火干扰的样地中，非林冠层树木的活立木均在小尺度上表现为显著性的聚集分
布（图 5-4g、i、k）；死亡的非林冠层树木也在小尺度上表现为显著性的聚集分布
（图 5-4j），但是死亡的小径阶（胸径小于 10cm）林冠层树木表现出小尺度上的聚

集分布（图 5-4h）或大小不同尺度上的双尺度聚集分布（图 5-4l）。

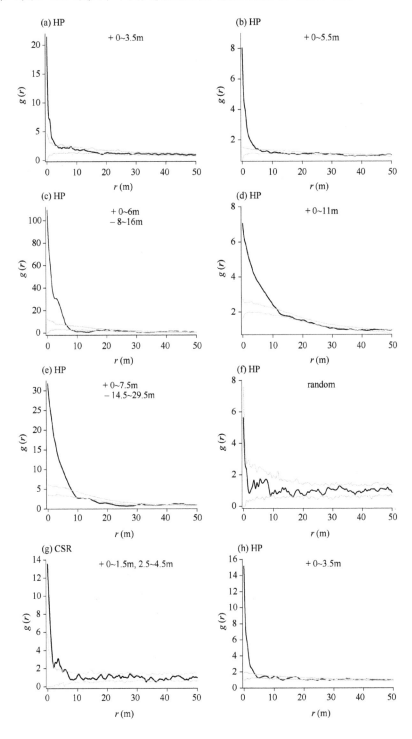

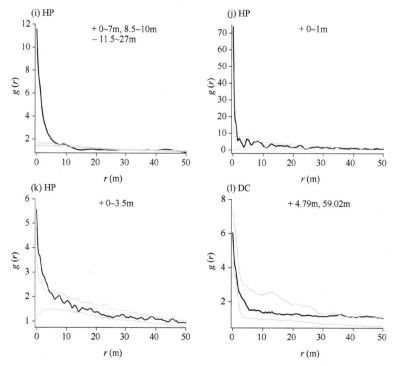

图 5-4 非林冠层树木的活立木（左侧）及死亡树木（右侧）的单变量空间格局分析

非林冠层林木是指除樟子松以外的其他所有树木；由于 B94（f）、FE-1（h）和 FE-3（l）中非樟子松死亡林木的数量较少，将样地中胸径小于 10cm 的倒木和枯立木进行分析；而 B06-1（a、b）、B06-2（c、d）、B94（e）、FE-1（g）、FE-2（I、j）和 FE-3（k）均是以非林冠层树木进行分析的；图中大写字母为点格局分析所采用的零假设模型的代码（表 2-3），"+"和"−"符号及其后的数字分别表示显著性聚集（包括双尺度聚集）和均匀分布及其相应的尺度范围和聚集斑块的大小，"random"为随机分布；黑色和灰色实线分别为 $g(r)$ 函数值及其 99 次蒙特卡罗模拟检验的 99%包迹线

5.1.5 林分不同径阶的空间格局

樟子松林不同径阶的空间格局分析表明，随着林木径阶的增大，全部调查样地林木的空间格局均表现出从所有径阶上的显著性聚集分布，到中等径阶的随机分布，再到更大径阶上均匀分布的趋势。B06-1 在 10cm 以上径阶上主要表现为随机分布，而同一场林火干扰下的 B06-2 样地在 10cm 以上径阶表现为在小尺度上显著的均匀分布（表 5-1）。B94 样地除在所有径阶上表现为显著性聚集分布外，其他径阶上均表现为在小尺度上显著性的均匀分布（表 5-1）。而无林火干扰 FE-1、FE-2 和 FE-3 样地在所有径阶上均表现为显著性的聚集分布，除了 FE-1 在大于等于 20cm 和 FE-2 在大于等于 30cm 径阶上表现为显著的均匀分布外，其他各个径阶的林木均表现为完全空间随机分布（表 5-1）。

表 5-1　林木不同径阶的单变量空间格局分析

尺度	B06-1				B06-2				B94				FE-1				FE-2				FE-3			
	>0	≥10	≥20	≥30	>0	≥10	≥20	≥30	>0	≥10	≥20	≥30	>0	≥10	≥20	≥30	>0	≥10	≥20	≥30	>0	≥10	≥20	≥30
0	+	r	r	r	+	−	r	r	+	r	r	r	r	r	r	r	+	+	r	r	+	r	r	r
1	+	r	r	r	+	−	r	r	+	r	r	r	r	r	r	r	+	+	r	r	+	r	r	r
2	+	r	r	r	+	−	r	r	+	r	r	−	+	r	r	r	+	r	r	r	+	r	r	r
3	+	r	r	−	+	−	r	r	−	r	r	r	+	r	r	r	+	r	r	r	+	+	r	r
4	+	r	r	r	+	−	r	r	r	r	r	r	+	+	r	r	+	r	r	r	+	+	r	r
5	+	r	r	−	+	−	r	r	+	r	r	r	+	r	−	r	+	r	r	−	+	+	r	r
6	+	+	r	r	+	r	r	r	+	r	r	r	+	r	r	r	+	r	r	−	+	+	r	r
7	+	+	r	r	+	r	r	−	+	r	r	r	+	+	r	r	+	r	r	r	+	+	r	r
8	+	r	r	r	+	r	r	r	r	r	r	r	+	+	r	r	+	r	r	r	+	+	r	r
9	+	r	r	r	+	r	r	r	+	r	r	r	+	+	r	r	+	r	r	r	+	+	r	r
10	+	r	r	r	+	r	r	r	+	r	r	r	+	r	r	r	+	r	r	r	+	+	r	r
11	+	r	r	−	+	r	r	r	+	r	r	r	+	r	−	r	+	r	r	−	+	+	r	r
12	+	r	r	r	+	r	r	r	r	r	r	r	+	r	r	r	+	r	r	r	+	+	r	r
13	+	r	r	r	+	r	r	r	+	r	r	r	+	r	r	r	+	r	r	r	+	+	r	r
14	+	r	r	r	+	r	r	r	+	r	r	r	+	r	r	r	+	r	r	r	+	+	r	r
15	+	r	r	r	+	r	r	r	+	r	r	r	+	r	r	r	+	r	r	r	+	+	r	r
16	+	r	r	r	+	r	r	r	+	r	r	r	+	r	r	r	+	r	r	r	+	r	r	r
17	+	r	r	r	+	r	r	r	+	r	r	r	+	r	r	r	+	r	r	r	+	r	r	r
18	+	r	r	r	+	r	r	r	+	r	r	r	+	r	r	r	+	r	r	r	+	r	r	r
19	+	r	r	r	+	r	r	r	+	r	r	+	+	r	r	r	+	r	r	r	+	r	r	r
20	+	r	r	r	+	r	r	r	+	r	r	r	+	r	r	r	+	r	r	r	+	r	r	r
21	+	r	r	r	+	r	r	r	+	r	r	r	+	r	r	r	+	r	r	r	+	r	r	r
22	+	r	r	r	+	r	r	r	+	r	r	r	+	r	r	r	+	r	r	r	+	r	r	r
23	r	r	r	r	+	r	r	r	r	r	r	r	+	r	r	r	+	r	r	r	r	r	r	r
24	+	r	r	r	+	r	r	r	+	r	r	r	+	r	r	r	+	r	r	r	r	r	r	r
25	+	r	r	r	+	r	r	r	r	r	r	r	+	r	r	r	+	r	r	r	r	r	r	r

续表

尺度	B06-1 >0	≥10	≥20	≥30	B06-2 >0	≥10	≥20	≥30	B94 >0	≥10	≥20	≥30	FE-1 >0	≥10	≥20	≥30	FE-2 >0	≥10	≥20	≥30	FE-3 >0	≥10	≥20	≥30
26	+	r	r	r	r	r	r	r	r	r	r	r	r	r	r	r	+	r	r	−	+	r	r	r
27	+	r	r	r	r	r	r	r	r	r	r	r	r	r	r	r	+	r	r	r	+	r	r	r
28	+	r	r	r	r	r	r	r	r	r	r	r	r	+	+	r	+	r	r	r	r	r	r	r
29	r	r	+	r	r	r	r	r	r	r	r	r	r	+	+	r	+	r	r	r	+	r	r	r
30	r	r	r	r	r	r	r	r	r	r	r	r	r	+	+	r	r	r	r	r	r	r	r	r
31	+	+	+	r	r	r	r	r	r	r	r	r	r	+	+	+	+	r	r	r	r	r	r	r
32	r	r	r	r	r	r	r	r	r	r	r	+	r	+	+	r	+	r	r	r	r	r	r	r
33	r	r	r	r	r	r	r	r	r	r	r	r	r	+	+	r	r	r	r	r	r	r	r	r
34	+	r	r	r	r	r	r	+	r	r	r	r	r	r	r	r	r	r	r	r	r	r	r	r
35	+	r	r	r	r	r	r	r	r	r	r	r	r	r	r	r	+	r	r	r	r	r	r	r
36	+	r	r	r	r	r	r	r	r	r	r	r	+	r	r	r	r	r	r	r	r	r	r	r
37	+	r	r	r	r	r	r	r	r	r	r	r	+	r	r	r	+	r	r	r	r	r	r	r
38	+	r	r	r	r	r	r	r	r	r	r	r	+	r	r	r	r	r	r	r	r	r	r	r
39	+	r	r	r	r	r	r	r	r	r	r	r	+	r	r	r	+	r	r	r	r	r	r	r
40	r	r	r	r	+	r	r	r	r	r	r	r	r	r	r	r	r	r	r	r	r	r	r	r
41	+	r	r	r	+	r	r	+	r	r	r	r	+	r	r	r	r	r	r	r	r	r	r	r
42	r	r	r	r	r	r	r	+	r	r	r	r	r	r	r	r	r	r	r	r	r	r	r	r
43	r	r	r	r	r	r	r	r	r	r	r	r	+	r	r	r	r	r	r	r	r	r	r	r
44	r	r	r	r	+	r	r	r	r	r	r	r	+	r	r	r	r	r	r	r	r	r	r	r
45	r	r	r	r	r	r	r	r	r	r	r	r	+	r	r	r	r	r	r	r	r	r	r	r
46	+	r	r	r	+	r	r	r	r	r	r	r	+	r	r	r	r	r	r	r	−	r	r	r
47	+	r	r	r	r	r	r	r	r	r	r	r	+	r	r	r	r	r	r	r	−	r	r	r
48	r	r	r	r	r	r	r	r	r	r	r	r	r	r	r	r	r	r	r	r	−	r	r	r
49	r	r	r	r	r	r	r	r	r	r	r	r	r	r	r	r	r	r	r	r	−	r	r	r
50	r	r	r	r	r	r	r	−	r	r	r	r	r	r	r	r	r	r	r	r	−	r	r	r

注：FE-3样地中的所有径阶和胸径大于或等于10cm的林木空间格局分析采用了空间异质性零假设模型，其他均是在完全空间随机的零假设模型下进行空间格局分析的。表中空间格局局的尺度单位为m，林木径阶单位为cm；"+""r"和"−"分别表示99次蒙特卡罗模拟检验的99%包迹线上的显著性聚集、随机和均匀的分布。

5.2　双变量空间格局分析

5.2.1　大树和幼树的空间关系

在不同的样地中，樟子松林的大树和幼树之间的关系也明显不同。林火干扰后，B06-1 和 B06-2 样地中大树和幼树均在小尺度上表现为相互排斥，而 B06-1 样地也在一些尺度上呈现出相互吸引状态（图 5-5a、b）。然而林火干扰 12 年后，B94 样地的大树和幼树之间仅在小于 1m 的尺度上是相互排斥的；在大于 1m 尺度上，二者呈现出大小不同尺度上的双尺度聚集分布（图 5-5c）。无林火干扰林分 FE-1 样地和 FE-2 样地的大树和幼树在小尺度上分别表现为相互排斥和相互吸引（图 5-5d、e），而 FE-3 样地的大树和幼树相互聚集形成 33.86m 的聚集斑块（图 5-5f）。

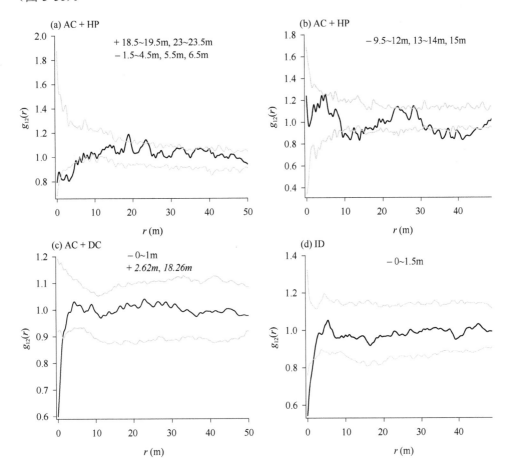

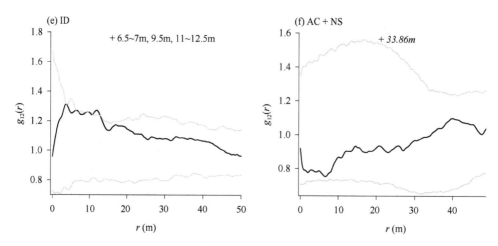

图 5-5　大树（格局 1）与幼树（格局 2）间的双变量空间格局分析

B06-1（a）和 B06-2（b）样地的大树是指胸径大于等于 10cm 的活立木，幼树是指树高低于 1.3m 的火后存活幼树和胸径小于 10cm 的火后存活小树的总和；B94（c）样地的大树是指树高大于 1.3m 的活立木，幼树是指林火干扰后更新的树木；FE-1（d）、FE-2（e）、FE-3（f）样地的大树是指树高大于 1.3m 的活立木，幼树是指树高低于 1.3m 的小树。图中大写字母为点格局分析所采用的零假设模型的代码（表 2-3），"+"和"–"符号及其后的数字分别表示显著性相互吸引和相互排斥及其相应的尺度范围，正体数字为其显著性尺度范围，斜体数字表示显著性聚集斑块的大小；黑色和灰色实线分别为 $g_{12}(r)$ 函数值及其 99 次蒙特卡罗模拟检验的 99% 包迹线

5.2.2　大树和死树的空间关系

林火干扰后，B06-1 和 B06-2 样地的火后存活林木之间均在较小的尺度上表现为显著性的正相关，其他尺度上是相互独立的（图 5-6a、c）；而林火烧死木之间均在小尺度上表现为显著性的正相关，B06-1 样地的林火烧死木则在较大的尺度上也表现为略微的相互排斥（图 5-6b）。然而林火干扰 12 年后，B94 样地的火后存活立木和这期间逐渐死亡的林木之间主要呈现出相互独立的分布状态（图 5-6e、f）。

无林火干扰样地中，樟子松林大树的空间格局类型各不相同，而其死亡林木均在不同尺度上呈现出显著性的正相关。FE-1 样地的大树在不同尺度上为显著性的正相关，但其相关性较弱，接近独立分布状态；而由竞争等导致死亡的林木仅在较小尺度上表现为显著性的正相关，其他尺度上均是相互独立的（图 5-6g、h）。FE-2 样地的大树在较小尺度上表现为显著性的正相关，同样，死亡林木也在较小尺度上为显著性的正相关（图 5-6i、j）。FE-3 样地的大树在较小和较大尺度上均表现为略微的显著性正相关，而在 4.5～10.5m 和 11.5～24m 尺度上却表现出显著性的相互吸引；而由竞争等导致死亡的林木几乎在所有的尺度上均表现为显著性的正相关（图 5-6k、l）。

5.2.3　幼树和死树的空间关系

　　综合幼树和死树来看,不同樟子松林的幼树和死树间的相互关系也明显不同。林火干扰后,B06-1 和 B06-2 样地中存活的幼树均在小尺度上表现为显著性的

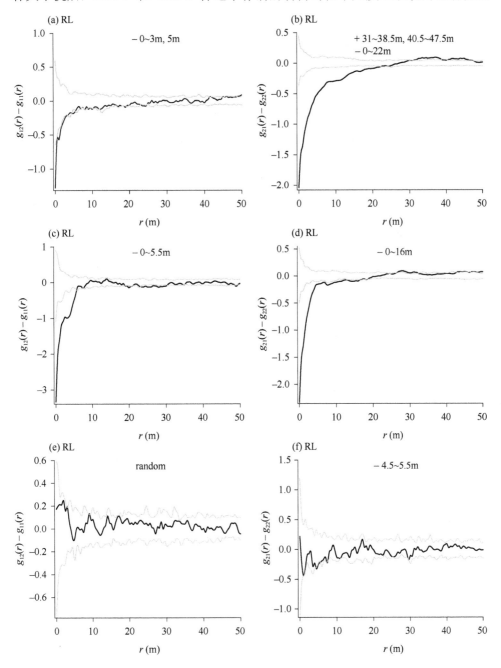

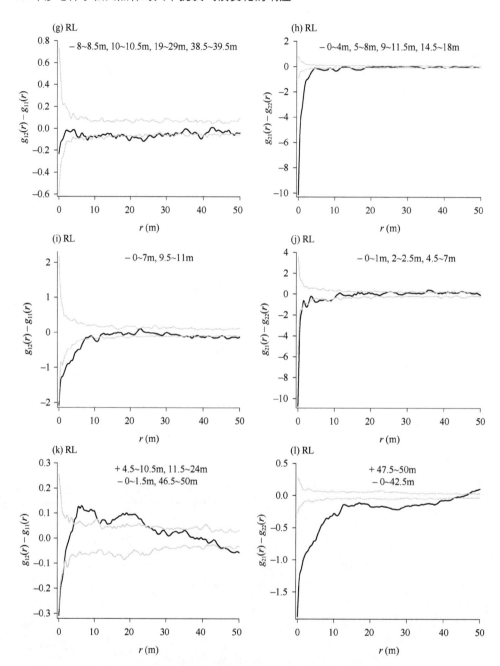

图 5-6 大树（格局 1）与死树（格局 2）间的双变量空间格局分析

B06-1（a、b）和 B06-2（c、d）样地中的大树是指林火干扰后存活的林木，死树为林火烧死木；B94（e、f）样地中的大树是指林火干扰后存活的林木，死树包括残桩、倒木和枯立木；FE-1（g、h）、FE-2（I、j）和 FE-3（k、l）样地中的大树是指树高大于 1.3m 的活立木，死树包括残桩、倒木和枯立木。图中大写字母为点格局分析所采用的零假设模型的代码（表 2-3），"+"和"–"符号及其后的数字分别表示显著性负相关和正相关及其相应的尺度范围；黑色实线为函数值，灰色实线为 99 次蒙特卡罗检验的 99%包迹线正相关，然而 B06-2 样地中存活的幼树也在 30～42 m 尺度上略微表现为相互排斥；B06-1 样地中林火烧死林木在小尺度上表现为显著性的正相关，而大尺度上则表现为显著性的相互排斥；B06-2 样地中林火烧死林木在小尺度和大尺度上均呈现出显著性的正相关，且其在小尺度上也表现出略微的相互排斥（图 5-7a～d）。而林火干扰 12 年以后，B94 样地火后更新的幼树在小尺度上表现为显著性的正相关；而这期间逐渐死亡的林木既不相互吸引也不相互排斥，表现出独立分布状态（图 5-7e、f）。

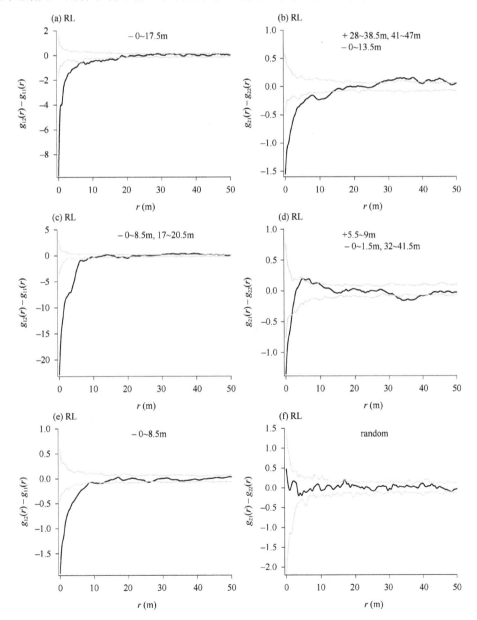

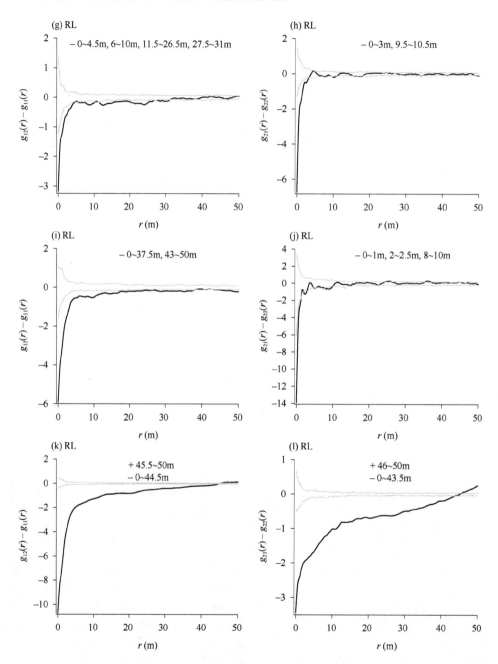

图 5-7　幼树（格局 1）与死树（格局 2）间的双变量空间格局分析

B06-1（a、b）和 B06-2（c、d）样地中的幼树是指林火干扰后胸径小于 10cm 和树高小于 1.3m 的存活林木，死树为林火烧死木；B94（e、f）样地中的幼树是指林火干扰后更新的林木，死树包括残桩、倒木和枯立木；FE-1（g、h）、FE-2（i、j）和 FE-3（k、l）样地中的幼树是指树高小于 1.3m 的活立木，死树包括残桩、倒木和枯立木。图中大写字母为点格局分析所采用的零假设模型的代码（表 2-3），"+"和"−"符号及其后的数字分别表示显著性负相关和正相关及其相应的尺度范围；黑色实线为函数值，灰色实线为 99 次蒙特卡罗模拟检验的 99%包迹线在没有林火干扰的样地中，樟子松林的幼树和死树间的空间关系也有较大的差异。在 FE-1 样地中，幼树和由于竞争等死亡的林木均在小尺度上表现为显著性的正相关（图 5-7g、h）。FE-2 样地中的幼树几乎在所有尺度上均表现为显著性的正相关，但是由于竞争等死亡的林木仅在小尺度上表现为显著性的正相关（图 5-7i、j）。FE-3 样地中的幼树和由于竞争等死亡的林木几乎在所有的尺度上均表现为显著性的正相关，但是在大尺度上它们均又表现出略微的相互排斥（图 5-7k、l）。

5.2.4 林冠层大树和死树的空间关系

从林冠层大树和死亡林木总体来看，樟子松林各个样地林冠层大树的空间格局接近随机分布（FE-3 样地除外，图 5-8k），而死亡林木的空间格局表现为多样性的形式。林火干扰样地中，B06-1 样地的林冠层大树仅在小尺度上表现为略微的显著性正相关，而死亡林木在 0～23m 尺度上表现为显著性的正相关（图 5-8a、b）。B06-2 样地的林冠层大树在小尺度上表现为略微的相互排斥，在较大的尺度上表现为略微的正相关；但是死亡林木在小尺度上为显著性的正相关而较大的尺度上表现为略微的相互排斥（图 5-8c、d）。林火干扰 12 年后，B94 样地的林冠层大树和死亡林木间几乎均表现为相互独立的分布状态，只是林冠层大树仅在较小的尺度上表现为略微的相互排斥（图 5-8e、f）。

无林火干扰样地中，FE-1 样地的林冠层大树呈相互独立分布状态，而死亡林木在小尺度上表现为显著性的正相关（图 5-8g、h）。FE-2 样地的林冠层大树仅在较小的尺度上略微的相互排斥，而死亡林木在较小的尺度上表现为显著性的正相关（图 5-8i、j）。FE-3 样地的林冠层大树在 2～22m 尺度上表现为显著性的正相关，而死亡树木在所有的尺度上均为显著性的正相关（图 5-8k、l）。

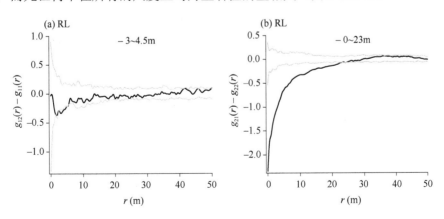

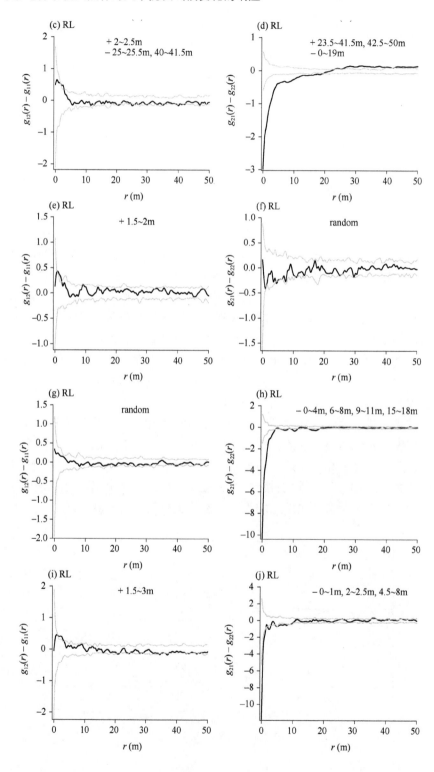

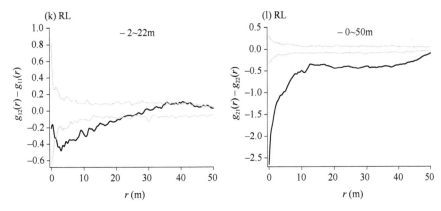

图 5-8　林冠层大树（格局 1）与死树（格局 2）间的双变量空间格局分析

B06-1（a、b）和 B06-2（c、d）样地的林冠层大树是指林火干扰后胸径大于等于 10cm 的存活林木，死树为林火烧死木；B94（e、f）的林冠层大树是指林火干扰 12 年后胸径大于等于 10cm 的存活林木，死树包括残桩、倒木和枯立木；FE-1（g、h）、FE-2（i、j）和 FE-3（k、l）样地中的林冠层大树是指胸径大于等于 10cm 的活立木，死树包括残桩、倒木和枯立木。图中大写字母为点格局分析所采用的零假设模型的代码（表 2-3），"+"和"−"符号及其后的数字分别表示显著性负相关和正相关及其相应的尺度范围；黑色实线为函数值，灰色实线为 99 次蒙特卡罗模拟检验的 99%包迹线

5.3　结论与讨论

火是陆地生态系统中普遍存在的干扰形式之一（Whelan，1995；Bond and van Wilgen，1996），林火特别是地表火干扰，主要烧死低矮的幼苗、小径阶林木和对林火干扰敏感的植物种类（Wooldridge and Weaver，1965；孙静萍和冯瀚，1989b；胡海清等，1992；Agee，1993；Wade，1993；Bond and van Wilgen，1996；Quintana-Ascencio and Morales-Hernández，1997；Peterson and Reich，2001；Fulé and Laughlin，2007；喻泓等，2009a），从而大大地降低了林分密度，打开了林隙（Lafon et al.，2007），使林分的空间格局发生明显的改变（Cochrane et al.，1999；Ryan，2002；North et al.，2007；喻泓等，2009a，2009c，2009d）。

1. 空间格局变化

格局是过程的表现形式（Watt，1947；Lepš，1990；Perry et al.，2006），干扰（Pickett and White，1985；Mackey and Currie，2000；White and Jentsch，2001；Sutherland，2007）特别是林火干扰（Whelan，1995；Bond and van Wilgen，1996；Collins and Smith，2006）也是一种重要的生态过程。自然界中，林木的空间格局是其个体或种间竞争及环境异质性的反映（Ford，1975），环境的异质性会形成聚集分布（Getzin et al.，2006）。因此，植物的空间格局多表现为聚集分布（Dale，1999；Condit et al.，2000；张金屯，2004；Fortin and Dale，2005；Wiegand et al.，

2007)，而个体间竞争激烈时，植物会趋于均匀分布（Stoll and Bergius，2005）。不同尺度上，樟子松天然林空间格局也表现出集聚、随机或均匀分布的特征（孙洪志和石丽艳，2005；杨晓晖等，2008；Yu et al.，2009；喻泓等，2009a，2009c，2009d）。然而，森林中的成熟或过熟林却表现出均匀分布的特征（Pielou，1962；Sterner et al.，1986；Duncan，1991；He and Duncan，2000；Shackleton，2002）。林火干扰下，森林的空间格局在林分（Pickett and White，1985；Lindbladh et al.，2000；Taylor，2000；Peterson and Reich，2001；Radeloff et al.，2004；Fulé and Laughlin，2007；Yu et al.，2009；喻泓等，2009a，2009c，2009d）及景观（Romme，1982；Foster，1998；Syphard et al.，2007）尺度也发生相应的变化。因此，分析林分的空间格局对林火干扰的响应、林分空间格局随时间是如何变化的（Kenkel，1988b；Duncan，1991；Kenkel et al.，1997；Fulé and Covington，1998；He and Duncan，2000；Stoyan and Penttinen，2000；Debski et al.，2002；Getzin et al.，2006），是探讨林火干扰下森林动态演替的一种重要的手段（Yu et al.，2009）。相应地，在地表火干扰下，樟子松林林分及其不同层次、不同组分的空间格局的变化及其相互间的空间关系也发生着明显的变化。

2. 地表火干扰下樟子松林空间格局变化

许多研究表明，密度制约的林木死亡将导致林木的空间格局沿着聚集—随机—均匀分布的方向发展变化（Daniels，1978；Kenkel，1988b；Mast and Veblen，1999；He and Duncan，2000；Kashian et al.，2005）。在松栎混交林中，地表火也具有稀疏林分（Fulé and Covington，1998；Fulé and Laughlin，2007）从而改变其林分空间格局的作用（Rebertus et al.，1989；Park，2003）。地表火干扰前后，B06-1和B06-2样地樟子松林的空间格局表现出相似的变化趋势，在小尺度上均表现为显著性的聚集分布；但是林火干扰后，二者在大尺度上的空间格局有些差异，分别呈现出略微的显著性聚集分布和随机分布状态（图 5-1a～d）（喻泓等，2009a）。说明相同特征的地表火干扰下（表 4-1），樟子松林的空间格局呈现出从聚集分布向随机分布变化的趋势，这可能是大量的下层林木被地表火烧死（表 4-5，表 4-6），林分明显稀疏且密度变小而导致的结果；林火干扰后，B06-1和B06-2样地在大尺度上空间格局的差异主要是由二者火后存活林木密度的差异（图 2-1a、b，表 2-1，表 4-5，表 4-6）造成的。而地表火干扰后，由于大量更新幼苗的出现（图 2-1c），B94样地火后 12 年的演替过程中均呈现出大小不同尺度上、聚集斑块大小相似的双尺度显著性聚集分布（图 5-1e、f）；说明没有达到胸高高度（1.3m）的大量更新幼苗（占 95.7%）决定着林分的空间分布格局，火后林分演替过程中其空间格局又趋向于恢复到林火干扰前的状态。

无林火干扰样地中，林木死亡前后林分的空间分布格局基本上保持相对稳定的状态（图 5-3g~l）；这可能是由竞争等其他非林火干扰因素导致的林木死亡率（密度制约的林木死亡）较低（表 4-6）造成的，与已有的研究结果相符（Fulé and Covington，1998），说明在林分空间格局变化方面，竞争等其他因素的作用力远无林火干扰强烈。因此，在形成林木空间分布格局方面，地表火干扰具有与密度制约的林木死亡相似的功效；然而，地表火干扰表现出更为强烈的生态过程驱动力。

　　3. 地表火干扰下樟子松林不同组分的空间格局

　　对林下层树木或阳性树种来说，林火干扰后更新的林木或由于个体间竞争而导致的林分稀疏后更新的林木，均会表现出较为强烈的聚集分布（Rebertus et al.，1989；Park，2003；Rozas，2006）。地表火干扰后，火后存活幼树或更新幼苗均在小尺度上表现为显著性的聚集分布（图 5-2a、c、e），而火后存活的大树则趋向于随机分布（B06-1）（图 5-2b）或小尺度上显著性均匀分布（B06-2，B94）（图 5-2d、f）。由此说明林火过程具有空间上的异质性（图 4-3），从而使幼树的火后存活和幼苗的更新可能分别发生于林火强度较弱和较强的区域（Yu et al.，2009），但是地表火强烈的林分稀疏作用（Fulé and Covington，1998；Cissel et al.，1999；Lafon et al.，2007）使得大树表现为均匀分布的格局，并推动林分向着空间格局表现为均匀分布的成熟林方向演替（Pielou，1962；Sterner et al.，1986；Duncan，1991；Shackleton，2002；Stoll and Bergius，2005；Getzin et al.，2006；Yu et al.，2009；喻泓等，2009a，2009d）。

　　无林火干扰下，樟子松林的幼树表现为小尺度上的聚集分布（FE-1）或不同大小尺度上的双尺度聚集分布（FE-2、FE-3），而大树则表现为略微的显著性聚集分布（FE-1）、小尺度上显著性聚集分布（FE-2）和不同大小尺度上的双尺度聚集分布（FE-3）。这说明由于竞争等因素而导致的空间格局变化是缓慢的和渐进的，因此在此基础上森林的演替也将变得相对缓慢。

　　地表火干扰下，林火烧死树木的空间格局为双尺度聚集分布（图 5-3a、b），而火后 12 年死亡的树木却表现为随机分布（图 5-3c），说明林火在瞬间的作用是强烈的（Cissel et al.，1999），随着时间的推移，这种剧烈的干扰作用的强度趋于减弱并消失（喻泓等，2009d）。而无林火干扰下，死亡树木也呈现出小尺度上的聚集分布（图 5-3d、e）或不同大小尺度上的双尺度聚集分布（图 5-3f），表明无林火干扰样地中，林木间竞争的强度比林火干扰后林分演替的短期过程中林木间的竞争强度还要大。

　　林火干扰和无林火干扰的樟子松天然林样地中，由非林冠层树种组成的林木群体的活立木和林火烧死木或由竞争而导致死亡的林木均在小尺度上表现为显著性的聚集分布（图 5-4），表明非林冠层树种受到较大的竞争压力。另外，更新的非林冠层树木也在小尺度上表现为显著性的聚集分布（图 5-4e），这也反映出了其在竞争压力下的林木更新策略，与它们主要通过萌发更新的生物学特性也是一致的。

从林木径阶来看，樟子松调查样地的空间格局均表现出从所有径阶的空间格局的显著性聚集分布，到中等径阶趋向于随机分布或随机分布，再到更大径阶上均匀分布的趋势（表 5-1）。林火干扰下，大于 10cm 以上径阶的空间格局均表现为随机（B06-1）或均匀分布（B06-2、B94）；而无林火干扰的样地中，大于 10cm 以上径阶的空间格局多表现为随机分布（只有 FE-1 样地在大于 20cm 以上径阶为均匀分布）（表 5-1）。因此，地表火干扰促进了樟子松林不同组分的空间格局的变化，这种林火干扰作用从不同径阶的空间格局的分析中也能够直观地显现出来。地表火干扰下的早期人工抚育间伐林分的空间格局与地表火干扰 12 年后林分的空间格局有相似的特征，说明地表火的干扰或人工抚育间伐在促进樟子松林空间格局变化方面有相似功效，二者均能够较快地促进林分的空间格局趋向均匀分布，并增加其对林火强度较大、毁灭性的林冠火的抵抗能力（Stephens et al.，2009），从而加速樟子松林向成熟林方向演替。

4. 地表火干扰下樟子松林不同组分的空间关系

在森林中，地表火干扰趋向于排除和伤害对林火干扰的植物种类，并且烧死和损伤对林火干扰敏感的植物个体（Agee，1993；Bond and van Wilgen，1996；Quintana-Ascencio and Morales-Hernández，1997；Peterson and Reich，2001；Fulé and Laughlin，2007）。地表火干扰下，大树和幼树在小尺度上表现出显著性的相互排斥关系（图 5-5a、b），这是由于大树有较强的抗火能力，而幼树由于抗火能力差而被烧死，从而出现了大树周围较少有火后存活幼树的现象，也就是所谓的植物竞争中"杀死邻居"的策略，以减少相互间的竞争（Byers，1984；Kato-Noguchi and Ino，2003），从而使二者在空间格局上表现出相互排斥的特征。但是，随着时间的推移，地表火干扰 12 年后，大量更新幼苗的出现，大树和幼树在 0～1m 尺度上为显著性的相互排斥，这或许是因为大树树冠的遮荫作用，从而使更新幼苗很少出现在靠近树干周围的树冠最浓密处的结果；但是在 1m 以上的尺度上，大树和幼树之间表现出聚集斑块大小为 2.62m 和 18.26m 的显著性双尺度聚集分布（图 5-5c）。这是因为幼树的更新多集中出现在林火干扰形成的林隙中，从而形成了小尺度上（2.62m）的聚集分布，而林火干扰形成的林隙格局的尺度较大（Frelich and Reich，1995；Bugmann，2001），大树的均匀分布（图 5-2f）格局也从侧面反映了林隙分布的特点，这也导致了幼树在较大的尺度上（18.26m）呈现出聚集分布的特点，最终幼树表现为双尺度聚集分布。因此，在林火干扰后的林分演替过程中，大树与幼树之间的相互关系有恢复到无林火干扰林分状态的趋势。而无林火干扰下，樟子松大树与幼树之间表现为不同程度的显著性相互吸引（图 5-5d、e、f），说明缺乏林火干扰的大树与幼树间的竞争相对来说并不是很强烈。

地表火干扰下，大树和死树均在小尺度上表现为显著性的正相关（图 5-6a～d）；由此可见，由于大树和死树（林火干扰前为幼树）自身特征的差异，其对林火干扰产生不同的响应，从而表现出林火干扰在林木存活上的选择性，是林火干扰和大树与幼树格局（图 5-5a～d）双重因素作用的结果。然而，林火干扰 12 年后，大树和死树均呈现出随机分布格局（图 5-6e、f），表明地表火干扰后的一段时期内林火作用是逐渐减弱的，林木的死亡是随机过程，从而导致存活林木也呈空间随机分布状态，因此这一阶段仍然表现出林火作用下林分稀疏的滞后效应。无林火干扰样地中，大树在小尺度上表现为略微的显著性的正相关（图 5-6g、i、k），但是，FE-3 样地的大树和死树在 4.5～10.5m 和 11.5～24m 尺度上表现为显著性的相互吸引（图 5-6k），表明无林火干扰下大树间的竞争相对来说不是很激烈；而死亡树木均表现出显著性的正相关（图 5-6h、j、l），这与死亡林木绝大多数为下层木有关，幼树的聚集格局（图 5-2g、i、k）与随后演替中死亡林木的格局也是紧密相关的。

从幼树和死亡树木的关系来看，幼树在所有样地中均表现出显著性的正相关并且林火干扰下的显著性程度更大（图 5-7a、c、e、g、i、k），这与幼树的空间格局也是相符的（图 5-2a、c、e、g、i、k）。林火干扰下死亡树木既在小尺度上为显著性的正相关，也分别在大尺度上（B06-1）（图 5-7）或小尺度上（B06-2）（图 5-7d）表现为略微的相互吸引，表明林火干扰几乎烧掉所有树高小于 1.3 m 的幼树而成倍降低林分密度的情况下，存活幼树为林火干扰前幼树中为数不多的幸存者，因此二者在一定程度上表现出幼树与火烧死树木间具有相互吸引的关系；而林火干扰 12 年后，幼树与这期间死亡树木间既不相互吸引也不相互排斥，表明林火干扰的滞后效应在林分稀疏的强度上趋于减弱。无林火干扰样地的死亡树木均在小尺度上表现为显著性的正相关，且显著性程度比林火干扰样地更大（图 5-7b、d、f、h、j、l），说明导致树木死亡的竞争在局部小范围内是强烈的；而与此对应的地表火过程尽管在空间上也有异质性的特征，但在较大空间尺度上却是均质的，因此造成小径阶林木普遍死亡而表现出小尺度上的显著性程度较低的正相关。

样地林冠层大树与死亡树木间的空间格局多接近相互独立的状态，只有 FE-3 样地的林冠层大树在小尺度上表现为显著性的正相关（图 5-8a、c、e、g、i、k）。这表明，由于林冠层大树具有较强的抗火能力（赵兴梁，1958；文定元等，1987；郑焕能等，1998；胡海清，2000），林火干扰对其影响较小，从而表现出大致相似的空间分布格局。除了 B94 样地林冠层大树与死亡树木之间既不相互吸引也不相互排斥外，其他样地的死亡树木均表现为显著性的正相关，这与死亡树木的聚集性分布格局也是一致的。

第6章　林火干扰下的樟子松竞争关系研究

6.1　对象木样圆大小的选定

在樟子松林竞争关系的研究中,利用FE-1作为典型样地来确定对象木样圆半径的大小。从0m开始,以1m为单位,逐步增大样圆的半径直到20m,计算其相应的林分竞争强度;通过竞争强度随样圆半径的变化趋势来确定计算樟子松林竞争强度应选定的对象木样圆半径的大小。结果表明,樟子松林的竞争强度随着样圆半径的增加而不断增大,并且二者具有显著的线性关系(图6-1a);然而,随着样圆半径的增加,樟子松林竞争强度的增加量呈现出明显的波动变化;当样圆半径增大到9m以后,樟子松林的竞争强度的增加量在一个较小的范围内呈现出上下波动变化的趋势,并且趋于稳定在竞争强度增加量的中位数(0.4102)附近(图6-1b)。因此,综合樟子松林林分的结构、树冠大小等因素,在樟子松林的研究中,选定10m作为样圆半径来计算其林分竞争强度。

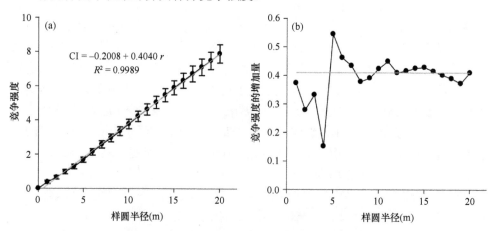

图6-1　樟子松林竞争强度与样圆半径间的关系

(a)为不同样圆半径时的竞争强度,黑色实线为竞争强度的计算值及其误差线,灰色实线为其回归模拟曲线;
(b)为不同样圆半径时竞争强度的增加量,黑色圆点为竞争强度的增加量,灰色直线为其中位数

6.2　对象木及竞争木的取样

在樟子松林竞争关系的研究中,以B06-1和B94样地为例来说明对象木和竞争木取样范围划定的方法。在确定对象木时,当对象木样圆的部分面积位于样地

之外时，则位于样地外的竞争木将不会被包括在竞争强度的计算中，从而造成一定程度的偏差。为了避免这种边缘效应，将样地内距边界一定距离的区域作为选定对象木的缓冲区（即图 6-2 中样地边界和中心灰色方框所围成的区域），该缓冲区内不能选取任何林木作为对象木，否则对象木的样圆将会部分超出调查样地的范围（如图 6-2 中的 R_3）。在樟子松林竞争关系的研究中，由于样圆的半径选取 10m 较合适，因此将调查样地距边界 10m 的区域作为选取对象木的缓冲区（图 6-2）。因此，对象木将在样地内距边界 10m 的灰色方框中选取，即仅在样地中心 80m×80m 的区域中选取对象木。然而，竞争木却可以在整个样地范围内选取。但是，由于位于样地边界附近的部分林木可能不会出现在任何一株对象木的样圆中，因此这部分林木将在计算竞争强度的过程中被排除掉，即竞争木将不包括这部分被排除掉的林木，而利用调查样地中所有其余的林木进行竞争强度的计算（图 6-2）。这样，樟子松林的竞争强度是在林分尺度上的 $0.64hm^2$ 连续范围内进行计算分析的（图 6-2），它可以有效地减少因对象木在林分中抽样所带来的主观偏差，使竞争强度的计算结果更加接近林分中林木的实际竞争关系。

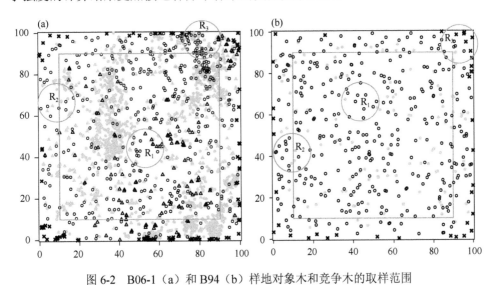

图 6-2 B06-1（a）和 B94（b）样地对象木和竞争木的取样范围

图中黑色（○）为樟子松活立木、灰色（●）为死亡樟子松、黑色（△）为伴生树种活立木、灰色（▲）为伴生树种的死树、黑色（×）为调查样地中非对象木或竞争木而不被包括在任何样圆内。图中间的灰色方框显示对象木的分布区，两个方框间的区域为缓冲区，R_1、R_2 和 R_3 分别表示竞争木全部在中心区、部分在中心区或缓冲区、部分位于样地之外的样圆，其半径为 10m

6.3 有无林火干扰樟子松林竞争关系的比较

在樟子松调查样地中，选取遭受 2006 年林火干扰的 B06-2 样地和无林火干扰的 FE-1 样地来比较分析樟子松林的竞争关系。在竞争强度的计算过程中，将样地中的倒木、枯立木和烧死木（统一作为死树组分）也包括在内，以分析比较林分稀疏和林火干扰后竞争强度的变化及林分不同组分所受到的竞争压力。调查林分基本上为樟子松纯林，有少量的伴生树种如白桦、山荆子、山杏和稠李，研究中将其统一作为伴生树种来分析。

6.3.1　对象木和竞争木的林分结构

B06-2 和 FE-1 样地的林冠层树木均为樟子松；其伴生树种中胸径最大的分别为 10.6cm 和 7.8cm，而伴生树种的数量和胸高断面积分别占样地林木总数和总胸高断面积的 39.8%、1.9% 和 4.9%、0.2%，说明其在林分中所占的比重较小。在 B06-2 和 FE-1 样地中，死亡林木多为小径阶林木，其数量和胸高断面积分别占样地总数的 57.5%、13.1% 和 1.8%、0.7%。然而，FE-1 和 B06-02 样地樟子松枯立木、全部樟子松、伴生树种的枯立木、全部伴生树种的平均胸径间均没有显著的差异（表 6-1）。

表 6-1　B06-2 和 FE-1 样地林分不同组分的结构特征

样地	组分	樟子松								伴生树种					全部林木
		倒木		枯立木		活立木		全部组分		枯立木		活立木		全部组分	
		株数	胸径(cm)	株数	胸径(cm)	株数	胸径(cm)	胸径(cm)		株数	胸径(cm)	株数	胸径(cm)	胸径(cm)	胸径(cm)
B06-2	A	—	—	229	2.1 (0.11) a	330	23.4 (0.80) a	14.7 (0.65) a		305	2.6 (0.10) a	65	5.2 (0.22) a	3.1 (0.10) a	10.1 (0.43) a
	T	—	—	134	2.1 (0.14) a	196	25.1 (0.97) a	15.7 (0.85) a		246	2.7 (0.11) a	59	5.2 (0.23) a	3.2 (0.11) a	9.7 (0.51) a
	N	—	—	208	2.1 (0.12) a	286	23.7 (0.86) a	14.6 (0.69) a		302	2.7 (0.10) a	65	5.2 (0.22) a	3.1 (0.10) a	9.7 (0.44) a
FE-1	A	16	5.2 (0.59) a	89	2.8 (0.34) a	852	15.6 (0.43) b	14.2 (0.40) b		26	3.2 (0.32) a	19	3.1 (0.49) b	3.2 (0.27) a	13.7 (0.39) b
	T	12	4.8 (0.44) a	61	3.1 (0.48) a	564	15.4 (0.53) b	14.0 (0.49) b		6	3.2 (0.64) a	10	3.0 (0.74) b	3.0 (0.51) a	13.8 (0.48) b
	N	16	5.2 (0.59) a	82	2.8 (0.37) a	788	15.8 (0.45) b	14.4 (0.42) b		26	3.2 (0.32) a	19	3.1 (0.49) b	3.2 (0.27) a	13.9 (0.41) b

注：胸径均值（S.E.）列中不同的字母表示在 0.01 水平上有显著的差异，均值后括号内的数值为标准误，样地代码后的"A""T"和"N"分别表示所有林木、对象木和竞争木

B06-2 样地有 635 株对象木，胸径为 0.2～52.6cm，其中>20cm 的径阶分布趋近于正态分布（Kolmogorov-Smirnov 正态性检验，$P=0.0238$）。FE-1 样地有对象木 653 株，胸径为 0.5～56.5cm，其径阶分布为较典型的倒"J"形（图 6-3，表 6-1）。B06-2 和 FE-1 样地的对象木中，樟子松枯立木、全部樟子松、伴生树种的枯立木、全部伴生树种的平均胸径间均没有显著的差异；而樟子松的活立木、伴

生树种的活立木、全部林木的平均胸径间均有显著的差异（表 6-1）。

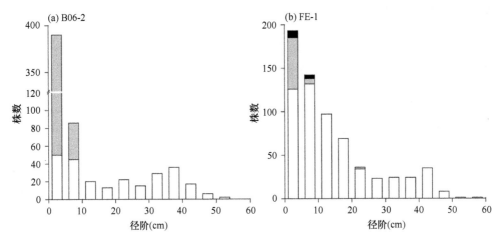

图 6-3　B06-2（a）和 FE-1（b）样地对象木的径阶分布
白色、灰色和黑色条柱分别代表活立木、枯立木和倒木，其中 B06-2 样地中的
枯立木指烧死木，径阶间距为 5cm

B06-2 样地有竞争木 861 株，胸径为 0.2～53cm，胸径大于 20cm 的林木为正态分布（Kolmogorov-Smirnov 正态性检验，P=0.0671）。FE-1 样地有竞争木 931株，胸径为 0.4～56.5cm，其径阶分布也表现为倒 "J" 形（图 6-4，表 6-1）。B06-2和 FE-1 样地的竞争木中，樟子松枯立木、全部樟子松、伴生树种的枯立木、全部伴生树种的平均胸径间均没有显著的差异；然而，樟子松的活立木、伴生树种的活立木、全部林木的平均胸径间均有显著的差异（表 6-1）。

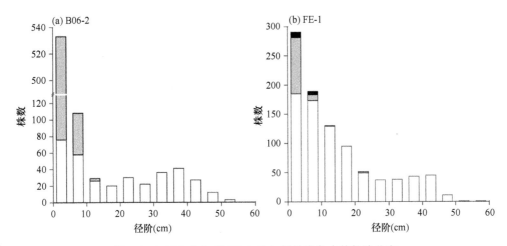

图 6-4　B06-2（a）和 FE-1（b）样地竞争木的径阶分布
白色、灰色和黑色条柱分别代表活立木、枯立木和倒木，其中 B06-2 样地中的
枯立木指烧死木，径阶间距为 5cm

6.3.2　有无林火干扰樟子松林竞争强度的比较

同一樟子松林林分中，无论有无林火干扰，除 FE-1 样地伴生树种的种间和种内+种间组分的竞争强度外，其他各林木组分中，活立木的竞争强度最小，而死树组分的竞争强度最大。伴生树种的死树、活立木、全部林木的竞争压力主要来自于种间，种内竞争均很小；樟子松则相反（表 6-2）。在死树组分中，伴生树种和樟子松的竞争强度相差不大；而在活立木组分、全部林木组分中，伴生树种的竞争强度均是樟子松的 2～3 倍（表 6-2）。

表 6-2　B06-2 和 FE-1 样地不同组分竞争强度比较

林木组分		伴生树种				樟子松				总计
		样本数	种内	种间	种内+种间	样本数	种内	种间	种内+种间	
死树	B06-2	246	1.31(0.08)[a]	10.80(0.83)[a]	12.11(0.84)[a]	135	10.23(0.81)[a]	0.20(0.03)[a]	10.43(0.81)[a]	11.52(0.62)[a]
	FE-1	6	0.07(0.03)[b]	8.92(2.82)[a]	9.0(2.81)[a]	73	11.37(1.10)[a]	0.01(0.004)[b]	11.38(1.10)[a]	11.20(1.04)[a]
活立木	B06-2	59	1.29(0.14)[a]	3.06(0.16)[a]	4.35(0.24)[a]	196	0.97(0.13)[a]	0.05(0.01)[a]	1.01(0.13)[a]	1.78(0.15)[a]
	FE-1	10	0.02(0.01)[b]	11.82(2.93)[b]	11.84(2.94)[a]	564	2.92(0.16)[b]	0.01(0.002)[b]	2.93(0.16)[b]	3.08(0.17)[b]
全部林木	B06-2	305	1.31(0.07)[a]	9.30(0.67)[a]	10.61(0.71)[a]	331	4.75(0.42)[a]	0.11(0.01)[a]	4.86(0.42)[a]	7.62(0.42)[a]
	FE-1	16	0.04(0.01)[b]	10.73(2.09)[a]	10.78(2.08)[a]	637	3.89(0.22)[b]	0.01(0.001)[b]	3.90(0.22)[b]	4.07(0.22)[b]

注：伴生树种、樟子松项表示同时考虑了其种内和种间竞争，同组分中不同的字母表示非参数 Kruskal-Wallis 检验在 0.01 水平上有显著的差异；括号中的数字是标准误

有无林火干扰的樟子松林的竞争强度的比较表明，死亡伴生树种种内、死亡樟子松种间、活立木组分（除伴生树种种内+种间外）、全部林木组分（除伴生树种种内及其种内+种间外）之间均有显著的差异，而其他林木组分间均没有显著差异（表 6-2）。有显著差异的死树、全部林木组分中，B06-2 的竞争强度均显著地大于 FE-1 相应组分的竞争强度；而活立木中，FE-1 林分的伴生树种种间和种内+种间、樟子松种内和种内+种间、全部活立木的竞争强度均显著地大于 B06-2 林分（表 6-2）。

6.3.3　对象木竞争强度与其胸径的回归分析

林木竞争受植物种、生长发育阶段等多种因素的影响，其中以胸径表征的个体大小对其竞争能力影响很大。活立木竞争强度与其胸径间的回归分析表明（表 6-3，图 6-5），樟子松林不同组分的对象木竞争强度与其胸径间近似地服从 $CI=AD^{-B}$ 形

式的幂函数关系。在竞争强度的回归关系中，由于样本量较小或不同树种个体大小间的较大差异（如樟子松与山荆子等林下层小乔木）等，某些林分组分的回归模型并不显著；但是从林分整体来看，竞争强度与对象木胸径较好地服从幂函数关系。因此，可以利用竞争强度的回归模型对樟子松林竞争强度进行预测。另外，从不同林分回归模型的参数来看，无林火干扰樟子松林 FE-1 样地的参数多大于地表火干扰樟子松林 B06-2 样地的参数（不包括回归模型不显著的林分组分），说明前者个体间的竞争强度大于后者，同时也表明林火干扰明显地降低了林木间的竞争强度，从而有利于火后存活个体进一步的生长发育。

表 6-3　B06-2 和 FE-1 样地存活对象木竞争强度与其胸径的回归分析

林分组分		B06-2						FE-1					
		A	P	B	P	N	R^2	A	P	B	P	N	R^2
伴生树种	种内	2.81	0.0160	0.50	0.0677	59	0.0499	0.03	0.0176	0.54	0.3012	10	0.1666
	种间	11.28	<0.0001	0.85	<0.0001	59	0.7613	17.70	<0.0001	0.87	<0.0001	10	0.9786
	种内+种间	14.00	<0.0001	0.76	<0.0001	59	0.5264	17.73	<0.0001	0.87	<0.0001	10	0.9786
樟子松	种内	12.14	<0.0001	1.12	<0.0001	196	0.9551	20.85	<0.0001	1.03	<0.0001	564	0.9285
	种间	0.17	<0.0001	0.44	<0.0001	196	0.0921	0.06	<0.0001	1.14	<0.0001	564	0.0556
	种内+种间	12.20	<0.0001	1.08	<0.0001	196	0.9532	20.90	<0.0001	1.03	<0.0001	564	0.9292
全部林木	—	13.18	<0.0001	0.90	<0.0001	255	0.8280	19.61	<0.0001	0.98	<0.0001	574	0.9318

注：种内+种间表示同时考虑了其种内和种间竞争，A、B 为参数，N 为样本量，P 为参数的显著性 P 值

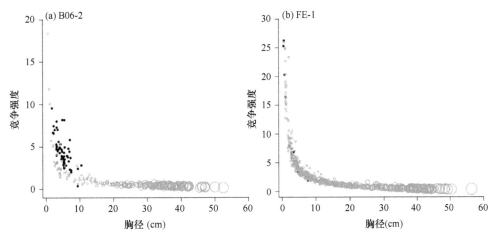

图 6-5　B06-2（a）和 FE-1（b）样地活立木竞争强度与其胸径的散点图
黑色圆点和灰色圆圈分别表示伴生树种和樟子松，图中符号大小与林木的胸径成比例，
最小符号为胸径≤10cm 的林木

6.3.4　有无林火干扰樟子松林竞争强度的预测

通过林木竞争强度与其胸径间的回归方程，可以对樟子松林的竞争强度进行

预测。利用 B06-2 和 FE-1 样地的活立木不同组分林木竞争强度与其胸径间的回归方程，分别对不同径阶林木的竞争强度进行预测，并将其预测值按林木不同组分进行了假设检验。结果表明，除伴生树种在除了小于 10cm 径阶外，其他所有径阶的林木组分中，B06-2 和 FE-1 样地林分的竞争强度均有显著的差异；且在樟子松和全部林木组分中，B06-2 样地林分的竞争强度均小于 FE-1 的竞争强度，而伴生树种组分中则相反，只有径阶小于 10cm 和大于 60cm 的林木组分除外（表 6-4）。B06-2 样地的伴生树种表现出较高的竞争强度，可能与该样地中有较多的伴生树种有关。事实上，樟子松天然林中，伴生树种的径阶常常很小，不可能出现较大径阶的伴生树种林木。

表 6-4 B06-2 和 FE-1 样地存活林木不同径阶竞争强度的预测

径阶 (cm)	伴生树种		樟子松		全部林木	
	B06-2	FE-1	B06-2	FE-1	B06-2	FE-1
0~10	7.24（1.0092）[a]	9.04（1.5969）[a]	6.51（1.6909）[a]	10.94（2.6116）[b]	6.73（1.2617）[a]	10.12（2.2106）[b]
10.1~20	1.83（0.0280）[a]	1.73（0.0303）[b]	0.68（0.0149）[a]	1.33（0.0277）[b]	1.19（0.0215）[a]	1.43（0.0282）[b]
20.1~30	1.22（0.0109）[a]	1.09（0.0111）[b]	0.38（0.0049）[a]	0.77（0.0093）[b]	0.73（0.0078）[a]	0.84（0.0098）[b]
30.1~40	0.94（0.0060）[a]	0.81（0.0059）[b]	0.26（0.0024）[a]	0.54（0.0046）[b]	0.54（0.0040）[a]	0.60（0.0049）[b]
40.1~50	0.78（0.0038）[a]	0.65（0.0036）[b]	0.20（0.0014）[a]	0.42（0.0028）[b]	0.43（0.0025）[a]	0.47（0.0030）[b]
50.1~60	0.67（0.0027）[a]	0.54（0.0025）[b]	0.16（0.0009）[a]	0.34（0.0018）[b]	0.36（0.0017）[a]	0.39（0.0020）[b]
60.1~70	0.59（0.0020）[a]	0.47（0.0018）[b]	0.13（0.0006）[a]	0.28（0.0013）[b]	0.31（0.0012）[a]	0.33（0.0014）[b]
0~70	1.90（0.1663）[a]	2.05（0.2520）[a]	1.19（0.2542）[a]	2.09（0.3960）[b]	1.47（0.1973）[a]	2.03（0.3387）[b]

注：均值后括号内的数值为标准误，利用非参数 Kruskal-Wallis 法进行不同样地相应径阶的林木竞争强度间的假设检验，同一行中相同林木组分中的不同字母表示其在 0.05 水平上有显著差异

6.4　地表火干扰时间序列上樟子松林的竞争关系

通过以空间代替时间的方法，将不同时期地表火干扰下，林分结构相似的樟子松林样地看作地表火干扰后持续的时间序列上的典型样地，研究时间尺度上樟子松林竞争关系的变化。在竞争强度计算中，将样地中倒木、枯立木和烧死木的位置坐标加入到活立木中去，以此来代表林木死亡前或地表火干扰前的樟子松林林分，并分析比较林木死亡前、后或地表火干扰前、后竞争强度的变化。在调查样地中，选取遭受不同时期林火干扰的 B06-1（2006 年林火干扰，火后 1 年）和B94（1994 年林火干扰，火后 12 年）样地来研究分析林火干扰时间序列上樟子松林的竞争关系。在竞争强度的计算过程中，将样地中的倒木、枯立木和烧死木（作为死树组分）也包括在内，以分析比较林火干扰时间序列上樟子松林的竞争强度及林分不同组分所受到的竞争压力。调查林分基本上为樟子松纯林，有少量的伴生树种如白桦等伴生树种，研究中将其统一作为伴生树种来分析。

6.4.1　林分结构和林火特征

从樟子松林林分的结构来看，B06-1 和 B94 样地全部林木（包括倒木、枯立木、烧死木和活立木）的密度分别为 2256 株/hm² 和 506 株/hm²，其中伴生树种的密度分别为 633 株/hm² 和 1 株/hm²；而火后存活立木的密度分别为 568 株/hm² 和 379 株/hm²，其中伴生树种的密度分别为 140 株/hm² 和 1 株/hm²（表 4-5）。另外，B06-1 和 B94 样地在树种组成上较为相似（表 4-5），且其主林层结构间（如在径阶≥10cm、≥20cm、≥30cm 上）并没有显著的差异（表 4-6）。

在研究樟子松林的林火特征时，利用树皮熏黑高来表征地表火强度，并通过非参数 Kruskal-Wallis 法来比较不同时期林火干扰林分地表火强度间的差异。结果表明，B06-1 和 B94 样地的树皮熏黑高间没有显著的差异（表 4-1）。说明 B06-1 和 B94 样地在以树皮熏黑高表征的林火强度间表现出一定程度上相似的特征，所以可以认为，同一类型的林火（如地表火）干扰下，樟子松林在不同时期遭受了强度相似的林火干扰。因此，可以说林分结构相似的 B06-1 和 B94 样地所在的林分遭受到了林火强度相似、不同时期的地表火的干扰。正是基于此，通过以空间代替时间的方法，可以将 B06-1 和 B94 样地看作地表火干扰后持续的时间序列上的典型样地，并以此来研究时间尺度上樟子松林竞争关系的变化。

6.4.2　对象木和竞争木的林分结构

B06-1 样地有对象木 1436 株，胸径为 0.2~59.4cm，死亡林木占 74.3%；其中伴生树几乎全为白桦，伴生树种的数量和胸高断面积分别占对象木总数的 29.7% 和 2.4%（表 6-5，图 6-6）。B94 有对象木 311 株，胸径为 0.9~48.9cm，全部为樟子松，其中死亡林木占 24.8%（图 6-6，表 6-5）。B06-1 和 B94 样地的对象木中，死亡对象木组分、全部存活对象木、径阶在 10~19.9cm 的存活对象木的平均胸径间均有显著的差异，而其他径阶的存活对象木的平均胸径间均没有显著差异（表 6-5）。

表 6-5　B06-1 和 B94 样地对象木及竞争木林分结构的比较

径阶 (cm)	统计 量	对象木				竞争木			
		B06-1D	B06-1S	B94D	B94S	B06-1D	B06-1S	B94D	B94S
0~ 9.9	样本	1 066	138	42	26	1607	201	64	37
	均值	2.2 (0.04) [a]	5.4 (0.17) [A]	5.5 (0.38) [b]	6.0 (0.42) [A]	2.2 (0.03) [a]	5.6 (0.14) [A]	5.6 (0.31) [b]	5.8 (0.34) [A]
10~ 19.9	样本	1	26	25	30	3	53	39	42
	均值	11.2 (—)	12.9 (0.50) [A]	13.9 (0.53)	15.6 (0.50) [B]	11.8 (1.25) [a]	13.1 (0.37) [A]	13.4 (0.42) [a]	15.7 (0.45) [B]
20~ 29.9	样本	—	62	8	59	—	84	13	91
	均值	—	25.8 (0.35) [A]	22.8 (0.78)	26.0 (0.35) [A]	—	26.0 (0.29) [A]	22.2 (0.55)	25.7 (0.32) [A]

续表

径阶 (cm)	统计量	对象木				竞争木			
		B06-1D	B06-1S	B94D	B94S	B06-1D	B06-1S	B94D	B94S
30~39.9	样本	—	107	2	90	—	151	2	136
	均值	—	34.5 (0.27)^A	31.8 (0.80)	35.0 (0.32)^A	—	34.4 (0.22)^A	31.8 (0.8)	35.1 (0.25)^A
40~49.9	样本	—	28	—	29	—	41	—	43
	均值	—	43.8 (0.48)^A	—	43.0 (0.51)^A	—	43.8 (0.38)^A	—	42.8 (0.39)^A
≥50	样本	—	8	—	—	—	12	—	—
	均值	—	53.6 (1.31)	—	—	—	54.3 (1.19)	—	—
全部径阶	样本	1067	369	77	234	1 610	542	118	349
	均值	2.2 (0.04)^a	21.8 (0.77)^A	10.7 (0.82)^b	28.0 (0.74)^A	2.2 (0.04)^a	21.5 (0.64)^A	10.5 (0.61)^b	28.1 (0.60)^B

注：均值后括号内的数值为标准误，利用非参数 Kruskal-Wallis 法进行不同样地中对象木、竞争木平均胸径的假设检验，同一行中不同字母表示在 0.01 水平上有显著的差异，大、小写字母分别为存活、死亡林木间的比较；样地名称后的字母 D 和 S 分别表示死亡和存活林木

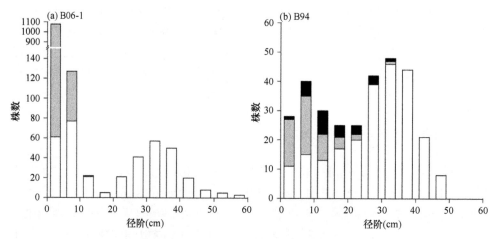

图 6-6　B06-1（a）和 B94（b）样地对象木的径阶分布
白色、灰色和黑色条柱分别代表活立木、枯立木和倒木，其中 B06-1 样地中的
枯立木指烧死木，径阶间距为 5cm

B06-1 有竞争木 2152 株，胸径为 0.2~62cm，死亡林木占 74.8%；其中伴生树种几乎全部为白桦，伴生树种的数量和胸高断面积分别占竞争木总数的 28.2% 和 2.7%（图 6-7，表 6-5）。B94 样地有 467 株竞争木，胸径为 0.9~48.9cm，全部为樟子松，死亡林木占 25.3%（图 6-7，表 6-5）。B06-1 和 B94 样地的竞争木中，全部死亡竞争木、径阶小于 10cm 的死亡竞争木间均有显著的差异，而 10~19.9cm 径阶的死亡竞争木间却没有显著差异；存活竞争木中，全部存活竞争木、径阶为 10~19.9cm 的存活竞争木间均有显著差异，而其他径阶的存活竞争木间均没有显著差异（表 6-5）。

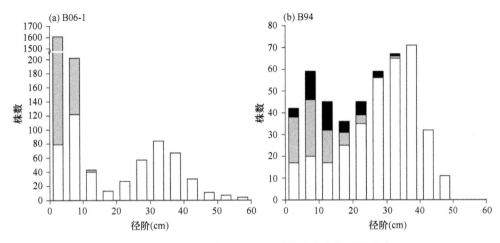

图 6-7　B06-1（a）和 B94（b）样地竞争木的径阶分布

白色、灰色和黑色条柱分别代表活立木、枯立木和倒木，其中 B06-1 样地中的
枯立木指烧死木，径阶间距为 5cm

6.4.3　地表火干扰时间序列上樟子松林的竞争强度

地表火干扰后，B06-1 样地存活林木不同组分的竞争强度均显著降低；从林分中被排除掉的烧死木具有最大的竞争强度（14.88），而存活樟子松与伴生树种间的种间竞争强度是不同林木组分中最小的（0.01）。地表火干扰前后，伴生树种的活立木种内竞争强度均显著地小于其种间竞争强度，而樟子松的种内竞争强度却显著地大于其种间竞争强度（表 6-6）。地表火干扰 12 年后，B94 样地存活林木的竞争强度仅为林木死亡前竞争强度的 59.0%；其死亡林木的竞争强度也是最大的，分别超过全部林木和存活林木的 2 倍和 3 倍（表 6-6）。

表 6-6　B06-1 和 B94 样地不同组分竞争强度的比较

林木组分		B06-1		B94	
		样本	均值（标准误）	样本	均值（标准误）
死树	伴生树种种内	344	0.31（0.0161）	—	—
	樟子松种内	733	0.76（0.0284）[a]	77	3.64（0.4500）[b]
	伴生树种种间	334	0.14（0.0112）	—	—
	樟子松种间	733	0.22（0.0077）	—	—
	全部死树	1067	14.88（0.4142）[a]	77	3.64（0.4500）[b]
活立木	伴生树种种内	92	0.25（0.0292）	—	—
	樟子松种内	277	1.35（0.1182）[a]	234	1.02（0.0867）[b]
	伴生树种种间	92	4.52（0.2693）	—	—
	樟子松种间	277	0.01（0.0016）	—	—
	全部活立木	369	2.32（0.1402）[a]	234	1.02（0.0867）[b]

续表

林木组分		B06-1		B94	
		样本	均值（标准误）	样本	均值（标准误）
全部林木	伴生树种种内	426	0.49（0.0226）	—	—
	樟子松种内	1010	12.09（0.4544）[a]	311	1.73（0.1466）[b]
	伴生树种种间	426	9.35（0.3360）	—	—
	樟子松种间	1010	0.32（0.0120）	—	—
	全部林木	1436	11.65（0.3420）[a]	311	1.73（0.1466）[b]

注：同一行中不同的字母表示非参数 Kruskal-Wallis 法检验在 0.01 水平上有显著的差异

地表火干扰时间序列上，樟子松不同林分间的比较表明，B06-1 和 B94 样地相应林木组分的竞争强度间均有显著的差异，且前者大于后者（表 6-6）。在林木死亡前后样地间和样地内林木平均胸径均有显著差异的情况下（表 6-6），B06 样地存活林木和 B94 样地死亡前林木的竞争强度间却没有显著差异，而它们与 B06-1 样地地表火干扰前林木的竞争强度间却有显著差异（非参数方差分析，χ^2=950.3418，$P<0.0001$）。这表明，地表火干扰时间序列上（12 年），火后樟子松林的竞争强度持续降低，林木个体间的竞争趋于减弱，这将有利于存活个体的生长发育。

6.4.4　林木竞争强度与其胸径的回归分析

地表火干扰时间序列上，B06-1 和 B94 样地的对象木竞争强度与其胸径间均表现为显著的幂函数关系（表 6-7，图 6-8）。表明不同时期地表火干扰下，对象木竞争强度均随着其胸径的增大而相应减少，小径阶林木面临着更大的竞争压力。从回归方程的系数来看，林火干扰前 B06-1 的回归系数大于 B94 样地林木死亡前的回归系数；林火干扰后，B06-1 的系数有所降低；而地表火干扰 12 年后，B94 存活林木组分竞争强度的回归系数又有所增加（表 6-7）。因此，仅从林木竞争强度回归方程的系数来看，在一定时期内（如研究中的 12 年），地表火干扰首先明显地降低林木间的竞争强度；然而，随着时间的推移，由于林木个体的生长和林分的演替，林木间的竞争强度又表现出增大的趋势。从这个角度来讲，地表火干扰的时间序列上，樟子松林林分的竞争强度呈现出"U"字形变化趋势。另外，从回归方程的指数来看，地表火干扰后，B06-1 样地林木竞争强度回归方程的指数有所增加，而 B94 样地存活林木竞争强度回归方程的指数则小于林木死亡前的指数（表6-7）。因此，地表火干扰的时间序列上，回归方程指数呈现出倒"U"字形的变化趋势。由于回归方程幂函数的负指数性质，仅从幂指数来考虑，地表火干扰时间序列上，樟子松林（胸径大于 1cm 的林木）的竞争强度也呈现出倒"U"字形的变化趋势。总的来讲，樟子松林的竞争强度是由回归系数和幂指数共同作用来决定的。

表 6-7 **B06-1 和 B94 样地对象木竞争强度与其胸径的回归分析**

样地	林分组分	样本量	参数			
			A	B	R^2	P
B06-1	林火干扰前	1436	23.9182	1.0559	0.7121	<0.0001
	活立木	369	21.2463	1.0162	0.8527	<0.0001
B94	林木死亡前	311	22.3862	1.0066	0.8804	<0.0001
	活立木	234	26.1247	1.1226	0.8825	<0.0001

注: A、B 为参数, R^2 为决定系数, P 为回归方程的显著性检验值

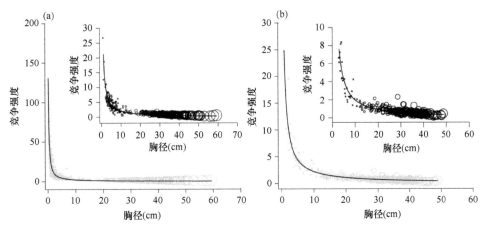

图 6-8 B06-1（a）和 B94（b）样地对象木竞争强度与其胸径间的回归分析

灰色和黑色圆圈分别为死亡前全部林木和存活林木, 其大小与林木的胸径成比例, 图中最小的符号为胸径小于等于10cm 的林木, 实线为全部林木及存活林木的竞争强度与其胸径间的回归模拟曲线

6.4.5 地表火干扰时间序列上樟子松林竞争强度的预测

利用林木竞争强度与其胸径间的回归方程, 可以对樟子松林的竞争强度进行预测。结果表明, 总体上, 樟子松林木的竞争强度均随着其胸径的增大而相应地减小; 地表火干扰前后（B06-1 样地）及地表火干扰下林木持续死亡前后（B94样地）, 小径阶林木（胸径小于等于10cm）的竞争强度间没有显著差异, 而其他径阶林木的竞争强度间均有显著的差异; 然而, 地表火干扰前后, B06-1 林木的竞争强度在 10.1~20cm、20.1~30cm 和 30~40.1cm 径阶上也没有显著差异（表 6-8）。

表 6-8 **B06-1 和 B94 样地林木竞争强度的预测**

林分组分	径阶（cm）							
	0~10	10.1~20	20.1~30	30.1~40	40.1~50	50.1~60	60.1~70	0~70
B06-1A	12.64 (3.15) [a]	1.42 (0.03) [a]	0.81 (0.01) [a]	0.56 (0.005) [a]	0.43 (0.003) [a]	0.35 (0.002) [a]	0.29 (0.001) [a]	2.36 (0.47) [a]
B06-1S	11.07 (2.58) [a]	1.40 (0.03) [a]	0.82 (0.01) [a]	0.58 (0.005) [a]	0.44 (0.003) [b]	0.36 (0.002) [b]	0.30 (0.001) [b]	2.14 (0.39) [b]
B94A	11.63 (2.66) [a]	1.52 (0.03) [b]	0.87 (0.01) [b]	0.63 (0.005) [b]	0.49 (0.003) [c]	0.40 (0.002) [c]	0.34 (0.002) [c]	2.27 (0.41) [c]
B94S	14.23 (3.98) [a]	1.30 (0.03) [c]	0.71 (0.01) [c]	0.48 (0.005) [c]	0.36 (0.003) [d]	0.29 (0.002) [d]	0.24 (0.001) [d]	2.52 (0.59) [d]

注: 均值后括号内的数值为标准误, 利用非参数 Kruskal-Wallis 法进行不同林分组分竞争强度均值间的方差分析, 同一列中不同字母表示在 0.05 水平上有显著的差异; 样地名称后 A 表示死亡前所有的林木, S 表示存活林木

说明地表火干扰时间序列上，樟子松林中的小径阶林木均受到相似程度的竞争压力，而大径阶林木或许由于林分结构等的差异表现出明显不同的竞争强度格局。

6.5　结论与讨论

1. 地表火干扰下樟子松林的竞争关系

森林中林木个体间的竞争是普遍存在的（Goldberg and Barton，1992），竞争也是群落结构、功能和动态变化的主要驱动力（Begon et al.，1996）。对林木个体间的竞争进行数量化测度，能够更客观而准确地反映个体间竞争强度（Weiner，1990），进而解释和预测群落动态变化趋势。一般利用 Hegyi 竞争指数进行单木竞争研究时，许多研究者在样地内人为地主观选取对象木（张跃西，1993；段仁燕和王孝安，2005；张池等，2006；张谧等，2007），并努力使抽样的对象木的径阶分布近似呈正态分布（邹春静和徐文铎，1998；李先琨等，2002）。然而，它仅反映了特定径阶范围内的对象木的竞争关系，其结果只是对森林群落竞争关系的一种近似（喻泓等，2009b）。另外，同龄林的林木径阶分布多近似地服从正态分布（李景文，1981），而天然林多是以异龄林为主，所以利用林木径阶近似服从正态分布来选取对象木，并不一定能够很好地揭示樟子松林的实际竞争关系。本研究利用全部林木定位的方法，调查记录了面积为 1hm² 的樟子松林样地内所有树高大于 1.3m 乔木的相对位置坐标及其胸径，以便在数据处理时能够计算样地内任意两株林木间的距离，能够探讨林分尺度上连续范围内林木个体间的竞争关系（喻泓等，2009b）。同时，利用在样地中设置缓冲区的方法，以消除竞争强度计算中的边缘效应（喻泓等，2009b）。这样，选取样地中心区域内所有乔木（樟子松、山杨、白桦等）为对象木，利用 Hegyi 竞争指数可以计算分析樟子松林不同组分的种内和种间竞争强度。另外，还可以对有无地表火干扰及不同时期、林火强度相似的地表火干扰下的樟子松林及其不同组分的竞争强度进行比较分析。因此，这样能够更准确地反映樟子松林的竞争关系及地表火干扰下樟子松林竞争关系的变化。

内蒙古呼伦贝尔沙地樟子松林是在 20 世纪 50 年代残存的块状、片状樟子松林基础上经封育而形成的，主林层几乎全部为樟子松，间有少量的白桦等伴生树种（赵兴梁，1958；喻泓等，2009a，2009b，2009d）。林分起源相似、林相整齐均一、结构简单的樟子松天然林，为研究和探讨林分的竞争关系提供了许多便利的条件；另外，呼伦贝尔沙地樟子松天然林最近的两次林火事件（兰玉坤，1996；赵慧颖等，2006），也为探讨林火干扰下樟子松林竞争强度及其变化提供了难得的研究机会。

樟子松天然林不同林分的树种组成、林分结构较为相似（喻泓等，2009a）（表 4-5），且有些林分组分如主林层的径阶间并没有显著的差异（表 4-6）（喻泓等，2009b）。在此基础上，不同林分的对象木和竞争木的不同组分（表 6-1）或不同径阶（表 6-5）的结构间也具有相似的特征。因此，在林分结构相似的樟子松林中，其林木个体间竞争关系也会有相似的特征（喻泓等，2009b）。另外，通过选取林分尺度上连续范围内的全部林木为研究对象，能够排除因对象木的主观抽样而造成的偏差，更加准确地揭示和反映林分的实际竞争关系（喻泓等，2009b）。

2. 樟子松林的种内种间竞争

群落中生物个体受到的竞争主要来自其近邻（Tilman，1994），当然植物在群落中的地位和竞争能力主要是由其生物学及生态学特性来决定的；另外，其竞争能力的大小也与植物所处的生活史阶段及群落动态密切相关。从物种的角度来看，群落中植物个体间的竞争可以分为种间和种内竞争两种形式。Hegyi 单木竞争指数是通过个体大小及空间位置关系来度量植物个体竞争强度的（Bella，1971；Hegyi，1974；Weiner，1990；张跃西，1993；Canham et al.，2004，2006），它实际上也是测度林木周围的局部林分结构（吴巩胜和王政权，2000），间接地反映出林木个体对可利用资源和环境的现实分配（喻泓等，2009b）。

从种间和种内竞争关系来看，不同林分的樟子松天然林中，樟子松的竞争压力主要来自种内（即樟子松自身），而伴生树种的竞争压力主要来自种间（即樟子松）（表 6-2，表 6-6）（毛磊等，2008b；喻泓等，2009b）。这与有相似林分结构的太白红杉（*Larix chinensis*）林的种内和种间竞争强度（段仁燕和王孝安，2005）的表现形式是一致的，而与温带针阔混交林中作为伴生树种的东北红豆杉（*Taxus cuspidata*）（刘彤等，2007）的研究结果不同，这可能与樟子松天然林几乎为树种单一的樟子松纯林有关。樟子松天然林的主林层几乎全部为樟子松，而伴生树种在林分中均为下层林木（表 4-5）；这种林分结构上二者极端的不对称地位，使樟子松在资源和空间环境的利用上处于绝对优势，而对伴生树种来说则是极为不利的，并受到来自主林层樟子松的强大竞争压力。从竞争的角度来讲，这或许是樟子松常排除其他树种而形成结构单一的纯林的原因（喻泓等，2009b）；然而，这种现象对以培育樟子松为目的树种的用材林来说是非常有利的。

另外，不同樟子松林林分中，死亡和小径阶林木的竞争强度最大，而存活林木则常具有最小的竞争强度（表 6-2，表 6-6）。这表明，死亡和小径阶林木受到最大的竞争压力，首先在林分个体间的相互竞争中被排除掉；而存活林木则相反，其个体因受到较小的竞争压力而成为竞争中的胜者，并因之受惠于个体间的竞争，获得了较为有利的生长条件和较丰富的可利用资源（喻泓等，2009b）。事实上，由于干扰或林分稀疏而死亡的林木常常是小径阶林木（Fulé and Covington，1998；Fulé et al.，2003b；Fulé and Laughlin，2007；喻泓等，2009a）。

从林木个体来讲，其竞争能力的大小与胸径密切相关，大径阶林木常具有较强的竞争能力；随着胸径的增大，林木个体受到周围竞争木的压力呈不断变小的趋势。在不同樟子松林中，不同树种、不同林分组分的林木个体的竞争强度均与其胸径大小间具有显著的幂函数回归关系（表 6-3，表 6-7）。因此，在樟子松林的生产管理实践中，可以利用林木竞争强度与其胸径之间的回归方程，对其竞争强度进行预测（表 6-4，表 6-8），为樟子松林生产管理措施的制定提供依据。从林木竞争强度的角度来考虑，当林分竞争强度较大时，可以通过间伐抚育等营林措施，采伐一部分目的树种及目标林木的竞争木，降低对象木所受到的竞争压力，以保证目标林木在生长发育过程中有充足的可利用资源和环境，并有利于大径阶林木和丰产林的培育。

3. 地表火驱动的樟子松林的竞争关系

林火是森林生态系统中重要的干扰因子，林火主要烧死对林火干扰敏感的林下植被和小径阶林木（Agee，1993；Bond and van Wilgen，1996；Quintana-Ascencio and Morales-Hernández，1997；Barnes et al.，1998；Peterson and Reich，2001；Zenner，2005；Fulé and Laughlin，2007；喻泓等，2009a）。在林火特征相似、不同时期的地表火干扰下（图 4-3，表 4-1），樟子松林林分的结构也因大量小径阶林木被烧死而发生了明显的变化（表 4-5，表 4-6）。同样，在对象木和竞争木的林分结构均相似的情况下（图 5-3，图 5-4，表 5-1），有无林火干扰的樟子松林的不同树种、林分不同组分的竞争强度间均有显著的差异（表 6-2，表 6-6）；在地表火干扰后持续的时间序列上（即无林火干扰林分—地表火干扰后 1 年林分—地表火干扰后 12 年林分），樟子松林的竞争强度表现出显著降低的趋势（表 6-2，表 6-6）。因此，一定时间尺度上（如研究中的 12 年），地表火干扰驱动着樟子松林的竞争强度向着逐渐减弱的方向发展，表现出强烈的林分稀疏功能（Cissel et al.，1999）。与无林火干扰的樟子松林的林分稀疏相比，地表火在更大程度上显著地降低了林木间的竞争强度（Cissel et al.，1999），从而更有利于存活林木对资源和空间环境的有效利用（喻泓等，2009b），进而促进其个体的生长发育，并对整个樟子松林的演替和发展都是极为有利的，促进和加快了樟子松林向成熟林方向发展。然而，随着时间推移，樟子松林竞争强度的变化趋势如何？这需要对更长地表火干扰时间序列（至少大于 12 年）上的樟子松林进行深入分析研究。另外，随着樟子松竞争强度在时间尺度上的显著降低，大量更新幼树出现在地表火干扰后的林隙中（图 2-1c，表 4-5），这也间接证明了樟子松林竞争关系的变化，从而有利于存活林木生长发育和幼树的更新。在有林火干扰的樟子松林中，地表火是林木竞争关系变化的主要驱动力，它具有比其他因素造成的林分稀疏还要强烈的林分稀疏作用（Cissel et al.，1999），在某种程度上具有人工抚育间伐的效果。

林分尺度上连续范围内林木竞争强度的探讨，能更加准确而客观地揭示樟子松林的竞争关系（喻泓等，2009b）。地表火干扰的时间序列上，林火强度相似、不同时期的地表火通过烧死大量小径阶林木而显著地降低了林木的竞争强度，火后存活林木的种内、种间竞争强度及其总和均显著变小，从而表现出强烈的地表火驱动的林分稀疏作用（Cissel et al.，1999）。因此，地表火表面上选择性地排除了大量小径阶林木（Fulé and Covington，1998），其本质上通过减少林分密度而显著地降低了林木间的竞争强度，从而使存活个体有更为充足的可利用资源和环境，也有利于林下幼树的更新，并加速存活个体的生长发育，使樟子松林能够较快地向着结构更加均匀的成熟林方向发展。所以，地表火是樟子松林自然调节林分密度发展过程中重要的驱动力，在樟子松生产管理和天然林资源保护中，应具体分析并区别对待林火事件及其对森林的影响，为资源的可持续利用服务。因此，在有地表火干扰的樟子松林的经营管理中，可以从地表火驱动的林木竞争关系出发，统筹规划，合理安排，以促进个体的生长发育和大径阶林木的培育，实现用材林高效丰产的目的。

第7章　樟子松林下植物多样性研究

7.1　调查样地的林分结构特征

以樟子松林林分中乔木层的平均胸径作为林分结构特征的表征指标,非参数方差分析表明,所调查的 3 种类型林分的所有乔木的胸径间有显著的差异(Kruskal-Wallis 法,χ^2=130.6635,$P<0.0001$);然而,在排除了胸径小于 8cm 的小径阶林木后,3 种类型林分乔木的胸径在一定程度上没有显著的差异(Kruskal-Wallis 法,χ^2=13.9196,P=0.0009;F=4.26,P=0.0149);另外,胸径大于 30cm 的林冠层树木的胸径间没有显著的差异(Kruskal-Wallis 法,χ^2=6.8240,P=0.0330)(表 7-1)。从林分的所有径阶、不小于 8cm 和不小于 31cm 径阶上来看,不同类型林分的结构间表现出一定的相似性;而同一林分类型不同样方的乔木胸径间相差不大,且有些样方间并没有显著的差异(表 7-1)。3 种类型林分的最小树木胸径相似(1～2cm),其最大胸径也相差较大(46.2～62.5cm),说明所调查林分的年龄较接近,表现出相似的林分起源特征。

表 7-1　樟子松林下植被调查样地及样方乔木层结构特征

样地	样方	胸径>0cm		胸径≥8cm		胸径≥31cm	
		样本量	均值(标准误)	样本量	均值(标准误)	样本量	均值(标准误)
FE	FE-1	41	20.0439 (2.6622) a	24	31.6000 (2.6410) a	17	39.2588 (0.6792) a
	FE-2	46	17.3217 (2.3814) a	24	29.4917 (2.7718) a	14	39.4643 (1.3113) a
	FE-3	30	28.7600 (2.4471) b	26	32.3192 (2.0489) a	17	38.8412 (1.1606) a
		117	21.2085 (1.5122) C	74	31.1689 (1.4222) B	48	39.1708 (0.5985) A
F01	F01-1	99	13.9707 (1.3298) a	45	26.3467 (1.4889) a	19	34.9632 (0.6242) a
	F01-2	102	11.4363 (1.5205) a, b	26	34.4000 (2.8517) b	18	42.5389 (1.4798) b
	F01-3	213	10.3873 (0.7195) b	68	23.6118 (1.1088) a	11	36.0818 (2.7275) a
		414	11.5026 (0.6176) A	139	26.5151 (0.9543) A	48	38.0604 (0.9893) A
F12	F12-1	53	24.0377 (1.5865) a	45	27.5089 (1.2960) a	18	35.6889 (0.7896) a
	F12-2	48	26.2938 (1.9093) a	43	28.7767 (1.7727) a	23	38.0087 (1.0893) a
	F12-3	39	28.6103 (1.9282) a	37	29.8351 (1.8225) a	19	38.5316 (1.2221) a
		140	26.0850 (1.0424) B	125	28.6336 (0.9345) AB	60	37.4783 (0.6260) A

注:以林木的胸径来表征林分的结构特征;F01 为发生地表火 1 年即当年发生地表火的林分,F12 为 12 年前发生地表火的林分,FE 为至少 12 年以来没有发生地表火的林分,样方名称中最后一位数字表示同一林分不同的样方(样方名称符号所表示的意义下同);采用 Kruskal-Wallis 或 F 分布进行不同林分及同一林分不同样方之间乔木胸径的方差分析,大写字母为不同林分间的比较,小写字母为同一林分不同样方间的比较,平均值列中不同的字母表示其在 0.01 水平上有显著的差异

7.2 林下植被的盖度

在 1-m² 尺度上，不同时期地表火干扰下的樟子松林林分，其林下植被的盖度有着显著的差异（$F=102.05$，$P<0.0001$）（表 7-2）。无火林分的林下植被盖度值最高，火后 12 年的林分林下植被的盖度值最低，前者是后者的 2.6 倍，且也是林火发生当年的林分林下植被盖度的 1.8 倍。林火发生当年的林分，其林下植被也比火后 12 年的林分林下植被的盖度高 41.5%。

表 7-2 不同时期地表火干扰林分林下植被的盖度

样地	样本数	平均值（均方误差）	中位数	标准差	最小值	最大值
FE	30	83.6667（2.3603）A	90	12.9277	60	100
F01	30	45.3333（3.1526）B	45	17.2673	10	90
F12	30	32.0333（2.3705）C	30	12.984	15	70

注：1-m² 尺度上，林下植被盖度（平均值±均方误差）的方差分析，$F=102.05$，$P<0.0001$，不同的字母表示其均值间有显著的差异

7.3 林下植被的α多样性

在所调查的樟子松林林分中，不同时期的地表火干扰下，林下植物种的多样性在不同的取样尺度下有不同的特征。在 1-m² 尺度上，3 种类型的樟子松林林分的林下植物种的丰富度间均有显著的差异（$P=0.0003$），且地表火发生当年的林分林下植物的α多样性最高，分别比火后 12 年和无林火林分的林下植物种数多出 28.3%和 12.4%；10-m² 尺度上，3 种类型的樟子松林林分的林下植物种的丰富度有显著的差异（$P=0.0402$），且地表火发生当年的林下植物α多样性最高，分别比火后 12 年和无火林分林下植物种数多出 22.8%和 16.5%；在 1000-m² 尺度上，3 种类型林分林下植物种的丰富度没有显著的差异，无地表火干扰的林下植物种数最多，但仅比地表火发生 12 年后的林下植物种数多 7.3%（表 7-3）。

表 7-3 不同时期地表火干扰下林下植物种丰富度（α多样性）的比较

尺度	功能群	火后 1 年	火后 12 年	无林火	显著性
1-m²	木本植物种	1.30（0.0976）A	0.5333（0.0926）B	0.50（0.1045）B	$F=21.16$，$P<0.0001$
	禾本科植物	0.53333（0.0926）A, B	0.30（0.0851）B	0.6667（0.0998）A	$F=4.01$，$P=0.0216$
	非禾本科植物	10.0333（0.5175）A, B	8.50（0.3515）B	9.40（0.3202）A	$F=3.61$，$P=0.0313$
	所有植物	11.8（0.5701）A	9.2（0.3787）C	10.5（0.3313）B	$F=8.77$，$P=0.0003$
10-m²	木本植物种	1.6667（0.4216）A	0.8333（0.3073）A, B	0.3333（0.2108）B	$F=4.3$，$P=0.034$
	禾本科植物	1.3333（0.3333）	0.50（0.2236）	1.0（0.2582）	$F=2.32$，$P=1.328$

续表

尺度	功能群	火后 1 年	火后 12 年	无林火	显著性
10-m²	非禾本科植物	15.6667（0.6667）	13.6667（1.145）	14.3333（1.1450）	$F=1.01$，$P=0.3862$
	所有植物	18.8333（0.654）[A]	15.3333（0.8819）[B]	16.1667（1.1377）[A, B]	$F=4.01$，$P=0.0402$
1000-m²	木本植物种	4.3333（0.8819）	2.6667（0.6667）	2.6667（0.3333）	$F=2.08$，$P=0.2056$
	禾本科植物	2.6667（0.3333）	2.3333（0.8819）	3.0（0.0）	$F=0.37$，$P=0.7023$
	非禾本科植物	34.6667（2.9059）	36.3333（1.6667）	38.6667（2.1858）	$F=0.5076$，$P=0.5092$
	所有植物	41.6667（1.7638）	41.3333（2.6667）	44.3333（2.4037）	$F=0.51$，$P=0.626$

注：以丰富度（平均值±标准误）来表示植物种的α多样性；每行不同的大写字母表示有显著的差异

　　另外，从樟子松林下植物种组成的不同功能群来看，林下植被的木本植物种（woody species）在所有尺度上均是地表火发生当年的林分的植物种数较多，且在 1-m² 和 10-m² 尺度上均有显著的差异。禾本科植物（grasses）只是在 10-m² 的尺度上、火后 1 年的林分中，其林下植被具有最多的物种数；而在 1-m² 和 1000-m² 尺度上，其植物种数比无林火林分的林下植物种数少而比火后 12 年林分林下植物种数多，且这种差异仅在 1-m² 尺度上具有显著性（$P=0.0216$）。就非禾本科植物（forbs）来说，火后 1 年林分林下植物种数在 1000-m² 尺度上最少，而在 1-m² 和 10-m² 尺度上均是最多的，且在 1-m² 尺度上有显著的差异（$P=0.0313$）（表 7-3）。

7.4 林下植被的β多样性

　　不同时期地表火干扰下的樟子松林林分，其林下植被的β多样性有较大的变化。在 1000-m² 尺度上，无林火林分和火后 1 年林分的林下植物种变化最大，有近一半的物种更新（$\beta_{H1}=0.4355$）；而无林火林分与火后 12 年的林分相比，林下植物种也有27.9%的更替；同样地，火后 1 年林分和火后 12 年林分林下植物种的变化超过了 1/3（$\beta_{H1}=0.3667$）（表 7-4）。

表 7-4　不同时期地表火干扰林下植被 1000-m² 尺度上植物种的 β_{H1} 多样性

样地	火后 1 年	火后 12 年	无林火
火后 1 年	—	0.3667	0.4355
火后 12 年	0.3667	—	0.2787

注：β_{H1} 多样性数值减去 1 以便于与其他类型的指数进行比较

7.5 林下植被的种-面积曲线

　　地表火干扰下，由 3 种不同樟子松林的林下植被的种-面积曲线可知，用改进的 Whittaker 样方进行植物种调查，其种-面积曲线有相似的变化趋势。在 1-m² 尺度上，平均每个样方记录到 10.5 种植物，占全部记录到植物种的 1/10（10.8%）；而在 100-m² 尺度上，记录到的植物种数超过了 1/3（36.0%）；1000-m² 尺度时，记录的植物种数接近所调查的全部植物 97 种的一半（44.9%）。在无林火和火后 12 年两类林分中，随着取样尺度的增大，平均每个样方能够调查到更多的植物种；但是在 1000-m² 尺度上，平均每个样方记录的林下植物种大致相同（即无火与火后 1 年林分最大相差仅 4.0 种）（图 7-1）。

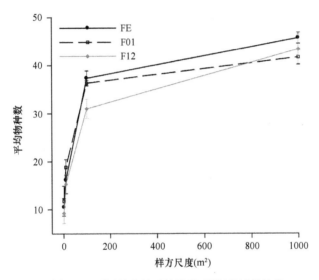

图 7-1　不同林分林下植被种-面积曲线的比较

7.6　林下植被的间接梯度分析（DCA）

总体上，所调查的 3 种类型的樟子松林林分相距不远，在林分起源相同、林分结构相似的条件下（表 7-1），不同类型的樟子松林林分其林下植物种的数量和组成均有一定的相似性（每种林分类型平均有 61 种植物，其中共有种占 63.4%）。林下植被的间接梯度分析（DCA）的 4 个排序轴的特征值分别为：0.341、0.141、0.050 和 0.005，前两个特征值较大，因此以第一和第二排序轴作物种-样地二维排序图（图 7-2）。

林下植被的间接梯度分析也表明，同一林分类型的样方间距离较近，其林下植被的物种组成较相似；而不同林分类型的样方间相距较远些，其林下植被的物种组成差异较大（图 7-2）。但是，总体上不同类型林分的样方分布趋于集中（图 7-2），表现出同一群落类型中林下植被有相似性的特征。然而，无火林分与火后 1 年林分的样方间距离更大一些，因此其林下植物种的组成有更大的差异（其中共有种为 34 种，占 54.8%）。

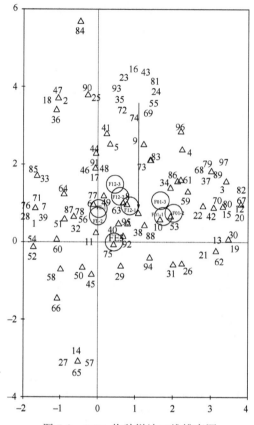

图 7-2　DCA 物种样地二维排序图

图中圆圈代表样地，其中 FE-1、FE-2、FE-3 为 FE 林分类型，F01-1、F01-2、F01-3 为 F01 林分类型，F12-1、F12-2、F12-3 为 F12 林分类型；三角形符号代表植物种所在的位置，数字 1～97 为植物种的编号，依次为：*Achillea millefolium*，*Aconitum ambiguum*，*Adenophora gmelinii*，*Adenophora paniculata*，*Adonis sibirica*，*Agrimonia pilosa*，*Agropyron cristatum*，*Allium mongolicum*，*Allium senescens*，*Armeniaca sibirica*，*Artemisia argyi*，*Avena sativa*，*Bupleurum scorzonerifolium*，*Calamagrostis epigeios*，*Carex duriuscula*，*Carex pediformis*，*Cleistogenes polyphylla*，*Clematis hexapetala*，*Convallaria majalis*，*Cotoneaster integerrimus*，*Cyperus* spp.，*Chrysanthemum chanetii*，*Chrysanthemum naktongense*，*Deyeuxia purpurea*，*Deyeuxia arundinacea*，*Deyeuxia langsdorffii*，*Dianthus chinensis*，*Equisetum ramosissimum* subsp. *debile*，*Erodium stephanianum*，*Euonymus maackii*，*Euphorbia fischeriana*，*Euphorbia sieboldiana*，*Festuca ovina*，*Fragaria vesca*，*Galium verum*，*Gentiana scabra*，*Geranium maximowiczii*，*Geranium wilfordii*，*Geum aleppicum*，*Hemerocallis minor*，*Hylotelephium erythrostictum*，*Hypericum attenuatum*，*Iris ruthenica*，*Lagedium sibiricum*，*Leymus chinensis*，*Ligularia sibirica*，*Lilium pumilum*，*Myosoton aquaticum*，*Neottianthe cucullata*，*Orobanche coerulescens*，*Ostericum maximowiczii*，*Padus avium*，*Paeonia lactiflora*，*Papaver nudicaule*，*Pedicularis achilleifolia*，*Picris hieracioides*，*Plantago asiatica*，*Platycodon grandiflorus*，*Polygonatum odoratum*，*Polygonum divaricatum*，*Polygonum lapathifolium*，*Potentilla anserina*，*Potentilla fragarioides*，*Pteridium aquilinum*，*Ptilotrium canescens*，*Pulsatilla patens* subsp. *multifida*，*Rhododendron dauricum*，*Ribes nigrum*，*Rosa davurica*，*Rubia cordifolia*，*Rumex acetosa*，*Sanguisorba officinalis*，*Saussurea japonica*，*Saussurea maximowiczii*，*Saussurea nivea*，*Scabiosa tschiliensis*，*Nepeta multifida*，*Scorzonera austriaca*，*Scorzonera inconspicua*，*Scorzonera radiata*，*Phedimus aizoon*，*Sphallerocarpus gracilis*，*Spiraea hailarensis*，*Spiraea trilobata*，*Tephroseris flammea*，*Thalictrum aquilegifolium*，*Thalictrum squarrosum*，*Trifolium lupinaster*，*Urtica cannabina*，*Veratrum nigrum*，*Veronicastrum sibiricum*，*Vicia multicaulis*，*Vicia sepium*，*Vicia unijuga*，*Viola mandshurica*，*Viola seikirkii*，*Viola variegata*

从物种的分布来看（图 7-2），第一坐标轴从左到右，林下植物从旱生的羊茅（*Festuca ovina* L.）、冰草［*Agropyron cristatum*（L.）Gaertn.］等到中旱生的叉分蓼（*Polygonum divaricatum* L.）等，再到中生的艾（*Artemisia argyi* Levl. et Van.）、多叶隐子草（*Cleistogenes polyphylla* Keng ex Keng f. et L. Liou）等，最后到湿生的斑叶堇菜（*Viola variegata* Fisch ex Link）、寸草（*Carex duriuscula* C. A. Mey.）、莎草属（*Cyperus* L.）等，由此反映出了物种分布从干旱到湿润的水分梯度变化。从左到右沿第一坐标轴方向，样地分布从近原点出发依次为无火林分、火后 12 年林分、火后 1 年林分，呈现出林分在不同时期的林火干扰下其在 DCA 排序图中的分布格局。

7.7 结论与讨论

北方针叶林区是重要的商品材基地，然而其林下植被的动态却较少得到关注（Nilsson and Wardle，2005；Hart and Chen，2008）。在林分尺度上，森林的林冠层对林下植被有着重要的影响。林火是北方针叶林主要的自然干扰因素之一（Goldammer and Furyaev，1996；Barnes et al.，1998；Gavin et al.，2006），它也通过作用于林冠层特别是林下植被而驱动生态系统的演替变化（Keeley et al.，2005；Nilsson and Wardle，2005），这种变化与林地上的枯落物和有机层厚度等林地特征（Hiers et al.，2007）、林龄及林冠层均有着较密切的关系（Grandpre et al.，1993）；在针阔混交林中，影响林下植物多样性最重要的是地形地貌因素，而火与林冠层因素居次要地位（Chipman and Johnson，2002；Stromberg et al.，2008）。然而，温带针阔混交林的研究显示，草本植物的多度随着林火干扰频率的增加而增加（Waldropa et al.，1992）；林火干扰后林下植被总的盖度降低，随后又恢复到原来的水平上（Elliott et al.，1999；喻泓和杨晓晖，2009）。也有研究表明，林火干扰后，不同类型林分的林下植物种的丰富度并没有随着时间的推移而趋于一致（Hart and Chen，2008）。樟子松天然林的林下植物种的分布格局与乔木层结构、土壤和地貌等环境因子有显著的相关性（杨帆等，2005），在其群落演替的不同阶段，植物种的多样性也有较大的差异（杨帆等，2005）。不同时期地表火干扰下，林冠层的成分组成相同（赵兴梁和李万英，1963）、林分结构相似（表 7-1）的樟子松林林分，其林下植物种数却相差不大（无火林分有 63 种，火后 1 年林分有 61 种，火后 12 年林分有 59 种）（喻泓和杨晓晖，2009）。但是，在不同尺度上其林下植物种的丰富度有不同的表现形式。1-m² 和 10-m² 尺度上植物种的丰富度有显著的差异，植物种的丰富度次序均为：火后 1 年林分>无火林分>火后 12 年林分；而在较大的尺度（1000-m²）上却没有差异（表 7-3，图 7-2）。然而，1-m² 尺度上林下植物盖度却有显著的不同（表 7-2），其大小顺序为：无火林分>火后 1

年林分>火后 12 年林分。这说明地表火干扰下，短期内在小尺度上显著地增加了林下植物种的α多样性（1-m² 和 10-m² 尺度上）而降低了植被盖度（1-m² 尺度上），而在较大的尺度上（1000-m² 或同一林分类型）林下植物种的α多样性趋于一致（喻泓和杨晓晖，2009）。这表明，林火干扰具有时效性，林下植被对地表火的干扰有一定的缓冲能力。不同时期的地表火干扰下，不同功能群的植物也表现出不同的响应机制。不同林分的木本植物在 1-m² 和 10-m² 尺度上均表现为显著的差异，且在火后 1 年的林分中种数最多（表 7-3），表明木本植物有入侵火烧迹地的迹象。而禾本科植物和非禾本科草类仅在 1-m² 尺度上表现出显著的差异，火后 1 年林分与无火林分及火后 12 年林分间均没有显著的差异，但是无火林分与火后 12 年林分间有显著的差异（表 7-3），说明草本植物的不同功能群在地表火干扰后的短期内（1~12 年）并没有显著的变化；但随着时间的推移，无火林分与火干扰林分间的差异会变得显著起来。地表火的干扰改变了林下植物种的组成，这种显著的变化也表现在火后不同年限内林下植被演替方面（喻泓和杨晓晖，2009）。随着时间的推移，地表火干扰后，樟子松林下植物的β多样性沿着火后 1 年—火后 12 年—无火林分的火干扰后持续的时间梯度方向不断增大（表 7-4），显示出林下植被对地表火干扰缓冲的效应，即随着时间的推移将抵消地表火干扰对林下植被的影响。而没有地表火干扰的樟子松林其林下植物多样性的演变方向值得进一步深入的探讨。

地表火干扰后，林下植物种的变化在效率较高、多尺度的、面积 0.1hm² 改进的 Whittaker 样方调查中（Campbell et al.，2002）得到了准确的反映，3 种不同类型的樟子松林下植物种的分布格局在其种-面积曲线方面有着相似的变化趋势；因此，在短期内（从 1 年到 12 年），地表火的干扰并没有明显地改变樟子松林下植物种的丰富度及从小尺度（1-m²）到林分尺度上的分布格局（图 7-1）。火后 1 年林分的林下植被中较快地（即较小的尺度上）记录了更多的植物种（图 7-1）（喻泓和杨晓晖，2009）。在樟子松林下植物种的调查中，平均每个样方在 1-m²、10-m²、100-m² 和 1000-m² 尺度上分别记录了 10.5 种、16.8 种、21.4 种和 42.4 种维管植物，总共记录了维管植物 97 种，与呼伦贝尔沙地樟子松林 118 种维管植物种（赵兴梁，1958）较接近，从而说明在区域尺度上，地表火干扰的樟子松林下植被具有物种库的作用。

林下植被的间接梯度分析（DCA）也表明（图 7-2），地表火干扰下，不同林分之间存在着梯度变化，有更多的植物种趋向于出现在火后 1 年的林分中；另外，林下植物种的 DCA 排序也反映出了其潜在的沿水分梯度分布的格局（喻泓和杨晓晖，2009）。火后 1 年林分更趋向于湿生生境，其林下植物有较多的偏湿生种。这表明，地表火干扰改变了林冠层结构（如烧死部分枝叶、降低林冠层盖度）、清除部分林下植被、烧掉部分或大部分枯落物，从而改变了林内水分的分配和利用，使局部小生境趋于湿润而催生较多的偏湿生植物的生长。

　　研究表明，周期性的草原火烧具有一定防止外来物种入侵的作用；而当有大量的外来种存在时，周期性的火烧对入侵种扩散所起的作用不大（Smith and Knapp，2001）。原生或次生裸地演替的过程中，其物种组成与邻近森林的物种库有着显著的相关性（Butaye et al.，2002），而林火干扰也是樟子松林下植被维持其群落稳定及保持较高的物种多样性的主要驱动力；在草原过牧、草场退化的压力下，樟子松林下植被的物种库在森林草原区具有重要的地位。

第8章 樟子松树轮宽度-气候响应及气候重建

8.1 樟子松树轮宽度年表特征

8.1.1 树轮宽度年表统计分析

通过对呼伦贝尔 3 个不同地点的樟子松树轮宽度年表分析发现（表 8-1），从年表时间来看，海拉尔西山国家森林公园（XS）的树轮年表时间最长，达 205 年，南辉（NH）取样点的年表时间次之，为 129 年，伊敏河（YMH）采集点的年表时间最短，仅为 93 年。南辉的平均敏感度（MS）为 0.1746~0.2147，西山公园的为 0.2636~0.3038，伊敏河的为 0.1675~0.1818，南辉、伊敏河和西山公园的标准化年表平均敏感度分别为 0.1992、0.1793 和 0.2636，均达到 0.05 的可接受水平；从标准差来看，南辉的标准差值介于 0.1571~0.2125，伊敏河的介于 0.1677~0.2468，西山公园的介于 0.2502~0.2751，南辉、伊敏河和西山公园的标准化年表的标准差分别为 0.2125、0.2468 和 0.2751；从树轮宽度的统计分布形态来看，南辉、伊敏河采集点的樟子松树轮宽度变量都主要集中在中值附近，形成峭度很高的正态分布，海拉尔西山国家森林公园的树轮宽度变量比较分散，是峰值较低的偏正态分布。

表 8-1 樟子松树轮宽度年表主要特征参数

年表代号	NH			YMH			XS		
	STD	RES	ARS	STD	RES	ARS	STD	RES	ARS
样本量/树	41/20	38/20	38/20	20/8	20/8	20/8	44/26	44/26	44/26
年表长度	129	121	127	93	92	93	205	204	205
平均值	0.9816	0.9940	0.9973	0.9381	0.9794	0.9490	0.9854	0.9934	0.9858
中值	0.9978	0.9929	1.0159	0.9897	0.9950	0.9767	0.9830	0.9981	0.9847
平均敏感度	0.1992	0.1746	0.2147	0.1793	0.1818	0.1675	0.2636	0.3038	0.2640
标准差	0.2125	0.1571	0.2117	0.2468	0.1677	0.2250	0.2751	0.2502	0.2728
偏度	−0.7541	−0.7157	−0.5821	−0.8026	−0.6490	−0.7566	−0.1567	−0.2442	−0.1752
峰度	1.2505	2.0482	0.6393	0.2513	0.8169	0.6466	−0.1362	−0.2631	−0.2104
一阶自相关	0.3360	0.0024	0.2516	0.7134	0.1065	0.6755	0.4077	0.0676	0.4053

注：NH 为南辉样品采集点，YMH 为伊敏河样品采集点，XS 为海拉尔西山国家森林公园采集点，STD 为标准化年表，RES 为差值年表，ARS 为自回归年表

从 3 个地区各自共同区间的分析结果可见（表 8-2），树间平均相关系数以西山公园采集点的最高，其次为伊敏河采集点的，南辉采集点的最低。信噪比反映了样本表达环境信息量的多少，从年表统计结果可见，西山公园采集点的信噪比最大，南辉的其次，伊敏河的最小，仅为 11.054，这可能是由于样本数较少的原因。从样本总体代表性（EPS）来看，西山公园采集点的最大，差值年表的总体代表性值达 0.973，南辉的达到 0.965，伊敏河为 0.920，远远超过 EPS=0.85 的年表最低可接受标准；一般情况下，如果一个年表具有较高的标准误和平均敏感度，而且不同序列之间的相关系数和第一主成分所占方差量比例都比较高，一阶自相关系数比较低，则此年表含有较高的树木年轮气候信息（梁尔源，2001；潘娅婷，2006）。对比 3 个不同采集点的树木年轮年表特征表明，海拉尔西山国家森林公园樟子松树木生长对环境变化更敏感，其信噪比、样本的总体代表性和第一特征向量所解释的方差量都较其他两个地区更高，且其取样树木年轮时间最长，更加适合年轮生态学分析研究和气候变化重建研究。

表 8-2　樟子松树轮宽度年表差值序列与去趋势序列统计

项目	NH		YMH		XS	
	STD	RES	STD	RES	RES	STD
树间平均相关系数	0.418	0.429	0.451	0.426	0.520	0.566
平均芯间相关系数	0.656	0.605	0.678	0.669	0.727	0.758
信噪比	27.310	28.553	11.504	10.379	35.808	43.076
第一特征向量百分比（%）	45.45	45.44	50.52	48.98	54.44	58.48
样本总体代表性	0.965	0.966	0.920	0.912	0.973	0.977
公共区间段平均	0.990	0.991	1.016	1.003	0.982	0.988
平均公共区间段标准差	0.166	0.132	0.193	0.160	0.297	0.261

注：公共区间时段范围（NH 为 1944～2009 年；YMH 为 1946～2009 年；XS 为 1877～2008 年）

8.1.2　樟子松树轮年表

通过 ARSTAN 软件分析后，得到 3 个采集点樟子松的树轮宽度年表（图 8-1）。从图中可见，3 个采集点樟子松树轮宽度变化趋势基本一致。通过宽度年表的相关分析发现（表 8-3～表 8-5），3 个采集点樟子松树轮宽度标准化年表、差值年表和自回归年表相关系数均超过 0.355，其中在标准化年表中，海拉尔西山国家森林公园的与南辉的相关性最高，达 0.587，差值年表和自回归年表中，以海拉尔西山国家森林公园的与伊敏河之间的相关性最高，分别达 0.642 和 0.585，这说明 3 个树轮宽度年表的生长变化较相似，即樟子松生长受限制因子基本相似。

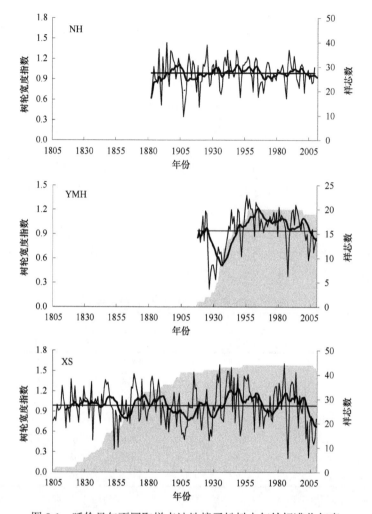

图 8-1　呼伦贝尔不同取样点沙地樟子松树木年轮标准化年表

表 8-3　南辉、伊敏河和海拉尔 3 个采集点标准化年表相关系数（1917～2009 年）

采集点	NH	YMH	XS
NH	1.000		
YMH	0.355*	1.000	
XS	0.587*	0.511*	1.000

* *P*<0.001 水平显著

表 8-4　南辉、伊敏河和海拉尔 3 个采集点差值年表相关系数（1918～2009 年）

采集点	NH	YMH	XS
NH	1.000		
YMH	0.454*	1.000	
XS	0.512*	0.642*	1.000

* *P*<0.001 水平显著

表 8-5　南辉、伊敏河和海拉尔 3 个采集点自回归年表相关系数（1917～2009 年）

采集点	NH	YMH	XS
NH	1.000		
YMH	0.355*	1.000	
XS	0.558*	0.585*	1.000

* P<0.001 水平显著

8.2　樟子松树轮宽度对气候的响应

本研究中樟子松采集点属于温带大陆性季风气候区，年均温相对较低，生长期较短，主要集中在 4～9 月。由于周围气象站的分布距离均较远，我们选择了海拉尔气象站的气象数据作为相关分析的基础，在南辉、伊敏河和海拉尔西山国家森林公园 3 个采集点中，西山公园离海拉尔气象站距离最近，伊敏河次之，南辉采集点最远。

利用海拉尔气象站 1951～2009 年的气象资料数据，通过 3 个采集点樟子松树轮宽度年表（标准化年表、差值年表和自回归年表）与月平均气温、平均最高气温、平均最低气温、极端最高气温、极端最低气温、降水量、干燥指数、相对湿度等进行相关分析，分别获取年表与气象因子的相关关系，并进行 P<0.1、P<0.05 和 P<0.01 的显著水平检验。

8.2.1　树轮宽度指数与月温度的相关性

图 8-2 为樟子松标准化年表与月平均气温、平均最高气温、平均最低气温、极端最高气温、极端最低气温的相关关系，表 8-6 为标准化年表、差值年表和自回归年表与各月气候要素相关关系，总的从图和表来看，树轮宽度与月平均气温呈负相关关系，特别是伊敏河和西山公园采样点，4 月、6 月、7 月、9 月均呈显著负相关关系（P<0.05），但与前一年的 11 月、12 月平均气温呈不显著的正

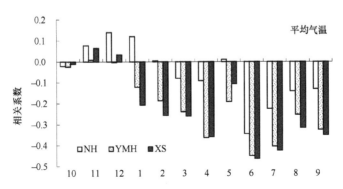

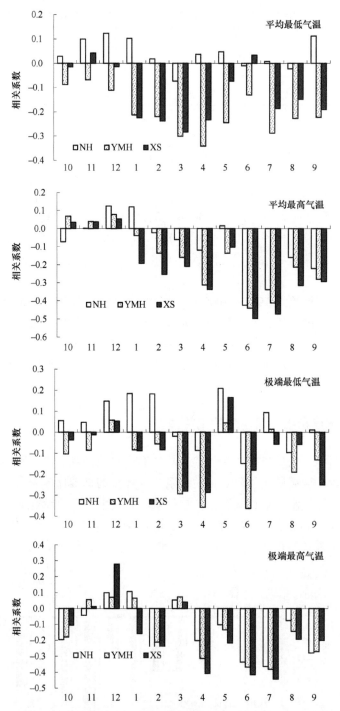

图 8-2　樟子松树轮宽度与月平均气温、平均最高气温、平均最低气温、
极端最高气温、极端最低气温的相关关系

表 8-6　樟子松树轮宽度年表与各月气候要素相关关系

月	气象因子	NH			YMH			XS		
		STD	RES	ARS	STD	RES	ARS	STD	RES	ARS
−10	平均气温	−0.02	0.06	−0.03	−0.03	0.12	0.01	−0.01	0.11	0.01
	平均最高气温	−0.07	0.03	−0.08	0.07	0.13	0.08	0.03	0.10	0.05
	平均最低气温	0.03	0.08	0.00	−0.09	0.10	−0.04	−0.02	0.10	0.01
	极端最高气温	−0.20	−0.16	−0.15	−0.18	−0.10	−0.20	−0.11	−0.05	−0.10
	极端最低气温	0.05	0.03	0.01	−0.10	−0.01	−0.06	−0.04	0.01	−0.03
	降水量	0.19	0.16	0.16	0.16	0.18	0.18	0.14	0.18	0.14
	干燥指数	0.20	0.15	0.15	0.17	0.19	0.19	0.11	0.14	0.11
	相对湿度	0.16	0.16	0.16	0.31*	0.16	0.28*	0.28*	0.15	0.27*
−11	平均气温	0.08	0.11	0.03	0.01	−0.05	0.02	0.06	0.06	0.07
	平均最高气温	0.00	0.05	−0.04	0.04	−0.05	0.04	0.04	0.03	0.04
	平均最低气温	0.10	0.11	0.06	−0.07	−0.09	−0.05	0.04	0.04	0.06
	极端最高气温	−0.04	−0.07	−0.10	0.06	0.04	0.06	0.01	0.02	0.02
	极端最低气温	0.05	0.05	0.00	−0.09	−0.15	−0.06	−0.01	−0.05	0.00
	降水量	0.15	0.13	0.15	0.00	0.16	0.03	0.17	0.27	0.18
	干燥指数	0.18	0.14	0.18	0.16	0.00	0.13	0.21	0.11	0.20
	相对湿度	0.08	0.15	0.11	0.31*	0.21	0.26#	0.17	0.09	0.16
−12	平均气温	0.14	0.14	0.11	0.00	0.03	0.03	0.03	0.09	0.03
	平均最高气温	0.12	0.14	0.09	0.08	0.05	0.07	0.05	0.08	0.04
	平均最低气温	0.12	0.11	0.09	−0.11	−0.04	−0.10	−0.01	0.05	−0.01
	极端最高气温	0.10	0.10	0.08	0.07	0.07	0.07	0.28*	0.23#	0.27*
	极端最低气温	0.15	0.16	0.13	0.06	0.10	0.08	0.05	0.07	0.06
	降水量	0.18	0.14	0.18	−0.11	0.14	−0.08	−0.05	0.05	−0.02
	干燥指数	−0.25	−0.24#	−0.24#	0.05	−0.20	0.01	−0.06	−0.18	−0.08
	相对湿度	0.08	0.06	0.09	0.29*	0.09	0.27*	0.11	0.00	0.09
1	平均气温	0.12	0.15	0.12	−0.12	−0.09	−0.10	−0.21	−0.12	−0.21
	平均最高气温	0.12	0.14	0.12	−0.04	−0.09	−0.03	−0.19	−0.15	−0.20
	平均最低气温	0.10	0.13	0.10	−0.21	−0.13	−0.18	−0.22	−0.12	−0.22
	极端最高气温	0.11	0.14	0.09	0.06	−0.08	0.03	−0.16	−0.17	−0.17
	极端最低气温	0.18	0.21	0.18	−0.08	0.01	−0.05	−0.09	0.02	−0.07
	降水量	0.07	0.12	0.03	−0.05	−0.02	−0.02	0.01	0.02	0.01
	干燥指数	−0.10	−0.17	−0.08	0.08	0.03	0.05	0.01	−0.04	0.02
	相对湿度	−0.10	−0.05	−0.08	−0.24#	−0.13	−0.23#	−0.12	−0.03	−0.10
2	平均气温	0.00	0.03	0.03	−0.19	−0.19	−0.16	−0.26	−0.21	−0.25#
	平均最高气温	−0.02	0.01	0.00	−0.14	−0.20	−0.12	−0.25#	−0.24#	−0.25#
	平均最低气温	0.02	0.04	0.04	−0.22	−0.18	−0.19	−0.24	−0.18	−0.22

续表

月	气象因子	NH			YMH			XS		
		STD	RES	ARS	STD	RES	ARS	STD	RES	ARS
2	极端最高气温	-0.26*	-0.20	-0.24#	-0.21	-0.32*	-0.20	-0.27	-0.27*	-0.26*
	极端最低气温	0.18	0.16	0.18	-0.06	0.00	-0.03	-0.08	-0.02	-0.07
	降水量	0.25#	0.12	0.24#	0.09	0.10	0.12	0.05	-0.01	0.05
	干燥指数	-0.22	-0.08	-0.24#	0.01	-0.03	-0.03	-0.02	0.00	-0.03
	相对湿度	0.04	0.14	0.07	0.33*	0.26*	0.30*	0.25#	0.20	0.23
3	平均气温	-0.08	-0.12	-0.03	-0.24#	-0.21	-0.21	-0.26*	-0.22#	-0.24#
	平均最高气温	-0.06	-0.10	-0.02	-0.16	-0.16	-0.14	-0.21	-0.20	-0.20
	平均最低气温	-0.07	-0.12	-0.02	-0.30*	-0.24#	-0.27*	-0.28*	-0.23#	-0.27*
	极端最高气温	0.05	0.06	0.11	0.07	0.11	0.10	0.04	0.07	0.05
	极端最低气温	-0.02	-0.05	0.01	-0.29*	-0.24#	-0.28*	-0.28*	-0.22#	-0.27*
	降水量	0.06	-0.06	0.05	-0.10	-0.08	-0.07	-0.02	0.01	-0.02
	干燥指数	0.11	0.26#	0.14	0.20	0.18	0.18	0.15	0.17	0.14
	相对湿度	0.14	0.20	0.11	0.46**	0.42**	0.44**	0.22	0.18	0.20
4	平均气温	-0.09	-0.17	-0.02	-0.36**	-0.21	-0.33*	-0.36**	-0.29*	-0.34*
	平均最高气温	-0.12	-0.18	-0.05	-0.31*	-0.21	-0.29*	-0.34**	-0.32*	-0.32*
	平均最低气温	0.04	-0.03	0.09	-0.34**	-0.12	-0.30*	-0.23#	-0.14	-0.21
	极端最高气温	-0.20	-0.24#	-0.15	-0.31*	-0.30*	-0.30*	-0.41**	-0.32*	-0.40**
	极端最低气温	-0.09	-0.11	-0.06	-0.36**	-0.14	-0.30*	-0.29*	-0.23#	-0.27*
	降水量	0.09	0.01	0.07	0.04	0.00	0.05	0.08	0.10	0.08
	干燥指数	0.09	0.06	0.06	0.14	0.07	0.14	0.15	0.16	0.14
	相对湿度	0.04	-0.04	0.04	0.23#	0.10	0.21	0.18	0.08	0.17
5	平均气温	0.01	0.00	-0.01	-0.19	-0.22	-0.18	-0.11	-0.09	-0.09
	平均最高气温	0.02	-0.01	-0.01	-0.14	-0.22	-0.14	-0.10	-0.14	-0.09
	平均最低气温	0.05	0.06	0.04	-0.24#	-0.15	-0.21	-0.07	0.03	-0.05
	极端最高气温	-0.10	-0.19	-0.14	-0.13	-0.30*	-0.15	-0.22	-0.32*	-0.21
	极端最低气温	0.21	0.12	0.19	0.04	0.16	0.08	0.17	0.22	0.18
	降水量	0.08	0.08	0.12	0.16	0.36**	0.19	0.32*	0.41**	0.32*
	干燥指数	0.11	0.11	0.15	0.17	0.37**	0.20	0.31*	0.39**	0.31*
	相对湿度	0.21	0.19	0.14	0.50**	0.25#	0.46**	0.45**	0.24#	0.43**
6	平均气温	-0.34**	-0.35**	-0.34**	-0.45**	-0.32*	-0.45**	-0.46**	-0.36**	-0.46**
	平均最高气温	-0.42**	-0.43**	-0.42**	-0.44**	-0.34**	-0.45**	-0.50**	-0.41**	-0.50**
	平均最低气温	-0.01	0.02	-0.01	-0.13	0.00	-0.14	0.03	0.08	0.04
	极端最高气温	-0.34**	-0.42**	-0.34**	-0.37**	-0.19	-0.37**	-0.41**	-0.28*	-0.40**
	极端最低气温	-0.15	-0.07	-0.10	-0.36**	-0.16	-0.34**	-0.18	-0.11	-0.17
	降水量	0.24#	0.20	0.24#	0.23#	0.21	0.25#	0.38**	0.33*	0.40**

续表

月	气象因子	NH			YMH			XS		
		STD	RES	ARS	STD	RES	ARS	STD	RES	ARS
6	干燥指数	0.25#	0.21	0.25#	0.26#	0.23#	0.29*	0.44**	0.37**	0.46**
	相对湿度	−0.19	−0.18	−0.22#	0.18	0.00	0.12	0.09	0.00	0.06
7	平均气温	−0.22#	−0.24#	−0.18	−0.40**	−0.24#	−0.36**	−0.42**	−0.30*	−0.40**
	平均最高气温	−0.34**	−0.35**	−0.28*	−0.41**	−0.26*	−0.38**	−0.47**	−0.37**	−0.46**
	平均最低气温	0.01	0.04	0.04	−0.29*	−0.06	−0.23	−0.19	−0.03	−0.16
	极端最高气温	−0.36**	−0.37**	−0.33*	−0.38**	−0.31*	−0.37**	−0.44**	−0.36**	−0.44**
	极端最低气温	0.09	0.10	0.10	0.01	0.04	0.05	−0.06	−0.07	−0.05
	降水量	0.22#	0.30*	0.23#	0.25#	0.30*	0.24#	0.39**	0.48**	0.42**
	干燥指数	0.24#	0.32*	0.24#	0.27*	0.32*	0.26#	0.40**	0.48**	0.42**
	相对湿度	−0.21	−0.24#	−0.18	0.06	−0.01	0.04	0.05	−0.04	0.04
8	平均气温	−0.14	−0.13	−0.19	−0.25#	−0.09	−0.23#	−0.32*	−0.21	−0.30*
	平均最高气温	−0.16	−0.15	−0.21	−0.21	−0.04	−0.18	−0.31*	−0.19	−0.30*
	平均最低气温	−0.02	0.00	−0.07	−0.23#	−0.04	−0.21	−0.15	−0.09	−0.14
	极端最高气温	−0.08	−0.01	−0.13	−0.14	0.03	−0.11	−0.19	−0.08	−0.18
	极端最低气温	−0.10	−0.11	−0.09	−0.19	−0.10	−0.16	−0.06	−0.08	−0.05
	降水量	0.22#	0.24#	0.21	0.13	0.21	0.11	0.33*	0.33*	0.33*
	干燥指数	0.28*	0.30*	0.28*	0.15	0.24#	0.14	0.33*	0.32*	0.32*
	相对湿度	−0.07	−0.05	−0.07	0.07	0.06	0.07	0.08	0.08	0.09
9	平均气温	−0.13	−0.10	−0.11	−0.32*	−0.19	−0.31*	−0.35**	−0.18	−0.33*
	平均最高气温	−0.22	−0.16	−0.19	−0.28*	−0.18	−0.26#	−0.29*	−0.13	−0.28*
	平均最低气温	0.11	0.12	0.11	−0.22#	−0.07	−0.20	−0.19	−0.08	−0.17
	极端最高气温	−0.28*	−0.33*	−0.25#	−0.27*	−0.22	−0.24#	−0.20	−0.10	−0.19
	极端最低气温	0.01	−0.02	0.03	−0.13	−0.06	−0.12	−0.25#	−0.21	−0.23#
	降水量	0.22#	0.27*	0.20	0.25#	0.28*	0.23#	0.08	0.03	0.08
	干燥指数	0.19	0.24#	0.16	0.25#	0.28*	0.24#	0.10	0.04	0.09
	相对湿度	−0.32*	−0.23#	−0.27*	−0.11	−0.05	−0.09	−0.08	−0.05	−0.07

#$P<0.1$, *$P<0.05$, **$P<0.01$

相关。这与朱西德等（2008）在青海柴达木东北缘的研究结果相似，他们发现树轮宽度指数与 5～8 月气温呈负相关关系，但与王丽丽等（2005）对漠河樟子松的研究结果稍有不同，他们发现 8 月平均气温与轮宽具有显著正相关性。依据常理，4～9 月处于树木生长期，气温在适于树木温度范围内应该与轮宽宽度呈正相关，但实际上本研究中却是连续负相关，这可能与研究区的气候环境有较大关系，在树木生理学上是无意义的。

对比树轮宽度与各月平均最高气温、极端最高气温和平均气温的相关性表明，年表与平均气温的相关性和年表与平均最高气温的相关性变化趋势基本一致，与极端最高气温相关性差异稍有差异。通过这些对比，研究认为，各月平均气温与树轮宽度的负相关很可能与平均最高气温及极端最高气温的相关性有关。

从树轮宽度与平均最低气温的相关性来看，伊敏河采样点的 3 月、4 月、7 月和西山公园 3 月平均最低气温相关性显著，其他月份相关性不显著。从与极端最低气温相关性来看，伊敏河采样点的 3 月、4 月、6 月和西山公园 3 月、4 月平均最低气温相关性显著或较显著。

从不同的月份来看，3 个采样点 6 月和 7 月的平均气温、平均最高气温和极端最高气温与年表相关性均有显著或极显著的相关关系（P<0.05），伊敏河和西山公园两个采样点 4 月和 8 月的平均气温、平均最高气温与树轮宽度基本呈显著或较显著相关关系（P<0.1），前一年的 10 月至次年的 2 月和 5 月相关性均不显著。

从 3 个采样点来看，南辉采集点的平均气温、平均最高气温和极端最高气温、平均最低气温和极端最低气温与树轮宽度的相关性均不及伊敏河和西山公园采样点的，这可能与它们与海拉尔站的距离有一定关系，3 个采集点离气象数据采集站的距离大小分别为西山公园<伊敏河<南辉，这就导致了 3 个采集点之间温度的差异，从而导致它们对气温的响应差异性。

8.2.2 树轮宽度指数与月降水量/相对湿度的相关性

从图 8-3 和表 8-6 来看，樟子松树轮宽度与当年生长旺盛期的降水量具有正相关关系，特别是 6～8 月，具有显著或极显著水平，前一年 10 月至当年 4 月的降水与树轮宽度的显著性均不显著，但多呈正相关关系。樟子松生长季节为 4～9 月，4 月中下旬叶芽膨胀，5 月上旬叶芽展开，5 月中下旬长出针叶，4 月末至 5 月末开花，其高生长量主要集中在 5～6 月，径向生长一般到 9 月末结束，其中以 5～8 月生长较快速。从树轮宽度与降水量的相关性分析表明，5～8 月的相关性也是最好的时期，说明夏季降水对樟子松径向生长的影响是相当大的，而 10 月到次年 4 月的降水主要以固态降水为主，春季融化后进入土壤储存，为下一年的生长提供储备。

从树轮宽度与相对湿度相关性来看（图 8-4），2～5 月的相关关系相对较高，前一年的 10～12 月次之，6～9 月相关性较低，分析原因认为，2～5 月为樟子松叶芽生阶段，相对湿度较大，加之温度的升高，有助于樟子松的生长，而 6 月以后，由于降水的增加，相对湿度增加，相对湿度对树木径向生长没有显著意义。

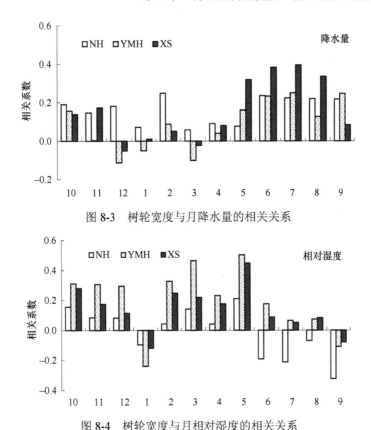

图 8-3　树轮宽度与月降水量的相关关系

图 8-4　树轮宽度与月相对湿度的相关关系

8.2.3　树轮宽度指数与月干燥指数的相关性

树木生长一般同时受温度和降水的影响与制约，袁玉江等（2000）发现伊犁地区随降水量的变化，温度对树轮宽度生长的影响不尽相同。当降水量低于一个临界值时，温度和树轮宽度呈明显负相关关系，当降水处于树木生长适量的条件下，温度对树轮宽度生长影响不明显，当降水高于某一临界值时，树木的生长达到某一最高值后，随温度的增加树轮宽度又有变窄的趋势（沈长泗等，1998）。张志华等（1996）研究也发现，半干旱区云杉生长明显受生长期温度和降水的影响。因此，仅仅分析单个气候因子对树轮宽度的影响具有较大的局限性，可通过能够反映温度和降水的复合指标来度量气候变化，以反映温度和降水的综合效应（彭剑峰等，2006）。

树轮宽度与各月份干燥指数的相关分析表明，5～8 月的干燥指数与树轮宽度指数相关关系较好，多达到较显著（$P<0.1$）、显著（$P<0.05$）或极显著（$P<0.01$）水平，特别是西山公园采集点的相关性最好，这与樟子松树木径向生长期完全吻合（表 8-6，图 8-5）。

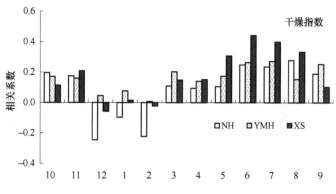

图 8-5　树轮宽度与月干燥指数的相关关系

8.2.4　树轮宽度指数与季节气候要素的相关性

以月气象资料为基础，分别统计出生长季（4~9月）、春季（3~5月）、夏季（6~8月）、秋季（9~11月）、冬季（12~2月）、全年（1~12月）和前一年10月至次9月（–10~9月）的各时间段气候要素与各类年表的相关系数，结果见表8-7。在生长季，平均最高气温、极端最高气温、降水量和干燥指数与年表的相关性显著性水平较高（$P<0.05$ 或 $P<0.01$），与平均最低气温、极端最低气温和相对湿度相关性较差。春季是樟子松开始生长的时期，在伊敏河和西山公园采样点上，各气候因子与年表具有一定的相关关系，且很多达到较显著或显著水平，但在南辉采样点上，各气候因子与年表几乎没有相关性。夏季 3 个采集点树轮宽度与平均气温、平均最高气温、极端最高气温、降水量、干燥指数均具有显著（$P<0.05$）或极显著（$P<0.01$）相关关系，与平均最低气温、极端最低气温和相对湿度相关性不显著。秋季和冬季各气候因子对树轮宽度生长影响较小，相关性大多不显著。从全年尺度来看，3 个采样点的年表与降水量和干燥指数呈显著正相关，伊敏河和西山公园的平均气温、平均最高气温、极端最高气温与相对湿度多呈显著负相关关系；前一年10月至次年9月的降水量和干燥指数与年表呈显著正相关关系，而极端最高气温与年表呈显著负相关关系，伊敏河和西山公园的平均气温、平均最高气温与相对湿度多达到较显著、显著或极显著水平。

表 8-7　樟子松年表与季节气候变量的相关关系

季节	气象因子	NH			YMH			XS		
		STD	RES	ARS	STD	RES	ARS	STD	RES	ARS
生长季 （4~9月）	平均气温	−0.21	−0.24#	−0.20	−0.48**	−0.31*	−0.45**	−0.49**	−0.35**	−0.46**
	平均最高气温	−0.35**	−0.37**	−0.33*	−0.53**	−0.37**	−0.50**	−0.59**	−0.46**	−0.57**
	平均最低气温	0.00	0.03	0.01	−0.24#	−0.04	−0.24#	−0.04	0.05	−0.02
	极端最高气温	−0.42**	−0.48**	−0.40**	−0.50**	−0.41**	−0.48**	−0.59**	−0.46**	−0.58**

续表

季节	气象因子	NH			YMH			XS		
		STD	RES	ARS	STD	RES	ARS	STD	RES	ARS
生长季 （4～9 月）	极端最低气温	−0.02	−0.04	0.01	−0.28*	−0.08	−0.23#	−0.20	−0.14	−0.17
	降水量	0.42**	0.47**	0.43**	0.41**	0.54**	0.42**	0.66**	0.68**	0.67**
	干燥指数	0.46**	0.51**	0.46**	0.49**	0.60**	0.49**	0.69**	0.70**	0.70**
	相对湿度	−0.14	−0.14	−0.15	0.29*	0.09	0.25#	0.23#	0.10	0.22
春季	平均气温	−0.08	−0.13	−0.03	−0.32*	−0.26#	−0.29*	−0.31*	−0.26#	−0.29*
	平均最高气温	−0.08	−0.14	−0.03	−0.26#	−0.24#	−0.24#	−0.29*	−0.28*	−0.27*
	平均最低气温	−0.02	−0.07	0.02	−0.35**	−0.22#	−0.31*	−0.27*	−0.18	−0.24#
	极端最高气温	−0.11	−0.17	−0.06	−0.17	−0.20	−0.15	−0.28*	−0.25#	−0.26#
	极端最低气温	0.01	−0.04	0.04	−0.31*	−0.15	−0.27*	−0.24#	−0.17	−0.22#
	降水量	0.11	0.06	0.14	0.13	0.29*	0.17	0.30*	0.39**	0.30*
	干燥指数	0.13	0.28*	0.17	0.23#	0.22	0.22	0.19	0.23#	0.19
	相对湿度	0.20	0.18	0.15	0.58**	0.36**	0.54**	0.42**	0.24#	0.40**
夏季	平均气温	−0.30*	−0.30*	−0.31*	−0.46**	−0.27*	−0.44**	−0.50**	−0.37**	−0.49**
	平均最高气温	−0.41**	−0.41**	−0.41**	−0.47**	−0.29*	−0.45**	−0.57**	−0.43**	−0.56**
	平均最低气温	−0.01	0.02	−0.02	−0.17	−0.01	−0.18	0.01	0.07	0.02
	极端最高气温	−0.34**	−0.35**	−0.35**	−0.40**	−0.21	−0.38**	−0.47**	−0.32*	−0.45**
	极端最低气温	−0.07	−0.04	−0.04	−0.26*	−0.11	−0.22	−0.14	−0.12	−0.13
	降水量	0.36**	0.40**	0.36**	0.32*	0.39**	0.32*	0.59**	0.61**	0.61**
	干燥指数	0.40**	0.44**	0.40**	0.35**	0.41**	0.35**	0.61**	0.61**	0.62**
	相对湿度	−0.23#	−0.22#	−0.23#	0.16	0.02	0.11	0.11	0.02	0.09
秋季	平均气温	0.05	−0.03	0.05	−0.13	0.03	−0.10	−0.19	−0.12	−0.17
	平均最高气温	−0.03	−0.09	−0.02	−0.05	0.06	−0.02	−0.16	−0.11	−0.14
	平均最低气温	0.16	0.08	0.16	−0.15	0.05	−0.11	−0.13	−0.08	−0.11
	极端最高气温	−0.13	−0.20	−0.12	−0.16	−0.08	−0.16	−0.14	−0.10	−0.13
	极端最低气温	0.17	0.13	0.19	−0.05	0.16	−0.02	−0.09	−0.05	−0.06
	降水量	0.19	0.25#	8.19	0.14	0.16	0.13	−0.01	−0.06	−0.02
	干燥指数	0.22	0.22	0.20	0.27*	0.30*	0.23#	0.19	0.13	0.18
	相对湿度	−0.14	−0.05	−0.12	0.24#	0.13	0.22	0.25#	0.20	0.24#
冬季	平均气温	0.14	0.14	0.16	−0.15	−0.16	−0.12	−0.24#	−0.20	−0.24#
	平均最高气温	0.14	0.13	0.16	−0.05	−0.15	−0.04	−0.22	−0.23#	−0.22#
	平均最低气温	0.13	0.12	0.15	−0.22	−0.17	−0.19	−0.24#	−0.18	−0.23#
	极端最高气温	0.02	0.10	0.05	−0.06	−0.17	−0.07	−0.16	−0.15	−0.16
	极端最低气温	0.23#	0.19	0.23#	−0.07	−0.01	−0.04	−0.08	−0.02	−0.07
	降水量	0.18	0.17	0.18	−0.17	0.01	−0.12	−0.07	0.01	−0.06
	干燥指数	−0.23#	−0.21	−0.25#	0.20	0.03	0.15	0.10	−0.01	0.09

续表

季节	气象因子	NH			YMH			XS		
		STD	RES	ARS	STD	RES	ARS	STD	RES	ARS
冬季	相对湿度	0.02	0.08	0.02	0.26#	0.20	0.23#	0.19	0.15	0.18
全年	平均气温	−0.02	−0.06	0.01	−0.32*	−0.22#	−0.29*	−0.38**	−0.30*	−0.36**
	平均最高气温	−0.12	−0.18	−0.09	−0.30*	−0.25*	−0.27*	−0.44**	−0.39**	−0.42**
	平均最低气温	0.05	0.05	0.07	−0.33*	−0.11	−0.30*	−0.16	−0.07	−0.14
	极端最高气温	−0.28*	−0.31*	−0.24	−0.37**	−0.28*	−0.35**	−0.43**	−0.33*	−0.41**
	极端最低气温	0.11	0.07	0.14	−0.21	−0.03	−0.16	−0.17	−0.12	−0.15
	降水量	0.44**	0.48**	0.46**	0.37**	0.50**	0.38**	0.61**	0.64**	0.62**
	干燥指数	0.28*	0.38**	0.29*	0.38**	0.40**	0.34**	0.34*	0.32*	0.33*
	相对湿度	−0.03	0.01	−0.04	0.46**	0.26#	0.41**	0.35*	0.21	0.32*
前一年10月至次年9月	平均气温	−0.05	−0.04	−0.04	−0.31*	−0.22	−0.28*	−0.33*	−0.22	−0.31*
	平均最高气温	−0.14	−0.12	−0.13	−0.28*	−0.25#	−0.26#	−0.39**	−0.30*	−0.38**
	平均最低气温	0.04	0.06	0.04	−0.33*	−0.13	−0.30*	−0.14	−0.03	−0.12
	极端最高气温	−0.32*	−0.33*	−0.30*	−0.34*	−0.32*	−0.33*	−0.42**	−0.33*	−0.41**
	极端最低气温	0.08	0.07	0.08	−0.21	−0.09	−0.16	−0.16	−0.09	−0.14
	降水量	0.47**	0.50**	0.47**	0.41**	0.56**	0.43**	0.67**	0.71**	0.68**
	干燥指数	0.28*	0.35**	0.30*	0.34*	0.22	0.30*	0.37**	0.32*	0.36**
	相对湿度	−0.02	0.03	−0.01	0.40**	0.21	0.35**	0.28*	0.15	0.26#

* $P<0.05$, ** $P<0.01$, # $P<0.1$

从各气候要素与年表相关性来看，年表与气温多为负相关，与降水、干燥指数和相对湿度多为正相关关系。

8.3 区域气候重建研究

树木年轮气候学的研究目标是利用树木年轮与气候因子的关系，建立将树木生长转换为气候要素的转换函数，通过转换函数实现对历史时期气候变化的过程与规律的重建和认识，本部分内容利用海拉尔西山国家森林公园树轮宽度资料重建研究区历史时期的平均温度、最高气温、降水量、干燥指数等气候要素。

8.3.1 树轮年表与不同时期气候要素的相关性分析

考虑到当年的气候条件可能影响当年及以后若干年的树木年轮生长，为构建降水量、平均气温、平均最高气温、干燥指数的重建转换函数，先分析各气候要素对当年 t、前一年 $t-1$、次年 $t+1$ 和再次年 $t+2$ 的树木生长的影响，分析进行了单相关分析（表 8-8～表 8-11）。从表中可见自回归年表对前一年 8 月至当年

表 8-8　海拉尔西山国家森林公园树轮宽度年表与降水量的相关关系

	STD		RES		ARS	
	Q8D7	Q9D8	Q8D7	Q9D8	Q8D7	Q9D8
R_t	0.790	0.730	0.796	0.787	0.809	0.743
P	0.000	0.000	0.000	0.000	0.000	0.000
R_{t-1}	0.174	0.052	0.292	0.164	0.172	0.049
P	0.199	0.706	0.029	0.226	0.204	0.721
R_{t+1}	0.204	0.387	−0.193	0.057	0.204	0.399
P	0.131	0.003	0.153	0.674	0.131	0.002
R_{t+2}	0.077	0.137	−0.070	−0.103	0.036	0.101
P	0.571	0.315	0.609	0.450	0.790	0.458

注: 表中 R_t、R_{t-1}、R_{t+1}、R_{t+2} 分别为降水量与年表当年 t、前一年 $t-1$、次年 $t+1$ 和再次年 $t+2$ 的相关系数,P 为显著水平,Q8D7 为前一年 8 月至当年 7 月降水量,Q9D8 为前一年 9 月至当年 8 月的降水量

表 8-9　海拉尔西山国家森林公园树轮宽度年表与平均气温的相关关系

	STD			RES			ARS		
	C67	C68	C610	C67	C68	C610	C67	C68	C610
R_t	−0.514	−0.482	−0.491	−0.397	−0.359	−0.348	−0.502	−0.466	−0.469
P	0.000	0.000	0.000	0.002	0.007	0.009	0.000	0.000	0.000
R_{t-1}	−0.323	−0.322	−0.352	−0.272	−0.278	−0.285	−0.297	−0.293	−0.320
P	0.015	0.016	0.008	0.043	0.038	0.033	0.026	0.029	0.016
R_{t+1}	−0.558	−0.558	−0.529	−0.339	−0.353	−0.312	−0.540	−0.535	−0.500
P	0.000	0.000	0.000	0.011	0.008	0.019	0.000	0.000	0.000
R_{t+2}	−0.413	−0.393	−0.451	−0.140	−0.115	−0.195	−0.386	−0.361	−0.416
P	0.002	0.003	0.000	0.305	0.401	0.151	0.003	0.006	0.001

注: 表中 R_t、R_{t-1}、R_{t+1}、R_{t+2} 分别为降水与年表当年 t、前一年 $t-1$、次年 $t+1$ 和再次年 $t+2$ 的相关系数,P 为显著水平,C67、C68 和 C610 分别为当年 6~7 月、当年 6~8 月和当年 6~10 月的平均气温

表 8-10　海拉尔西山国家森林公园树轮宽度年表与平均最高气温的相关关系

	STD				RES				ARS			
	C67	C68	C69	C610	C67	C68	C69	C610	C67	C68	C69	C610
R_t	−0.581	−0.555	−0.538	−0.537	−0.468	−0.421	−0.370	−0.374	−0.579	−0.545	−0.524	−0.520
P	0.000	0.000	0.000	0.000	0.000	0.001	0.005	0.005	0.000	0.000	0.000	0.000
R_{t-1}	−0.340	−0.368	−0.422	−0.408	−0.299	−0.310	−0.352	−0.327	−0.321	−0.343	−0.396	−0.379
P	0.010	0.005	0.001	0.002	0.025	0.020	0.008	0.014	0.016	0.010	0.003	0.004
R_{t+1}	−0.463	−0.505	−0.608	−0.544	−0.200	−0.257	−0.380	−0.307	−0.450	−0.486	−0.587	−0.519
P	0.000	0.000	0.000	0.000	0.140	0.056	0.004	0.021	0.000	0.000	0.000	0.000
R_{t+2}	−0.345	−0.338	−0.367	−0.388	−0.112	−0.077	−0.054	−0.114	−0.318	−0.304	−0.332	−0.353
P	0.009	0.011	0.005	0.003	0.412	0.571	0.691	0.403	0.017	0.023	0.012	0.008

注: 表中 R_t、R_{t-1}、R_{t+1}、R_{t+2} 分别为降水量与年表当年 t、前一年 $t-1$、次年 $t+1$ 和再次年 $t+2$ 的相关系数,P 为显著水平,C67、C68、C69 和 C610 分别为当年 6~7 月、当年 6~8 月、当年 6~9 月和当年 6~10 月的平均最高气温

表 8-11　海拉尔西山国家森林公园树轮宽度年表与干燥指数的相关关系

	STD			RES			ARS		
	C67	C68	C69	C67	C68	C69	C67	C68	C69
R_t	−0.590	−0.661	−0.546	−0.478	−0.545	−0.411	−0.595	−0.661	−0.542
P	0.000	0.000	0.000	0.000	0.000	0.002	0.000	0.000	0.000
R_{t-1}	−0.351	−0.369	−0.374	−0.374	−0.396	−0.389	−0.335	−0.348	−0.353
P	0.008	0.005	0.005	0.005	0.003	0.003	0.012	0.009	0.008
R_{t+1}	−0.340	−0.520	−0.629	−0.058	−0.222	−0.399	−0.330	−0.509	−0.612
P	0.010	0.000	0.000	0.672	0.100	0.002	0.013	0.000	0.000
R_{t+2}	−0.340	−0.381	−0.391	−0.165	−0.107	−0.068	−0.307	−0.342	−0.357
P	0.010	0.004	0.003	0.224	0.431	0.617	0.021	0.010	0.007

注：表中 R_t、R_{t-1}、R_{t+1}、R_{t+2} 分别为降水量与年表当年 t、前一年 $t-1$、次年 $t+1$ 和再次年 $t+2$ 的相关系数，P 为显著水平，C67、C68 和 C69 分别为当年 6～7 月、当年 6～8 月和当年 6～9 月的平均干燥指数

7 月降水量，以及当年 4～9 月干燥指数的响应关系明显，标准化年表对当年 6～10 月平均气温和平均最高气温响应关系显著。这为我们进行气候重建转换函数的建立提供了选择基础。

8.3.2　气候重建转换函数构建

8.3.2.1　降水量转换函数

传统树木年轮气候学认为，树木年轮生长状况可能会受前期的生长影响，即与前期气候状况有关，同时当年的气候状况可能会影响后几年树木的生长（Fritts，1976）。因此要重建某年的气候，必须考虑前期和后期若干年的树轮宽度指数，基于此，本研究在气候重建过程中，综合考虑了树木当年及其前后两年的宽度指数，重建前一年 8 月到当年 7 月的总降水量。基于海拉尔西山国家森林公园树轮资料和海拉尔气象站气象资料，降水量与当年自回归年表利用线性回归建立方程为

$$P(t) = \text{EXP}(0.920\,87\text{ARS}_t - 4.386\,28) \tag{8-1}$$

利用逐步回归方法建立的转换函数为

$$P(t) = \text{EXP}(5.307\,549 + 0.896\,175\text{ARS}_t - 0.197\,128\text{ARS}_{t+1} - 0.194\,349\text{ARS}_{t-1}) \tag{8-2}$$

式中，$P(t)$ 为前一年 8 月到当年 7 月的降水量（mm），ARS_t、ARS_{t-1}、ARS_{t+1} 分别为当年、前一年、后一年的自回归年轮指数，t 为使用气象资料的年份。上述两个方程的复相关系数分别为 0.7864 和 0.8605，方差解释量分别为 61.84% 和 74.05%，调整后的方差解释量分别为 61.16% 和 72.55%（F=90.767 和 49.465，P 值均小于 0.000 001）。从中可见，公式（8-2）的方差解释量更高，更适合应用于气候重建，对比重建函数构建效果，本文选择公式（8-2）来构建降水量（图 8-6）。

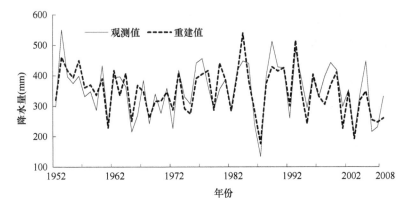

图 8-6　1951～2008 年前一年 8 月至当年 7 月降水量重建值与实测值对比曲线

8.3.2.2　气温转换函数

由于夏季的平均气温与标准化年表的相关系数非常显著，通过分析后，采用逐步回归方法选择重建夏季 6～8 月、6～7 月和 6～10 月平均气温。平均气温重建方程为

$$T_{68}(t)=21.246\ 53-1.201\ 30STD_{t+1}-0.760\ 13STD_t-$$
$$0.512\ 18STD_{t+2}-0.485\ 33STD_{t-1} \tag{8-3}$$

$$T_{67}(t)=21.818\ 06-1.142\ 37STD_{t+1}-0.963\ 63STD_t-$$
$$0.627\ 61STD_{t+2}-0.443\ 23STD_{t-1} \tag{8-4}$$

$$T_{610}(t)=15.968\ 48-0.825\ 26STD_{t+1}-0.730\ 76STD_t-$$
$$0.746\ 85STD_{t+2}-0.528\ 72STD_{t-1} \tag{8-5}$$

式中，$T_{68}(t)$、$T_{67}(t)$ 和 $T_{610}(t)$ 分别为当年 6～8 月、6～7 月和 6～10 月平均气温、STD_t、STD_{t-1}、STD_{t+1} 和 STD_{t+2} 分别为当年、前一年、后一年和后两年的标准化年表树轮宽度指数。重建方程复相关系数分别为 0.6388、0.6563 和 0.6529，方差解释量分别为 40.81%、43.07% 和 42.63%，调整后的方差解释量分别为 36.16%、38.60% 和 38.13%（F 值分别为 8.7891、9.6454 和 9.4748，P 值分别小于 0.000 02、0.000 01 和 0.000 01），方程重建效果均很显著，对比重建效果，本研究选择重建 6～7 月平均气温（图 8-7）。

平均最高气温重建方程为

$$T_{m69}(t)=26.223\ 56-1.722\ 96STD_{t+1}-0.851\ 35STD_t-0.926\ 82STD_{t-1} \tag{8-6}$$

$$T_{m68}(t)=27.732\ 91-1.210\ 22STD_{t+1}-1.321\ 76STD_t-0.639\ 24STD_{t-1} \tag{8-7}$$

式中，$T_{m69}(t)$、$T_{m68}(t)$ 分别为当年 6～9 月、6～8 月平均最高气温、STD_t、STD_{t-1}、STD_{t+1} 分别为当年、前一年、后一年的标准化年表树轮宽度指数。重建方程复相关系数分别为 0.7060 和 0.6373，方差解释量分别为 49.84% 和 40.62%，调整后的方差解释量分别为 46.95% 和 39.19%（F 值分别为 17.225 和 11.856，P 值均小于

0.0001），方程重建效果均很显著，对比选择最好模拟效果，本研究选择重建6～9
月的平均最高气温（图8-8）。

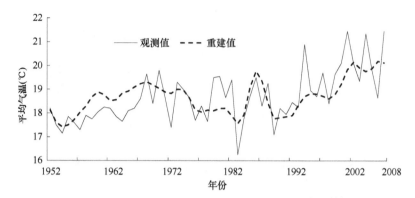

图 8-7 1952～2008 年 6～7 月平均气温重建值与实测值对比曲线

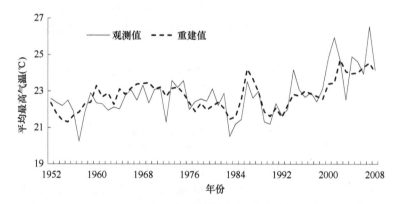

图 8-8 1952～2008 年 6～9 月平均最高气温重建值与实测值对比曲线

8.3.2.3 干燥指数转换函数

由表 8-11 可见，自回归年表更适合用来进行干燥指数重建方程的构建。构建
的当年 6～7 月、6～8 月和 6～9 月平均干燥指数方程分别为

$$D_{67}(t)=14.9740-3.172\,25STD_t-0.519\,33STD_{t+2} \tag{8-8}$$
$$D_{68}(t)=14.244\,91-2.423\,86STD_t-0.879\,64STD_{t+1}-0.7105STD_{t+2} \tag{8-9}$$
$$D_{69}(t)=14.995\,64-1.465\,65STD_t-2.770\,24STD_{t+1}-1.045\,27STD_{t-1} \tag{8-10}$$

式中，$D_{67}(t)$、$D_{68}(t)$ 和 $D_{69}(t)$ 分别为当年 6～7 月、6～8 月和 6～9 月平均干燥指数、
STD_t、STD_{t-1}、STD_{t+1} 和 STD_{t+2} 分别为当年、前一年、后一年和后两年的标准化
年表树轮宽度指数。重建方程复相关系数分别为 0.6239、0.7170 和 0.7085，方差
解释量分别为 38.93%、51.41% 和 50.19%，调整后的方差解释量分别为 36.63%、
48.61% 和 47.32%（F 值分别为 16.893、18.339 和 17.467，P 值分别小于 0.000 01、

0.000 001 和 0.000 001），方程重建效果均很显著，对比选择最好效果，本研究选择重建夏季（6～8 月）的平均干燥指数（图 8-9）。

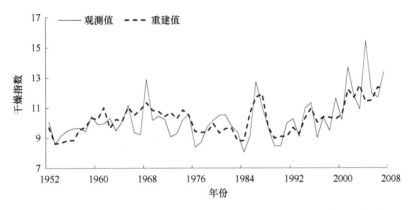

图 8-9 1952～2008 年 6～8 月平均干燥指数重建值与实测值对比曲线

8.3.3 转换函数的检验

对降水量、平均气温、平均最高气温和干燥指数重建方程作交叉检验（表 8-12），其误差缩减值分别为 0.282、0.641、0.535 和 0.413，均通过了检验；交叉检验相关系数分别为 0.809、0.546、0.649 和 0.737，均通过了 0.0001 显著水平检验，一阶差相关系数分别为 0.795、0.102、0.224 和 0.495，平均气温和平均最高气温未达到 $P<0.05$ 显著水平。乘积平均值检验中的 T 值分别为 6.30、7.03、5.86 和 6.49，均通过了 99.9% 置信水平检验。这些检验说明本研究的气候重建转换函数重建序列和实测序列比较接近，说明建立的转换方程稳定可靠，适合进行各自的气候重建。

表 8-12 气候要素转换函数统计检验

转换函数	符号检验	一阶差符号检验	误差缩减值 RE	乘积平均数 T	交叉检验相关系数 r	一阶差相关系数	R^2	F	P
降水量	48（21）	47（21）	0.282	6.30	0.809	0.795	0.741	49.465	0.000 01
平均温度	39（21）	31（21）	0.641	7.03	0.546	0.102	0.431	9.6454	0.000 01
最高气温	42（21）	29（21）	0.535	5.86	0.649	0.224	0.498	17.225	0.000 01
干燥指数	42（21）	37（21）	0.413	6.49	0.737	0.495	0.514	18.339	0.000 01

注：表中括号内数字为 95% 置信水平检验的临界值

8.4　200 年来呼伦贝尔的气候变化

8.4.1　气候变化趋势

图 8-10 为重建的前一年 8 月至次年 7 月的降水量、6～7 月平均气温、6～9 月平均最高气温和 6～8 月平均干燥指数时间序列及 11 年移动平均序列。由图 8-10a

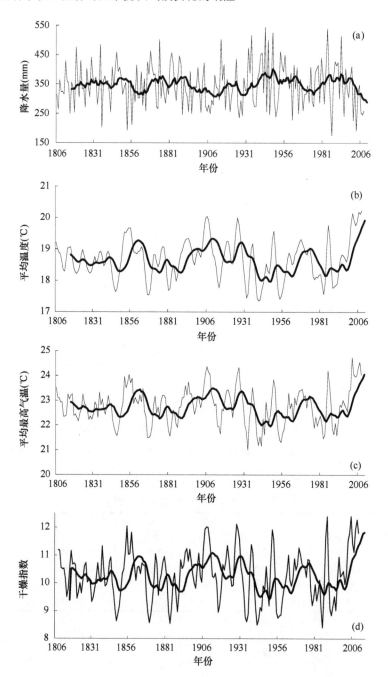

图 8-10 海拉尔 1806 年以来前一年 8 月到次年 7 月降水量（a）、6～7 月平均气温（b）、6～
9 月平均最高气温（c）和 6～8 月平均干燥指数（d）重建序列（细线）及 11 年移动平均序列
（粗线）

可见，最近 200 多年来呼伦贝尔沙地的降水量总体呈微弱的下降趋势，下降趋势率为 0.21mm/10a，但未达到显著的变化趋势，这表明呼伦贝尔沙地的降水量总体未发生明显的变化。但最近 30 年来呼伦贝尔沙地的降水量发生明显降低趋势，降水下降趋势率达到 30.4mm/10a，特别是 1987 年，降水量仅 133mm，创历史极端低值，此外，2003 年也是降水极少的重要年份之一，降水量仅 203mm。

根据重建的平均气温和平均最高气温结果来看，总体上呼伦贝尔沙地气候呈变暖趋势，6～7 月平均气温增加趋势率达到 0.04℃/10a，6～9 月最高气温增加趋势率为 0.012℃/10a，然而自 20 世纪 80 年代开始，呼伦贝尔地区的气温呈显著的升高趋势，6～7 月平均气温和 6～9 月最高气温的趋势率分别达到 0.799℃/10a 和 0.854℃/10a。干燥指数重建结果表明，呼伦贝尔沙地气候呈干旱化趋势，6～8 月干燥指数变化趋势率为 0.021/10a，而最近 30 年来，呼伦贝尔沙地的干旱化程度呈明显加重趋势，其干燥指数增加趋势率达到 0.816/10a，这表明最近几十年来，呼伦贝尔地区的气候干旱化趋势加重。

8.4.2　气候变化周期

采用功率谱方法对海拉尔前一年 8 月至次年 7 月降水量、6～7 月平均气温、6～9 月平均最高气温、6～8 月平均干燥指数重建序列进行周期分析，最大滞后数取 102 年，分析表明，重建降水序列的变化周期以 4.08 年、2.68 年和 2.19 年的高频变化最显著，均超过了 $P=0.05$ 的显著水平，此外还有 7.29、5.1 年和 2.37 年的变化周期较显著（图 8-11）。

6～7 月平均气温重建序列功率谱分析，最大滞后数取 102 年，以了解长时间范围内温度变化的周期性，结果表明以 17 年、18.55 年、9.27～10.74 年、6.8～8.5 年、5.1 年和 2 年的周期最为显著，均超过 $P=0.05$ 水平显著性检验。

6～9 月平均最高气温重建序列功率谱分析表明（$m=102$ 年），平均最高气温存在 7.29 年、7.03 年和 2.19 年的显著变化周期，均超过了 $P=0.05$ 显著性检验，其中 7.29 年和 7.03 年的变化周期与 6～7 月平均气温的变化周期相同。

6～8 月干燥指数的功率谱分析表明（$m=102$ 年），干燥指数存在 8.5 年、7.29 年、7.03 年、5.1 年、4.98 年、4.08 年和 4.0 年的显著变化周期，均达到 $P=0.05$ 显著水平。综合分析 4 种气候要素的周期性变化，它们在 7.29 年、7.03 年、5.1 年和 4.08 年有共同的显著变化周期。

目前一般认为厄尔尼诺-南方涛动（ENSO）具有 2.5～7 年的周期（龚道溢和王绍武，1998；Rittenour et al.，2000；Huber and Caballero，2003），这与本研究中重建的降水量、温度和干燥指数序列表现出的周期基本一致，进一步说明呼伦贝尔地区的气候不仅含有局部的区域气候信号，同时也受到全球大尺度气候变化的影响。

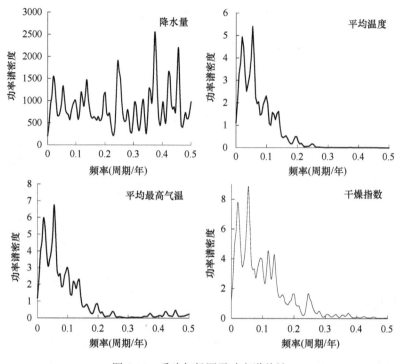

图 8-11　重建气候因子功率谱估计

8.4.3　气候突变

图 8-12～图 8-16 为呼伦贝尔地区重建的降水量、平均气温、平均最高气温、平均干燥指数的滑动 t 检验曲线与曼-肯德尔突变检验曲线，为解决滑动 t 检验突变点随平均值时段长度 m 漂移的不足，本研究取 m=30 年、20 年、15 年、10 年的 4 个时段进行计算，取突变点出现次数较多的年份作为突变年份，判定突变点的临界显著性水平为 0.05，图中各时段折线为突变检验值，横虚线为突变临界值。

8.4.3.1　降水量突变分析

图 8-12 为滑动 t 检验曲线，结果表明，呼伦贝尔降水量在 1888 年前后发生一次由多向少的显著突变，1852 年前后发生一次较显著的由多向少的突变；1931 年前后发生一次由少向多的显著突变，1975 年前后发生一次由少向多的较显著突变。经过曼-肯德尔趋势与滑动 t 检验发现，1815 年和 1976 年发生一次由少向多的突变，1904 年和 2005 年发生一次由多向少的突变（图 8-16）。

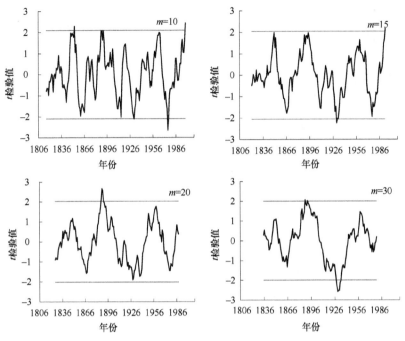

图 8-12　1806～2008 年重建降水量滑动 t 检验曲线

虚线为 95%置信水平临界值

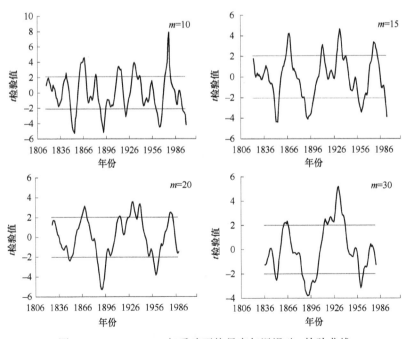

图 8-13　1806～2008 年重建平均最高气温滑动 t 检验曲线

虚线为 95%置信水平临界值

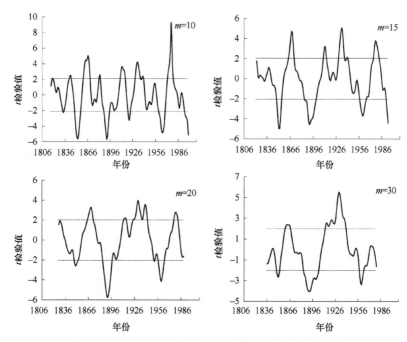

图 8-14 1806～2008 年重建平均气温滑动 t 检验曲线

虚线为 95% 置信水平临界值

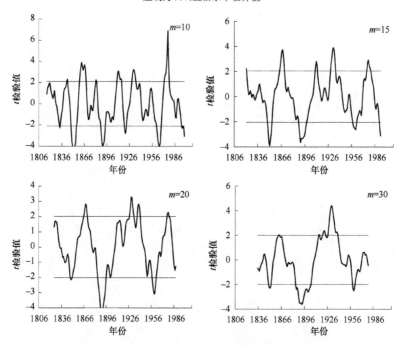

图 8-15 1806～2008 年重建干燥指数滑动 t 检验曲线

虚线为 95% 置信水平临界值

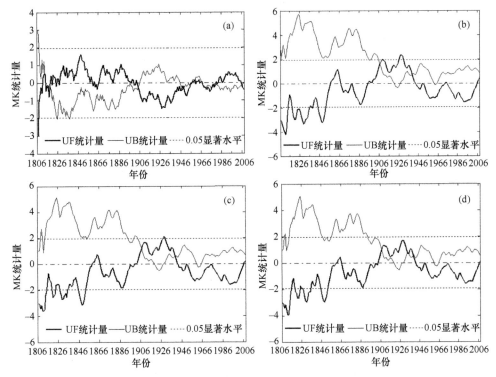

图 8-16　1806～2008 年降水量（a）、平均气温（b）、平均最高气温（c）和
干燥指数（d）曼-肯德尔突变检验曲线

8.4.3.2　气温突变分析

图 8-13 和图 8-14 为平均最高气温和平均气温滑动 t 检验曲线，结果表明，对比平均最高气温和平均气温的突变曲线，其变化趋势完全相同，研究发现呼伦贝尔气温在 1852 年、1892 年、1961 年前后发生了由少向多的突变；1867 年、1932 年、1977 年前后发生由少向多的突变。经过曼-肯德尔趋势与滑动 t 检验发现，在 1906 年和 1939 年发生两次突变（图 8-16）。

8.4.3.3　平均干燥指数突变分析

干燥指数为平均气温和降水量的综合反映，是二者的综合指标。图 8-15 为重建干燥指数序列的滑动 t 检验曲线，对比干燥指数与平均气温、降水量的滑动 t 检验曲线表明，干燥指数的滑动 t 检验曲线与平均气温的检验曲线几乎完全相同，这说明干燥指数主要受温度的影响，其滑动 t 检验时间点与平均气温的完全相同（图 8-16）。

8.4.4 气候变化阶段分析

8.4.4.1 干湿变化

图 8-17 为呼伦贝尔前一年 8 月至当年 7 月重建降水距平百分率及 11 年滑动平均曲线,以揭示其低频变化,由图可见,呼伦贝尔地区降水量大体经历了 6 个偏湿阶段和 7 个偏干阶段:1806～1819 年偏干、1817～1840 年偏湿、1841～1844年偏干、1845～1855 偏湿、1856～1867 年偏干、1868～1892 年偏湿(1880 年、1881 年偏干)、1893～1917 年偏干、1918～1920 年偏湿、1921～1937 年偏干(1924年、1934 年偏湿)、1938～1966 年偏湿、1968～1979 年偏干、1980～2001 年偏湿、2002～2008 年偏干。从降水量偏湿阶段的平均值来看,平均值最大值出现在1938～1966 年,达 370mm,高出 203 年平均值 6.77%,从偏干阶段来看,平均值最小出现在 2002～2008 年,值为 281.5mm,低于 203 年平均值 18.76%。最长的偏干时段为 1938～1966 年,持续时间为 29 年,最长的偏干时段为 1893～1917年,持续时间为 25 年。

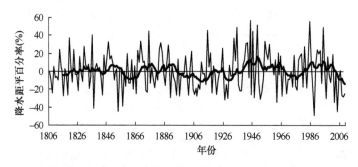

图 8-17 降水距平百分率变化及 11 年滑动平均曲线

取降水距平百分率–10%～+10%为正常年份,>+30%为湿润年,<–30%为干旱年,10%～30%为偏湿年,–30%～–10%为偏干年。在 1806～2008 年的 203 年间,呼伦贝尔降水出现的湿润年有 17 个,占 8.37%,偏湿年有 45 个,占 22.17%,正常年份有 76 个,占 37.44%,偏干年有 55 个,占 27.09%,干旱年份有 10 个,占4.93%。湿润年的出现频率高于干旱年的出现频率,偏干年的出现频率高于偏湿年的出现频率(表 8-13)。

表 8-13 重建降水干湿变化频率

	干旱年份 (P<–30%)	偏干年份 (–30%<P<–10%)	正常年份 (–10%<P<10%)	偏湿年份 (10%<P<30%)	湿润年份 (P>30%)
年数	10	55	76	45	17
所占百分比(%)	4.93	27.09	37.44	22.17	8.37

8.4.4.2 冷暖变化

图 8-18 为呼伦贝尔 6～7 月重建平均气温距平及 11 年滑动平均曲线，以揭示其低频变化，由图可见，6～7 月平均气温大体经历了 7 个偏暖阶段和 6 个偏冷阶段：1806～1818 年偏暖、1819～1840 年偏冷、1841～1843 年偏暖、1844～1854 年偏冷、1855～1867 年偏暖、1868～1893 年偏冷、1894～1917 年偏暖、1918～1923 年偏冷、1924～1936 年偏暖、1937～1966 年偏冷、1967～1978 年偏暖、1979～2000 年偏冷、2001～2008 年偏暖。从 6～7 月平均气温偏暖阶段的平均值来看，平均值最大值出现在 2001～2008 年，为 20.01℃，高出 203 年平均值 1.33℃，从偏冷阶段来看，平均值最小出现在 1938～1958 年，为 18.11℃，低于 203 年平均值 0.58℃。最长的偏暖时段为 1894～1917 年，持续时间为 24 年，最长的偏冷时段为 1938～1966 年，持续时间为 30 年。

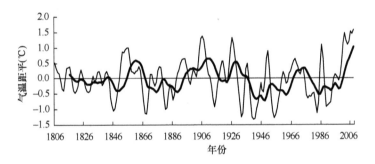

图 8-18　平均气温距平变化及 11 年滑动平均曲线

取平均气温距平−0.5～+0.5℃为正常年份，>+1.0℃为暖年，<−1.0℃为冷年，0.5～1.0℃为偏暖年，−1.0～−0.5℃为偏冷年。在 1806～2008 年的 203 年间，呼伦贝尔 6～7 月平均气温的暖年有 14 个，占 6.90%，偏暖年有 23 个，占 11.33%，正常年份有 123 个，占 60.59%，偏冷年有 29 个，占 14.29%，冷年有 14 个，占 6.90%。冷年与暖年的出现频率相当，偏冷年出现的频率高于偏暖年的出现频率（表 8-14）。

表 8-14　重建 6～7 平均气温冷暖变化频率

	冷年 （$T<-1$℃）	偏冷年份 （$-1<T<-0.5$℃）	正常年份 （$-0.5<T<0.5$℃）	偏暖年份 （$0.5<T<1$℃）	暖年 （$T>1$℃）
年数	14	29	123	23	14
所占百分比（%）	6.90	14.29	60.59	11.33	6.90

8.5　结论与讨论

作为影响树木生长的重要气候因子，温度和降水量一直被认为是树木生长的主要限制因子。本研究发现，沙地樟子松树轮宽度与当年 5~8 月的降水量相关显著（$P<0.05$），但与上年 10 月至当年 4 月的降水量相关性均不显著，但多呈正相关关系，即降水量多有利于树木生长。高尚玉等（2006）研究发现，腾格里沙漠南缘油松径向生长与生长季降水量呈正反馈关系，梁尔源等（2007）研究发现内蒙古浑善达克沙地油松和白扦树轮宽度生长主要受当年 2~3 月和 6~7 月降水量的影响；杨银科等（2005）发现祁连山青海云杉树木径向生长主要受当年 5~7 月降水量的影响，张寒松等（2007）在中国长白山研究发现，树木径向生长主要受 8~9 月降水量的影响；陆小明（2007）发现，当年 1 月、6 月和前一年 12 月的降水量是大兴安岭新林地区樟子松径向生长的主要限制因子。对于呼伦贝尔地区来说，樟子松的生长一般从 5 月开始，至 9 月末结束，其中 5~8 月为主要生长期。春季是树木开始生长的季节，春季降水多，则树木细胞分裂快，细胞数量多且体积大，有利于形成较宽的年轮，反之则制约树木径向生长，本研究中 5 月降水量的增加显著影响着树木的径向生长就是例证。研究区属于半干旱地区，其年降水量约为 350mm，其中 5~8 月降水量约为年降水量的 74.8%，而这一时期也正是樟子松树木径向生长最主要的时期，这个时期日照充足，树木生长所需的热量条件得到满足，降水量的多寡成为制约树木生长的主要因子，可见树轮宽度指数与降水量显著正相关具有明确的生理学意义。此外，上一年如果降水充足，树体内储存的养分就多，能够为下一年的生长提供营养条件；而 10 月到次年 4 月的降水主要以固态降水为主，春季融化后进入土壤储存，为接下来 5~9 月生长期的生长提供储备。

树轮宽度与生长季前期和生长季的月平均气温呈负相关，特别是月平均最高气温的升高不利于树木径向生长（图 8-2），这与 Mäkinen 等（2001）和 Rolland（1993）的研究一致，他们认为，高温使土壤含水量减少，如降水量不能满足树木的蒸腾作用，树木只能动用体内储存的水，因而影响了下一年的生长，而生长季前期 1~4 月的树木生长与气温变化呈负相关，这与吴祥定和邵雪梅（1996）在吉林长白山区的研究结果相似，他们发现树轮宽度指数与前一年 10 月到当年 4 月的气温均呈负相关，并认为这种响应关系主要是由树木的生理过程所决定的；而本研究中前一年 10~12 月虽然温度很低，但是樟子松具有很强的抗低温能力，能保证正常的代谢活动，有利于树木下一年的生长，因此呈正相关关系，但并不显著。樟子松耐寒抗旱，但对高温的忍耐力偏低（Pichler and Oberhuber，2007），至 6 月、7 月时，温度升高使蒸腾作用加强，导致树木生理干旱，反而会限制树木生长。朱西德等（2007）在青海柴达木东北缘的研究也表明，在降雨量稀少的地区，夏季过高的温度会抑制树木的增长。王晓春等（2011）在大兴安岭北部的漠河研究了樟子松树木径向生长与气候要素的响应关系发现，树轮宽度与当年 6 月气温和前一年 10 月气温呈显著负相关关系，王丽丽等（2005）分析漠河樟子松树轮宽度与气候因子的关系时也发现，樟子松早材宽度与当年 6 月气温呈显著负相关，同时与当年 8 月气温显著正相关。Wang 等（2010）发现，中国西北宁夏的油松树轮宽度与多数月份的气温呈负相关关系，特别是与 5 月、7 月和 8 月气温呈显著负相关关系。梁尔源等（2007）研究也发现，内蒙古浑善达克沙地油松和白扦树轮宽度与 5～7 月气温呈显著负相关关系，本研究与以上研究结果研究基本一致，可见研究区高温，特别是月平均最高气温条件下，植物蒸腾和土壤水分蒸发速度加快，温度越高越不利于地表水分的保持，土壤有效湿度降低，可能加剧本已存在的水分胁迫，从而限制树木的生长。

6～8 月是沙地樟子松耗水的高峰期，最高耗水量在 7 月，此时的气温也达到了一年中的最高时期，研究区平均最高气温出现的时间（6～7 月）要早于最大降水发生的时间（7～8 月），此时由于蒸散发对水分需求增加的幅度高于降水增加的幅度，容易导致土壤水分的亏缺，无法满足树木的生长需求，此时与蒸散发有直接关系的平均温度，特别是平均最高温度便成为控制树木径向生长的限制因子，从而导致生长季的平均温度和平均最高温度升高，产生较窄的年轮，反之则形成宽轮。

土壤水分亏缺是呼伦贝尔沙地树木生长最突出的限制因子，而土壤水分又受到降水量的多少、土壤水分蒸发、树木蒸腾作用的强弱及土壤基质理化特性等的综合影响（梁尔源等，2007）。樟子松核心分布区位于我国大兴安岭北部地区，年降水量在 400～600mm 及以上，研究区平均 350mm 的年降水量无法满足树木生长对水分的需求，这是降水量增加能够促进树木径向生长的原因，而樟子松树木径向生长与生长季温度之间显著负相关关系的存在，也进一步揭示了高温可通过土壤水分的蒸发和植物蒸腾作用而间接限制树木的生长（Liang et al.，2001）。从前一年 10 月至当年 9 月的降水量、平均气温和平均最高气温与树轮宽度的关系看，降水量的影响远远大于平均气温的影响，即树木径向生长直接受到降水量的限制作用，呼伦贝尔沙地樟子松径向生长属降水敏感型。

采用功率谱方法分析气候变化周期表明，重建的前一年 8 月至当年 7 月降水量存在 4.08 年、2.68 年和 2.19 年的高频显著变化周期，以及 7.29 年、5.1 年和 2.37 年的较显著变化周期；6～7 月平均气温存在 17 年、18.55 年、9.27～10.74 年、6.8～8.5 年、5.1 年和 2 年的显著变化周期；6～9 月平均最高气温存在 7.29 年、7.03 年和 2.19 年的显著变化周期；6～8 月干燥指数存在 8.5 年、7.29 年、7.03 年、5.1 年、4.98 年、4.08 年和 4.0 年的显著变化周期。综合 4 种气候要素的周期变化，存在 7.29 年、7.03 年、5.1 年和 4.08 年的共同变化周期。

采用滑动 t 检验表明，呼伦贝尔降水量在 1888 年和 1852 年前后发生由多向少的显著突变，1931 年和 1975 年前后发生一次由少向多的显著突变；呼伦贝尔气温在 1852 年、1892 年、1961 年前后发生了由少向多的突变，1867 年、1932

年、1977 年前后发生了由少向多的突变；干燥指数的突变年份与平均气温的突变年份相同。

呼伦贝尔地区降水量大体经历了 6 个偏湿阶段和 7 个偏干阶段：1806～1819年偏干、1817～1840 年偏湿、1841～1844 年偏干、1845～1855 年偏湿、1856～1867 年偏干、1868～1892 年偏湿（1880 年、1881 年偏干）、1893～1917 年偏干、1918～1920 年偏湿、1921～1937 年偏干（1924 年、1934 年偏湿）、1938～1966年偏湿、1968～1979 年偏干、1980～2001 年偏湿、2002～2008 年偏干。

6～7 月平均气温大体经历了 6 个偏冷阶段和 7 个偏暖阶段：1806～1818 年偏暖、1819～1840 年偏冷、1841～1843 年偏暖、1844～1854 年偏冷、1855～1867年偏暖、1868～1893 年偏冷、1894～1917 年偏暖、1918～1923 年偏冷、1924～1936 年偏暖、1937～1966 年偏冷、1967～1978 年偏暖、1979～2000 年偏冷、2001～2008 年偏暖。一般情况下，偏冷阶段对应偏湿阶段。

第 9 章　呼伦贝尔森林-草原过渡带植被变化

9.1　呼伦贝尔森林-草原过渡带归一化植被
指数（NDVI）变化特征

从呼伦贝尔地区多年平均月归一化植被指数（NDVI）变化可见（图 9-1），1～3 月的 NDVI 值比较低，之后开始较快上升，5～7 月 NDVI 上升迅速，由 4 月底的 0.208 上升至 7 月的 0.633，至 8 月其增长幅度较小，达到全年最高值，8 月以后，NDVI 值快速下降，至 10 月初下降到 0.305，其中夏季（6～8 月）为植被旺盛生长期，NDVI 均在 0.52 以上，通过 NDVI 值变化幅度可见，森林-草原过渡带的 5～9 月为植被生长季。分析气候资料发现，5～9 月平均气温均在 10℃以上，月降水量均在 20mm 以上，累积降水量达到年降水量的 85.38%，而已有资料表明（赵兴梁和李万英，1963），樟子松 5 月上旬顶芽及侧芽开始生长，9 月下旬种子成熟，10 月上旬树木进入休眠，其径向生长与高度生长几乎同时开始，但比高生长结束晚，一般到 9 月底停止生长，其中以 5～8 月生长较快速，可以认为 5～9 月为樟子松的生长期。因此，本章主要分析生长期内的樟子松树轮宽度指数与区域植被变化关系。

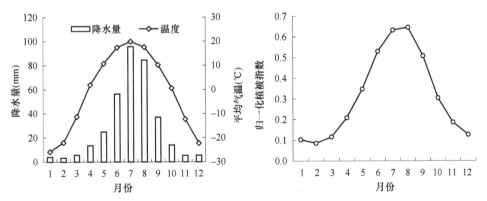

图 9-1　研究区域月归一化植被指数（NDVI）、降水量和平均气温年内变化

9.2　逐月 NDVI 和树轮宽度指数与气候因子的关系

表 9-1 和表 9-2 分别为 4～9 月和各生长季节的 NDVI 与各月、季的气候因子

的相关关系。由表 9-1 可见，4 月的 NDVI 主要受地表温度控制，除与 4 月平均最高气温外，与 3 月和 4 月的平均气温、平均最高气温和平均最低气温均达到了显著水平（$P<0.05$），对降水量变化响应不明显，一般来说，4 月研究区植被开始

表 9-1 不同月份 NDVI 与气候因子的相关关系

NDVI 月份	气候因子	气候因子月份						
		3	4	5	6	7	8	9
4	降水量	−0.2819	0.2874					
	平均气温	0.4732**	0.4483**					
	平均最高气温	0.4356**	0.3622*					
	平均最低气温	0.4880**	0.5027**					
	相对湿度	0.3215	−0.0483					
5	降水量	0.3381*	0.3198	0.3445*				
	平均气温	−0.0994	0.0222	0.3622*				
	平均最高气温	−0.1295	−0.1000	0.2021				
	平均最低气温	−0.1079	0.2352	0.5098**				
	相对湿度	0.0897	0.1092	0.3646*				
6	降水量	−0.0624	−0.1304	0.4509**	0.1870			
	平均气温	−0.1296	−0.0837	0.0553	−0.0916			
	平均最高气温	−0.1361	−0.0691	−0.0782	−0.1873			
	平均最低气温	−0.1250	−0.0651	0.2245	−0.1930			
	相对湿度	0.0648	0.2609	0.4656**	0.1796			
7	降水量	0.0071	0.2252	0.3642*	0.4602**	0.3640*		
	平均气温	−0.0401	−0.1654	0.0565	−0.0525	−0.0880		
	平均最高气温	−0.0486	−0.2535	−0.0711	−0.1411	−0.2336		
	平均最低气温	−0.0328	0.0132	0.2556	−0.1674	0.2257		
	相对湿度	0.0077	−0.0746	0.3442**	−0.0452	−0.1133		
8	降水量	0.0604	0.3888*	0.1438	−0.0478	0.3777*	−0.3008	
	平均气温	−0.1202	0.2012	−0.0148	0.3307	0.3059	0.3801*	
	平均最高气温	−0.1750	0.0183	−0.0260	0.3163	0.1322	0.4546**	
	平均最低气温	−0.0671	0.4242**	0.1585	0.1608	0.5492**	0.1214	
	相对湿度	−0.2308	−0.3554*	−0.5318**	−0.1680	−0.3937*	0.3781*	
9	降水量	0.0524	−0.0383	0.1046	−0.1348	0.2225	0.3689*	0.0040
	平均气温	−0.0347	0.5176**	−0.0846	0.0601	0.1569	−0.2340	−0.1242
	平均最高气温	−0.0453	0.4830**	0.0231	0.0801	0.1176	−0.3480	−0.1559
	平均最低气温	−0.0174	0.3866	−0.1539	0.2995	0.0712	0.0631	−0.0752
	相对湿度	0.1472	0.0278	−0.5651**	−0.0525	−0.0002	−0.2098	0.0710

*$P<0.1$，**$P<0.05$

表 9-2　不同季节的 NDVI 与生长期各月和季节气候因子的相关关系

NDVI	气候因子	3	4	5	6	7	8	9	年均	春季	夏季	秋季	生长季
年均	降水量	0.1249	0.2012	0.4564**	0.1462	0.5618**	0.0044	-0.2644	0.2953	0.4877**	0.3217	-0.3496*	0.3126
	平均气温	-0.2079	0.0620	0.0349	0.2800	0.2744	0.3019	0.2663	0.0062	-0.1132	0.3501*	0.3739*	0.3436*
	平均最高气温	-0.2546	-0.0843	-0.0646	0.2023	0.0686	0.2801	0.2024	-0.0952	-0.2242	0.2370	0.3553*	0.2250
	平均最低气温	-0.1782	0.2502	0.2518	0.0227	0.5260**	0.2125	0.3343	0.0557	0.0230	0.0661	0.3345	0.1037
	相对湿度	-0.0703	-0.1263	0.0552	0.2138	-0.1337	0.2172	-0.1033	0.0969	-0.0457	0.1508	0.0139	0.0956
生长季	降水量	0.0753	0.2613	0.5320**	0.2324	0.5921**	0.2277	-0.1515	0.5256**	0.5681**	0.4973**	-0.1935	0.5144**
	平均气温	-0.0958	0.1840	0.1794	0.1422	0.2447	0.1684	0.1692	0.1090	0.0500	0.2197	0.3267	0.2662
	平均最高气温	-0.1368	0.0438	0.0417	0.0487	0.0283	0.1213	0.0950	-0.0641	-0.0599	0.0822	0.2416	0.1057
	平均最低气温	-0.0697	0.3593**	0.4139**	0.0111	0.5237**	0.2005	0.2823	0.1253	0.1828	0.0541	0.3318	0.1008
	相对湿度	0.0721	0.0247	0.0955	0.0595	-0.1231	-0.0055	-0.1344	0.0315	0.1063	-0.0338	-0.0436	-0.0191
春季	降水量	0.0697	0.5409**	0.1536					0.0247	0.4105**			
	平均气温	0.3023	0.0400	0.4850**					0.3591*	0.3730*			
	平均最高气温	0.2822	-0.1204	0.3276					0.3212	0.2498			
	平均最低气温	0.2929	0.2966**	0.6078**					0.1157	0.4829**			
	相对湿度	0.1415	-0.1169	0.1763					-0.0116	0.1298			
夏季	降水量	-0.0109	0.1678	0.4797**	0.2831	0.5650**	0.0723	-0.0879	0.4208**	0.4620**	0.4149**		
	平均气温	-0.1427	-0.0386	0.0508	0.0543	0.0705	0.1834	0.0478	0.0535	-0.0967	0.1178		
	平均最高气温	-0.1719	-0.1386	-0.0869	-0.0456	-0.1233	0.2044	0.0011	-0.0816	-0.1980	0.0163		
	平均最低气温	-0.1158	0.1345	0.3038	-0.1217	0.4077**	0.1124	0.0975	-0.0196	0.0483	-0.0864		
	相对湿度	-0.0493	-0.0137	0.2120	0.0236	-0.1391	0.1466	0.0771	0.0855	0.1193	0.0229		
秋季	降水量	0.1125	-0.0811	0.0004	-0.1810	0.2577	0.0780		0.0819	-0.0186	0.0956	-0.0240	0.0666
	平均气温	-0.1367	0.4619	-0.1554	0.0982	0.0995	-0.0264		-0.1645	0.0118	0.0773	-0.0400	0.0207
	平均最高气温	-0.1635	0.4256**	-0.0433	0.1231	0.0320	-0.1167		-0.1912	0.0442	0.0277	-0.0966	0.0077
	平均最低气温	-0.1097	0.3718*	-0.2397	0.4468**	0.0999	0.1437		0.3273	-0.0377	0.4464**	0.0295	0.4238**
	相对湿度	0.0372	-0.1045	-0.5333	-0.0954	-0.1200	-0.0076		-0.1432	-0.3960**	-0.1048	-0.0361	-0.3232

不同月份和季节气候因子

*P<0.1, **P<0.05

萌动，温度是植被生长的主要限制因子，而同期土壤水分由于冬季降水的积累不会对植物生长产生限制作用。5月NDVI与当月的降水量、平均气温、平均最低气温和相对湿度均呈较显著正相关，特别是与当月的平均最低气温达到显著正相关，说明这个时期的植被变化同时受控于温度和降水量的多少。6月的NDVI除与5月的降水量、相对湿度呈显著正相关外，与其他各月的气候因子相关性均不显著。7月的NDVI与5月、6月、7月的降水量较显著相关，特别是与6月的降水量呈显著正相关，而与各月的平均气温、平均最高气温多呈非显著的负相关关系，与5月的相对湿度呈显著正相关关系。8月的NDVI一般达到年内的峰值或较7月有所下降，这个时期植被生长缓慢，其NDVI值与4月和7月降水量较显著相关，与6月、7月、8月的平均气温、平均最高气温、平均最低气温均呈正相关关系。9月植被草本植被开始凋萎，NDVI开始下降，同时樟子松还保持部分径向生长，与各气象因子的相关性多不显著。

从降水因子来看，植被NDVI对降水量的响应存在明显的时滞性，5~9月NDVI与降水量分析表明，均为当月NDVI与前一月的降水量存在正相关关系，特别是6~9月存在较显著（$P<0.1$）或显著（$P<0.05$）相关关系。温度对植被NDVI的影响时滞性较弱，主要受当月气温的影响，特别是4月、5月的平均气温、平均最低气温，6月、7月温度不是植物生长的限制性因子，因此这个时期二者的相关性不显著。由此可见，生长期的降水量是影响植被NDVI变化的主要影响因子，这与第8章中树轮宽度与气候因子的关系较为相似，这也表明区域植被NDVI的变化与樟子松树轮宽度生长的限制因子是相同的。

由表9-2可见，年均NDVI与5月和7月的降水量及7月的平均最低气温显著相关，与其他各月气候因子均未达到显著水平。与当年平均气温、年降水量、平均最低和最高气温、相对湿度均未达到显著水平。生长季的NDVI与5月和7月降水量、平均最低气温呈显著正相关关系，与年均、春季、夏季和生长季的降水量呈显著的正相关关系，与秋季降水呈不显著负相关关系，与其他气候因子的相关性多未达到显著水平；春季NDVI与4月降水量、5月平均气温和平均最低气温呈显著正相关关系，与同期的降水量、平均最低气温达到显著正相关关系（$P<0.05$），与平均气温达到较显著正相关关系（$P<0.1$），与平均最高气温、相对湿度相关关系不显著；夏季NDVI与7月降水量和平均最低气温及5月降水量呈显著正相关关系，从与季节气候因子相关性来看，夏季NDVI与春季和夏季的降水量显著正相关（$P<0.05$），与其他气候因子均未达到显著相关或不相关；秋季植被NDVI处于凋萎过程中，由于植物无法继续生长，它与降水量、平均气温、平均最高气温无相关性，但前期（春夏季）植被生长的好坏会影响到后期植物凋萎的速率，因而会与前期的最低气温有一定关系，即秋季NDVI与夏季、生长季的平均最低气温具有显著正相关性。

此外，分析生长季、夏季和年平均植被 NDVI 与前一年 10 月至当年 9 月降水量的关系，表明其相关性均显著（相关系数 r 分别为 0.6241、0.5265 和 0.4116，P 值分别为 0.001、0.007 和 0.041），从图 9-2 可见，前一年 10 月至当年 9 月降水量变化趋势与当年生长季（6～9 月）和树轮宽度指数变化趋势基本一致。

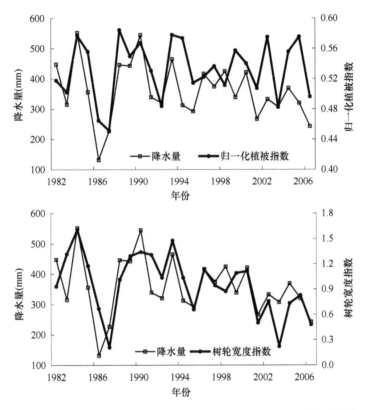

图 9-2　前一年 10 月至当年 9 月降水量与 NDVI、树轮宽度指数变化趋势比较

9.3　树轮宽度指数与 NDVI 的关系

表 9-3 为各月和生长季节 NDVI 与 3 个采集点树轮宽度指数的相关关系。由表 9-3 和图 9-3 可见，在南辉、伊敏河和西山公园采集点的树轮宽度指数与森林-草原过渡带 5 月、6 月、7 月 NDVI 的相关关系中，除南辉点的相关系数仅达到显著水平（$P<0.05$）外，伊敏河和西山公园的相关系数均达到极显著水平（$P<0.01$），其中又以西山公园最好，最高相关系数达到了 0.7179（$P<0.0001$），造成这种差异的原因可能与采集地点及 NDVI 取样区域的距离有关。这也表明 3 个采集点的樟子松年轮生长与森林-草原过渡带 NDVI 变化具有很好的一致性（图 9-4）。

表 9-3 研究区域 NDVI 与树轮宽度指数相关系数

NDVI	南辉			伊敏河			西山公园		
	STD	RES	ARS	STD	RES	ARS	STD	RES	ARS
4 月	−0.1591	−0.1439	−0.1995	0.0435	0.0797	0.0490	−0.2750	−0.2782	−0.2652
5 月	0.5243**	0.4233*	0.4587*	0.5476**	0.6036**	0.5602**	0.7105**	0.6950**	0.7179**
6 月	0.5092**	0.4362*	0.4650*	0.5871**	0.7166**	0.5871**	0.6651**	0.6297**	0.6832**
7 月	0.4679*	0.4046*	0.4134*	0.5535**	0.6973**	0.5473**	0.5309**	0.5535**	0.5390**
8 月	0.1154	0.1259	0.1646	−0.1095	0.1387	−0.1028	−0.1354	0.0754	−0.1185
9 月	−0.0898	−0.1362	−0.0023	−0.4167*	−0.2731	−0.4297*	−0.2397	−0.1150	−0.2366
年平均	0.3157	0.2559	0.2996	0.3650	0.5878**	0.3668	0.4314*	0.5010*	0.4486*
生长季平均	0.5592**	0.4627*	0.5351**	0.4915*	0.7468**	0.4925*	0.5752**	0.6643**	0.5967**
3～5 月平均	0.1193	0.0112	0.0168	0.4388*	0.3615	0.4637*	0.3499	0.2837	0.3528
6～8 月平均	0.5463**	0.4803*	0.5167**	0.5392**	0.7753**	0.5394**	0.5669**	0.6385**	0.5880**
9～11 月平均	−0.1467	−0.1284	−0.0661	−0.5372**	−0.3320	−0.5413**	−0.3112	−0.1559	−0.2996
5～7 月平均	0.5846**	0.4938*	0.5227**	0.6606**	0.7930**	0.6625**	0.7443**	0.7292**	0.7586**
5～8 月平均	0.5837**	0.5019*	0.5409**	0.5852**	0.7863**	0.5890**	0.6556**	0.7068**	0.6743**

*$P<0.05$，**$P<0.01$

注：STD 为标准化年表，RES 为差值年表，ARS 为自回归年表

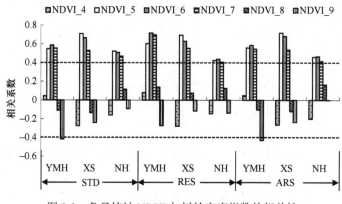

图 9-3 各月植被 NDVI 与树轮宽度指数的相关性

虚线代表 95% 置信水平

从生长季（5～9 月）、夏季（6～8 月）、5～7 月和 5～8 月的平均 NDVI 与 3 个采集点的树轮宽度指数的相关性来看，除两个相关系数达到显著相关水平（$P<0.05$）外，其他相关系数均达到极显著水平（$P<0.01$），其中 5～7 月平均 NDVI 与西山公园自回归年表相关系数达到 0.7586（$P<0.000\,01$），因此可以利用线性模型，通过树轮宽度年表可以反映森林-草原过渡带 NDVI 的变化情况，这也表明树轮宽度指数能够指示研究区域生长季 NDVI 的年际变化。NDVI 与植被叶面积指数、生物量有密切关系，故树轮宽度指数可以反映森林-草原过渡带逐年生长季内

生物量动态与叶面积动态。鉴于目前植被遥感数据时间序列较短，借助树轮数据的时间尺度长、定年准确及分辨率高的特点，可以通过樟子松树轮宽度指数来反演森林-草原过渡带的逐年动态。

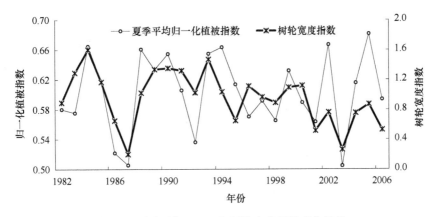

图 9-4　夏季平均 NDVI 与树轮宽度指数变化趋势

9.4　呼伦贝尔森林-草原过渡带 NDVI 转换函数构建

呼伦贝尔地区樟子松树轮宽度与植被 NDVI 在 5～9 月生长迅速，是相关性显著的时期，本章利用西山公园树轮宽度指数序列长的优势，重建研究区域森林-草原过渡带上的 NDVI 近 200 年来的变化。以树轮宽度指数为自变量，以 6～7 月、5～9 月的 NDVI 平均值为因变量，其重建方程分别为

$$NDVI_{6\sim7}=0.367\,399+0.307\,104ARS_t-0.161\,996ARS_{t-1} \tag{9-1}$$
$$NDVI_{5\sim9}=0.494\,172+0.081\,094RES_t-0.041\,421RES_{t+1} \tag{9-2}$$

式中，$NDVI_{6\sim7}$ 和 $NDVI_{5\sim9}$ 分别为森林-草原过渡带 6～7 月和 5～9 月 NDVI 平均值，ARS_t、ARS_{t-1} 分别为重建当年和前一年的自回归年表宽度指数，RES_t 和 RES_{t+1} 分别为重建当年和后一年的差值年表宽度指数。显著性检验表明，$NDVI_{6\sim7}$ 重建方程的复相关系数 R 为 0.8246，方差解释量为 68.00%，调整后的方差解释量为 64.95%，$NDVI_{5\sim9}$ 重建方程的复相关系数为 0.7692，方差解释量为 59.17%，调整方差解释量为 55.08%，F 检验表明，两个重建方程均达到极显著水平（F 值分别为 22.312 和 14.490，N 均为 24，P 值分别为 0.000 01 和 0.000 13）。对比观测值与重建值发现（图 9-5，图 9-6），重建值与观测值的趋势基本相同，可以用于 NDVI 的年际变化重建。

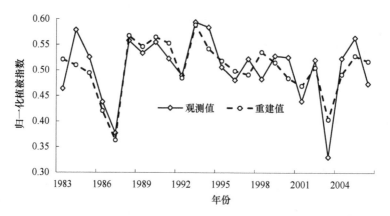

图 9-5 6～7 月平均 NDVI 重建值与观测值对比

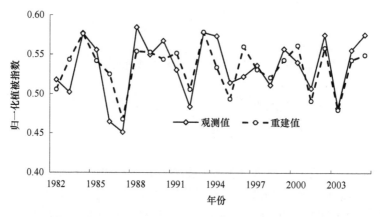

图 9-6 5～9 月平均 NDVI 重建值与观测值对比

9.5 呼伦贝尔森林-草原过渡带 NDVI 变化

9.5.1 周期特征

图 9-7 和图 9-8 为 1806～2009 年森林-草原过渡带 6～7 月和 5～9 月的 NDVI 平均值变化趋势。经功率谱分析结果表明（图 9-9），NDVI 存在较大的高频波动，而低频波动较弱。分析表明，6～7 月平均 NDVI 存在 4.08 年、4.0 年、2.68 年和 2.19 年的波动周期，其波动频率较高，5～9 月 NDVI 平均值存在 4.08 年、2.72 年、2.68 年、2.65 年、2.37 年、2.34 年、2.22 年和 2.19 年的显著变化周期，对比两个时期的 NDVI 平均值变化周期发现，它们存在 4.08 年、2.68 年和 2.19 年共同的变化周期。对比 NDVI 波动周期与降水量、气温、干燥指数的变化周期发现，NDVI 的波动周期受降水量和气温的波动具有共同的变化周期。

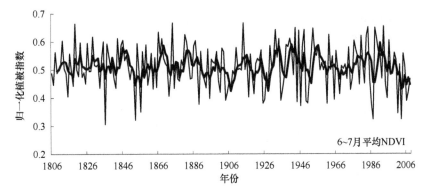

图 9-7　1806～2008 年 6～7 月 NDVI 均值重建序列及 4 年移动平均

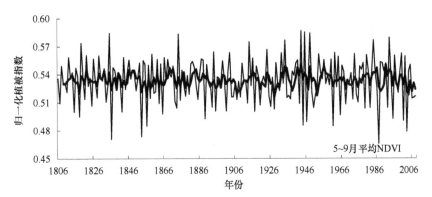

图 9-8　1806～2008 年 6～9 月 NDVI 均值重建序列及 4 年移动平均

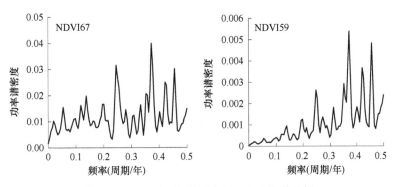

图 9-9　1806～2008 年重建 NDVI 功率谱分析

9.5.2　突变特征

对于 6～7 月平均 NDVI，由滑动 t 检验表明（图 9-10），在 $m=20$ 时，1890 年出现一次由高向低的突变，$m=30$ 时，1931 年出现一次由低向高的突变，由 Mann-Kendal 检验表明，1806～1927 年的 6～7 月平均 NDVI 呈非显著的降低趋势，

1927～1986 年呈增加趋势,1986～2008 年呈微弱下降趋势,突变点分别表明,6～7 月平均 NDVI 在 1821 年、1904 年、1941 年、1949 年、1960 年和 2005 年发生突变,不同的突变检验方法突变点有所不同(图 9-11)。

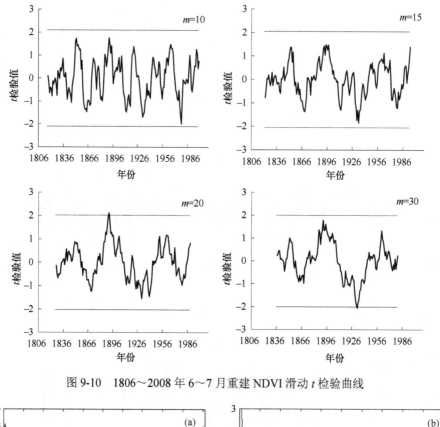

图 9-10 1806～2008 年 6～7 月重建 NDVI 滑动 t 检验曲线

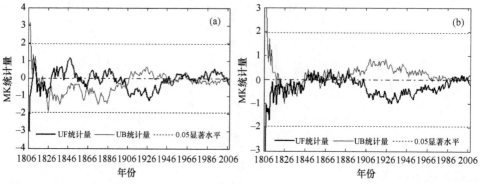

图 9-11 1806～2008 年重建 6～7 月(a)和 5～9 月(b)的 NDVI 曼-肯德尔突变分析曲线

对于 5～9 月平均 NDVI,滑动 t 检验(图 9-12)未发现显著突变点,曼-肯德尔趋势检验发现(图 9-11),1806～1870 年的变化趋势不明显,1870～1930 年呈不显著的减小趋势，1930 年以后呈增加趋势，突变检验发现，其突变点集中在 1820～1886 年及 1990～2005 年，但总体上来看，5～9 月平均 NDVI 未发生显著突变。

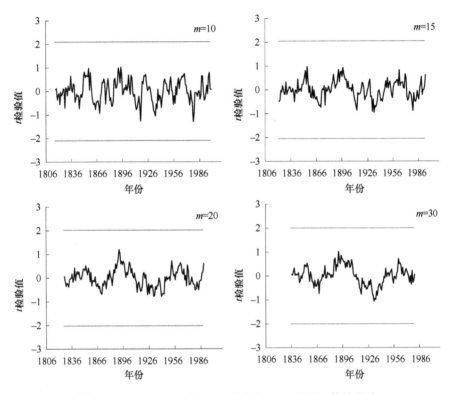

图 9-12　1806～2008 年 5～9 月重建 NDVI 滑动 t 检验曲线

9.6　结论与讨论

很多研究已经表明，归一化植被指数（NDVI）具有反映区域大尺度植被变化的优势，对植被的生长态势和生长量非常敏感，在全球变化研究中为区域及全球尺度生态环境监测提供了真实而丰富的信息，但由于我们观测的 NDVI 变化时序有限，无法反映植被的长期变化趋势。树轮数据具有分辨率高、时间序列长、定年准确、环境变化指示意义明确且可定量表达等优势，在历史时期气候变化研究中发挥重要作用（Mann et al.，1999；Esper et al.，2002），如果树轮指数能够反映植被 NDVI 变化，则长时序树轮资料可以成为研究植被长期变化的重要代用资料，以弥补 NDVI 数据长时间序列数据不足。

已有研究发现，树轮指数与所在区域的 NDVI 具有一定的相关性，Malmstrom 等（1997）在美国阿拉斯加发现树轮轮宽数据与 NDVI 有显著的正相关关系；

Shishov 等（2002）发现，在西伯利亚地区的树轮宽度指数 1980～1999 年的变化趋势与该地区 1981～1999 年的生长季 NDVI 的变化趋势有显著的正相关关系；Kaufmann 等（2004）也发现北半球高纬度地区的树轮指数与森林 6 月、7 月 NDVI 相关；Wang 等（2004）的研究也发现，美国堪萨斯州东部地区橡树（*Quercus* spp.）树轮宽度指数与 NDVI 相关；何吉成和邵雪梅（2006）在青海德令哈地区发现树轮宽度指数与草地 6～9 月 NDVI 显著相关，并重建了这个地区 8 月 NDVI 千年变化；Liang 等（2009）的研究也表明，生长季草地 NDVI 与油松树轮宽度呈正相关；何吉成等（2005）在漠河的研究也发现森林夏季 NDVI 与树轮指数显著相关。本研究发现，5～7 月 NDVI 与树轮宽度指数均呈显著或极显著正相关关系，从不同季节来看，生长季（5～9 月）、夏季（6～8 月）、5～7 月和 5～8 月的平均 NDVI 与树轮宽度指数均呈显著正相关关系；因此，利用 NDVI 与树轮指数的关系，可以重建森林-草原植被 NDVI 变化，以反映研究区域历史植被变化动态。

对重建的 NDVI 时间序列功率谱分析表明，6～7 月平均 NDVI 存在 4.08 年、4.0 年、2.68 年和 2.19 年的波动周期，5～9 月 NDVI 平均值存在 4.08 年、2.72 年、2.68 年、2.65 年、2.37 年、2.34 年、2.22 年和 2.19 年的显著变化周期，存在 4.08 年、2.68 年和 2.19 年共同的变化周期。NDVI 的波动周期受降水量和气温的波动具有共同的变化周期。

6～7 月平均 NDVI 在 1890 年出现一次由高向低的突变，1931 年出现一次由低向高的突变，5～9 月平均 NDVI，没有显著的突变点。

第10章　樟子松天然林生态系统管理

10.1　火干扰促进樟子松林林分演替机制

火是陆地生态系统重要的生态因子，它决定着火干扰生态系统的结构、功能和演替。林火也是内蒙古呼伦贝尔沙地樟子松天然林主要的干扰因子，地表火干扰下，林火烧掉了大多数林下植被和小径阶林木，显著地降低了林分的密度，改变了林下植物种的多样性，使樟子松林的空间格局由聚集分布变为随机分布或均匀分布，显著地降低了林木个体间的竞争强度，表现出比其他因素导致的林分稀疏还要强烈的林分稀疏驱动力。短期内，地表火干扰还具有时滞效应，林火干扰驱动下的林分稀疏作用在一定时段内继续推动着樟子松林向成熟林方向演替（图10-1）。

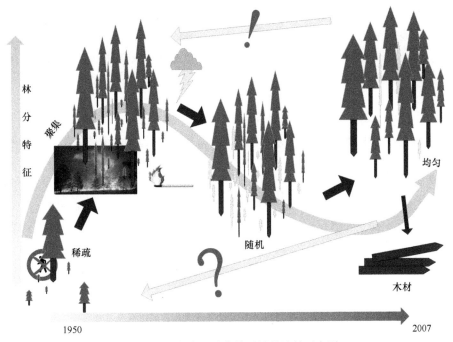

图10-1　地表火驱动的樟子松林演替示意图

（1）地表火烧毁林中及地表枯落物，加速枯落物的分解和养分的还原，短期内增加了林分有效养分的利用率，这是寒冷干燥、养分匮乏地区生态系统养分循环的重要途径，火后存活林木往往出现短期的加速生长的现象。

（2）地表火干扰有效地降低了下层植被的覆盖，减少了下层植被对水分和养分的竞争，从而保证了存活林木生长发育对水分和养分的需求，这在水分和养分相对贫乏的半干旱区森林目的树种的培育中是非常重要的。

（3）地表火烧死了绝大多数小径阶林木，这一方面增大了存活林木的营养空间、减少了林木对资源和养分的竞争而有利于存活林木的生长发育。另外，大量小径阶林木的死亡在一定程度上也使浓密的林冠层变得稀疏，增加了林隙密度，有利于林下幼苗的更新，使樟子松林中有足够的后代更新资源。这样，在出现灾难性干扰（如强劲的林冠火、风灾、雪灾、病虫害等）时，樟子松林不至于遭受到毁灭性的打击。

（4）地表火干扰是较强的林分稀疏驱动力，它促进了林分空间格局沿着聚集分布—随机分布—均匀分布的方向演替，有利于樟子松林向着大径阶成熟林方向发展。

（5）周期性地表火的干扰是樟子松林生态系统的有机组成部分，它使樟子松保持合理的林分密度和合适的空间结构，有利于樟子松林林分最有效地和最大限度地利用有限的资源和环境，保持最大的生产力，这也许是樟子松与环境长期协同进化的结果。

（6）地表火烧毁大量林中枯落物，有效地减少了樟子松林可燃物的总量。这样，在人类活动加剧和气候变化的大背景下，低强度、小规模、周期性的地表火可以大大降低未来可能出现的高强度、大规模、毁灭性的林冠火的风险，以有利于自然资源的有效保护和合理利用。

（7）无林火干扰下，樟子松林的种内和种间竞争均较为激烈。另外，地表火干扰显著地降低了樟子松林的竞争强度，并有利于存活林木个体的生长发育和林分的演替发展。因此，在樟子松林的生产管理实践中，可以适当地采取人工间伐抚育措施来降低林木个体间的竞争，以减少林木个体对资源的竞争，并有利于大径阶林木的培育，同时也能够提高森林的木材产量，增加经济效益。

（8）地表火干扰下，短期内小尺度上显著地增加了樟子松林下植物的α多样性却降低了植被盖度；而在较大的尺度上，林下植物的α多样性却趋于一致；樟子松林下植物的β多样性沿着火后1年—火后12年—无火林分的梯度方向不断增大，显示出随着时间的推移，林下植被具有抵消地表火对林下植物多样性干扰的影响；而从长远角度来看，地表火干扰对樟子松林下植物多样性的影响较小。

10.2 树木径向生长的气候响应机制

气候是影响树木生长的重要因素，这在很多的树木径向生长-气候响应研究中得到证实。树木径向生长与降水量多呈正相关关系，特别是与夏季降水量，即降水量多有利于树木径向生长，这在秦岭-淮河以北地区比较普遍。树木径向生长与各月降水量多呈正相关关系，特别是与当年 5～8 月的月降水量显著相关，前一年 10 月至当年 4 月的降水量与树轮宽度的相关性均不显著，但多呈正相关性。

呼伦贝尔沙地属于半干旱地区，其年降水量约 350mm，樟子松树木的生长一般从 5 月开始，至 9 月底结束，其中 5～8 月为主要生长期，而同期的降水量约为年降水量的 75%。生长期内日照充足，在树木生长所需的热量条件得到满足的情况下，降水多，则树木细胞分裂快，细胞数量多且体积大，有利于形成较宽的年轮，反之则制约树木径向生长。上一年如果降水充足，树体内储存的养分就多，能够为下一年树木的生长提供营养条件；而 10 月到次年 4 月的降水主要以固态降水为主，春季融化后进入土壤储存，为接下来生长期的生长提供储备，因此这个时段内降水与树轮宽度指数多呈正相关关系，但由于降水量较小，影响相对较小。

在呼伦贝尔沙地，樟子松树轮宽度与月平均气温多呈负相关关系，特别是与当年 4 月和 6～9 月的平均温度呈显著的负相关关系，这种负相关关系在干旱半干旱地区较普遍，在很多研究中都有发现。在干旱半干旱地区，限制树木径向生长的关键因子是有效土壤水分，而土壤水分主要受降水输入和蒸散输出共同控制，降水输入通过补给土壤水分和植物水分输入起到直接的作用，而温度，特别是最高温度主要通过控制植物蒸腾和土壤水分蒸发，从而控制土壤水分含量。

6～8 月是沙地樟子松耗水的高峰期，最高耗水量为 7 月，此时的气温也达到了一年中的最高时期，研究区的平均最高气温出现时间（6～7 月）要早于最大降水量发生的时间（7～8 月），此时由于蒸散发对水分需求增加的幅度高于降水量增加的幅度，容易导致土壤水分的亏缺，无法满足树木的生长需求，此时与蒸散发有直接关系的平均温度，特别是平均最高温度便成为控制树木径向生长的限制因子，从而导致生长季的平均温度和平均最高温度升高，产生较窄的年轮，反之则形成宽轮。另外，从平均温度、最高温度和最低温度三者影响看，平均最高温度的影响最大，这也说明樟子松耐寒抗旱，但对高温的忍耐力偏低。

在最近 30 多年，沙地樟子松树木的径向生长呈明显下降趋势，这主要与干旱的持续发生有关。如果在未来持续干旱的话，樟子松生长下降的趋势可能会更加明显，甚至出现大面积死亡现象。

10.3　樟子松天然林生态系统管理建议

在樟子松天然林的有效保护和森林资源的生产经营管理中，需要充分考虑林火特别是地表火干扰对樟子松生长发育及林分演替的作用，既不能轻视林火对资源环境和人们的生产生活造成的损失和危害，更不能视林火为大敌而将其从樟子松生态系统中排除出去。从某种意义上来讲，后者或许更为重要且更具挑战性，在樟子松林的生产经营管理中需要认真对待,谨慎从事。

首先,林火和气候变化是沙地樟子松重要的生态因子,避免人为有意识地改变天然樟子松的林火干扰机制。森林防火的目的主要是减少林火对人们生产生活的影响和危害,降低生命财产的损失。这样,才能保证樟子松天然林资源的永续利用和可持续发展。

其次,通过樟子松林的人工间伐抚育,降低林分密度,保持合适的空间结构,可以有效地降低发生大规模、毁灭性林火(如林冠火)的风险,也能够促进其向成熟林方向发展演替,并且有利于大径阶林木的培育。另外,在樟子松林间伐抚育的过程中,还能够收获一部分小径材,使其免被林火吞食,获得一定数量的经济收益,以提高资源的利用率和经济效益,这在中国木材资源相对短缺的大背景下有着特别重要的意义。再者,通过间伐抚育,可以增加树木的径向生长量,增加树木对未来气候干旱化的适应能力。

最后,在林火生态学理论的指导下,合理地利用计划火烧等措施,恢复因人类活动加剧和气候变化等因素导致的、可能已发生变化了的林火干扰机制,以促进和推动樟子松天然林的可持续发展。

参 考 文 献

陈崇成, 李建微, 唐丽玉, 等. 2005. 林火蔓延的计算机模拟与可视化研究进展. 林业科学, 41(5): 155-162.

陈大珂, 周晓峰, 祝宁. 1994. 天然次生林——结构、功能、动态与经营. 哈尔滨: 东北林业大学出版社.

陈伏生, 曾德慧, 范志平, 等. 2005. 章古台沙地樟子松人工林土壤有效氮的研究. 北京林业大学学报, 27(3): 6-11.

慈龙骏. 2005. 中国的荒漠化及其防治. 北京: 高等教育出版社: 654-662.

崔海亭, 刘鸿雁, 戴君虎, 等. 2005. 山地生态学与高山林线研究. 北京: 科学出版社.

戴伟. 1994. 人工油松林火烧前后土壤化学性质变化的研究. 北京林业大学学报, 16(1): 102-105.

邓湘雯, 孙刚, 文定元. 2004. 林火对森林演替动态的影响及其应用. 中南林学院学报, 24(1): 51-55.

狄丽颖, 孙仁义. 2007. 中国森林火灾研究综述. 灾害学, 22(4): 118-123.

邸雪颖, 刘忠新, 邹全程. 2007. 欧美及中国林火损失分析. 森林防火, 4: 42-44.

段仁燕, 王孝安. 2005. 太白红杉种内和种间竞争研究. 植物生态学报, 29(2): 242-250.

傅立国, 金鉴明. 1992. 中国植物红皮书——稀有濒危植物(第一册). 北京: 科学出版社.

傅泽强, 陈动, 王玉彬. 2001. 大兴安岭森林火灾与气象条件的相互关系. 东北林业大学学报, 29(1): 12-15.

傅泽强, 孙启宏, 蔡运龙, 等. 2002. 基于灰色系统理论的森林火灾预测模型研究. 林业科学, 38(5): 95-100.

高尚玉, 鲁瑞洁, 强明瑞, 等. 2006. 140 年来腾格里沙漠南缘树木年轮记录的降水量变化. 科学通报, 51(3): 326-331.

龚道溢, 王绍武. 1998. 1867 年以来的 ENSO 指数及变率. 气候通讯, 3: 11-17.

龚固堂, 刘淑琼. 2007. 林火干扰与森林群落动态研究综述. 四川林业科技, 28(4): 21-25.

顾云春. 1985. 大兴安岭林区森林群落的演替. 植物生态学与地植物学丛刊, 9(1): 64-70.

郭然, 王效科, 刘康, 等. 2004. 樟子松林下土壤有机碳和全氮储量研究. 土壤, 36(2): 192-196.

国家环境保护局, 中科院植物研究所. 1987. 中国珍稀濒危保护植物名录(第一册). 北京: 科学出版社.

韩广, 张桂芳, 杨文斌. 1999. 影响沙地樟子松天然更新的主要生态气候因子的定量分析. 林业科学, 35(5): 22-27.

韩智毅. 1985. 沙地樟子松林火烧迹地植被演替的初步研究. 内蒙古林业科技, 11(4): 23-26.

何吉成, 邵雪梅. 2006. 德令哈地区树轮宽度指数与草地植被指数的关系. 科学通报, 51(9): 1080-1090.

何吉成, 王丽丽, 邵雪梅. 2005. 漠河樟子松树轮指数与标准化植被指数的关系研究. 第四纪研究, 25(2): 252-257.

黑龙江省森林资源管理局. 2005. 黑龙江省国有林区立木根径胸径便查手册. 北京: 中国林业出

版社: 11-12.

侯向阳, 韩进轩. 1997. 长白山红松林主要树种空间格局的模拟分析. 植物生态学报, 21(3): 242-249.

胡海清. 2000. 林火与环境. 哈尔滨: 东北林业大学出版社: 23, 115-132.

胡海清. 2005. 林火生态与管理. 北京: 中国林业出版社: 11-15.

胡海清, 刘慧荣, 耿玉超, 等. 1992. 火烧对人工林红松樟子松树木的影响. 东北林业大学学报, 20(2): 43-48.

胡连义, 白景阳. 1997. 红花尔基沙地樟子松林火烧迹地更新构想. 内蒙古林业科技, 23(4): 44.

胡林, 冯仲科, 聂玉藻. 2006. 基于 VLBP 神经网络的林火预测研究. 林业科学, 42(S1): 155-158.

黄华国, 张晓丽, 王蕾. 2005. 基于三维曲面元胞自动机模型的林火蔓延模拟. 北京林业大学学报, 27(3): 94-97.

焦树仁. 1983. 章古台沙地樟子松人工林土壤水热状况的初步研究. 林业科学, 19(2): 195-200.

焦树仁. 1984. 樟子松人工林蒸腾耗水量的初步研究. 生态学杂志, 3(6): 15-18.

焦树仁. 1985. 辽宁章古台樟子松人工林的生物量与营养元素分布的初步研究. 植物生态学与地植物学丛刊, 9(4): 257-265.

焦树仁. 1986. 干旱对章古台沙地樟子松人工林生长的影响. 林业科学, 22(4): 419-425.

焦树仁. 2001. 辽宁省章古台樟子松固沙林提早衰弱的原因与防治措施. 林业科学, 37(2): 131-138.

金森, 郑焕能, 王海. 1993. 森林火灾损失评估的发展与展望. 森林防火, 2: 8-10.

康宏樟, 朱教君, 许美玲. 2005. 沙地樟子松人工林营林技术研究进展. 生态学杂志, 24(7): 799-806.

康宏樟, 朱教君, 许美玲. 2007. 科尔沁沙地樟子松人工林幼树水分生理生态特性. 干旱区研究, 24(1): 15-22.

寇文正. 1993. 林火管理信息系统. 北京: 中国林业出版社.

兰玉坤. 1996. 红花尔基樟子松林特大火灾气候成因分析. 内蒙古气象, 4: 38-40.

李谛. 1961. 掌握山林火灾规律, 加强预防措施. 中国林业, 4: 20-21.

李江风, 等. 1989. 新疆年轮气候年轮水文研究. 北京: 气象出版社.

李江风, 袁玉江, 由希尧. 2000. 树木年轮水文学研究与应用. 北京: 科学出版社.

李景文. 1981. 森林生态学. 北京: 中国林业出版社: 92.

李胜功. 1994. 樟子松沙地适应性的初步研究. 中国沙漠, 14(1): 60-67.

李世友, 李小宁, 李生红, 等. 2007. 3 种针叶树种树皮的阻燃性研究. 浙江林学院学报, 24(2): 192-197.

李维长. 1992. 航空航天技术在护林防火中的应用. 世界林业研究, (2): 43-50.

李先琨, 苏宗明, 欧祖兰. 2002. 元宝山冷杉群落种内与种间竞争的数量关系. 植物资源与环境学报, 11(3): 20-24.

李秀珍, 王绪高, 胡远满, 等. 2004. 林火因子对大兴安岭森林植被演替的影响. 福建林学院学报, 24(2): 184-187.

李永多, 王之迹, 国丰富. 1981. 红花尔基樟子松林生长状况及结实规律的调查. 林业科学, (3): 306-313.

荔克让, 孙宏义, 张华. 2000. 干旱荒漠地区沙地樟子松育苗试验研究. 中国沙漠, 20(1): 98-101.

梁尔源. 2001. 白扦的树木年轮生态学研究. 中国科学院植物研究所博士论文.

梁尔源, 邵雪梅, 黄磊, 等. 2004. 中国中西部地区树木年轮对 20 世纪 20 年代干旱灾害的指示. 自然科学进展, 14(4): 469-474.

梁尔源, 邵雪梅, 刘鸿雁, 等. 2007. 树轮所记录的公元 1842 年以来内蒙古东部浑善达克沙地 PDSI 的变化. 科学通报, 52(14): 1694-1699.

梁继业, 于春堂, 杨晓晖. 2007. 改进的 WHITTAKER 方法: 一种多尺度的嵌套式植物多样性取样方法. 水土保持研究, 14(1): 226-229, 233.

辽宁省阜新市防护林试验站. 1976. 樟子松沙地育苗. 林业科学, 22(2): 28-34.

辽宁省桓仁县气象服务站. 1961. 运用"四结合过两关"开展森林火险预报. 中国林业, 4: 21-22.

林其钊, 舒立福. 2003. 林火概论. 合肥: 中国科学技术大学出版社: 1-8, 130-141.

林业部护林防火办公室. 1984. 森林防火. 北京: 中国林业出版社: 1-6, 18-25.

刘洪滨, 邵雪梅. 2003a. 秦岭南坡佛坪 1789 年以来 1～4 月平均温度重建. 应用气象学报, 14(2): 188-196.

刘洪滨, 邵雪梅. 2003b. 利用树轮重建秦岭地区历史时期初春温度变化. 地理学报, 58(6): 779-884.

刘康, 王效科, 杨帆, 等. 2005. 红花尔基地区沙地樟子松群落及其与环境关系研究. 生态学杂志, 24(8): 858-862.

刘彤, 李云灵, 周志强, 等. 2007. 天然东北红豆杉(*Taxus cuspidata*)种内和种间竞争. 生态学报, 27(3): 924-929.

刘晓宏, 秦大河, 邵雪梅, 等. 2004. 祁连山中部过去近千年温度变化的树轮记录. 中国科学: D 辑, 34(1): 89-95.

刘禹, Park W K, 蔡秋芳, 等. 2003a. 公元 1840 年以来东亚夏季风降水变化——以中国和韩国的树轮记录为例. 中国科学: D 辑, 33(6): 543-549.

刘禹, 蔡秋芳, Park W K, 等. 2003b. 内蒙古锡林浩特白音敖包 1838 年以来树轮降水记录. 科学通报, 48(9): 952-957.

刘禹, 马利民, 蔡秋芳, 等. 2002. 采用树轮稳定碳同位素重建贺兰山 1890 年以来夏季(6～8 月)气温. 中国科学(D 辑), 32(8): 667-674.

刘玉锋, 李虎, 陈功照. 2007. 天山西部林区护林防火信息系统构建. 地球信息科学, 9(6): 94-99.

陆小明. 2007. 樟子松树轮宽度年表及其干湿指示意义研究——以大兴安岭新林地区为例. 南京师范大学硕士论文.

路长, 林其钊. 1999. 林火预防与扑救投资的成本效益分析. 火灾科学, 8(4): 25-30.

吕爱锋, 田汉勤. 2007. 气候变化、火干扰与生态系统生产力. 植物生态学报, 31(2): 242-251.

罗菊春. 2002. 大兴安岭森林火灾对森林生态系统的影响. 北京林业大学学报, 24(5/6): 101-107.

马建路, 李君华, 赵惠勋. 1994. 红松老龄林红松种内间竞争的数量研究//祝宁. 植物种群生态学研究现状与进展. 哈尔滨: 黑龙江科学技术出版社: 147-153.

马世威, 马玉明, 姚洪林, 等. 1998. 沙漠学. 呼和浩特: 内蒙古人民出版社: 359-362.

毛磊, 王冬梅, 杨晓晖, 等. 2008a. 樟子松幼树在不同林分结构中的空间分布及其更新分析. 北京林业大学学报, 30(6): 71-77.

毛磊, 杨丹青, 王冬梅, 等. 2008b. 红花尔基自然保护区天然樟子松林种内间竞争分析. 植物资源与环境学报, 17(2): 9-14.

毛贤敏. 1990. 辽宁省林火预报预防系统. 气象与环境学报, 6(1): 2-4, 23.

内蒙古植物志编辑委员会. 1998. 内蒙古植物志(第一卷). 呼和浩特: 内蒙古人民出版社: 65-75.

欧国菁, 郭景唐, 冯令敏. 1987. 内蒙古呼伦贝尔草原沙地樟子松适生土壤条件的探讨. 北京林业大学学报, 9(3): 303-309.

潘娅婷. 2006. 博尔塔拉河流域树轮研究与气候重建. 中国气象科学研究院硕士论文.

彭剑峰, 勾晓华, 陈发虎, 等. 2006. 天山东部西伯利亚落叶松树轮生长对气候要素的响应分析. 生态学报, 26(8): 2723-2731.

秦建明, 付纪建, 刘梅, 等. 2008. 内蒙古红花尔基樟子松林国家级自然保护区"5·16"火灾后森林天然更新能力分析. 内蒙古林业调查设计, 31(1): 59-62, 77.

秦建明, 李志民, 杨珩. 2007. 内蒙古红花尔基樟子松林国家级自然保护区"5·16"森林火灾损失综合评估. 内蒙古林业调查设计, 30(6): 57-59.

邱学清, 江希钿, 黄健儿, 等. 1992. 杉木人工林竞争指数及单木生长模型的研究. 福建林学院学报, 12(3): 309-316.

曲智林, 胡海清. 2007. 基于气象因子的森林火灾面积预测模型. 应用生态学报, 18(12): 2705-2709.

任晓宇, 林其钊. 1999. 林火管理成本中几个基本要素的确定与相互关系. 火灾科学, 8(1): 67-73.

尚建勋, 时忠杰, 高吉喜, 等. 2012. 呼伦贝尔沙地樟子松年轮生长对气候变化的响应. 生态学报, 32(4): 1077-1084.

邵国凡. 1985a. 红松人工林单木生长模型的研究. 东北林业大学学报, 13(3): 38-45.

邵国凡. 1985b. 关于林木竞争数量指标. 林业译丛, (1): 1-6.

邵雪梅, 范金梅. 1999. 树轮宽度资料所指示的川西过去气候变化. 第四纪研究, 19(1): 81-89.

邵雪梅, 吴祥定. 1994. 华山树木年轮年表的建立. 地理学报, 49(2): 174-181.

沈长泗, 陈金敏, 张志华, 等. 1998. 采用树木年轮资料重建山东沂山地区 200 多年来的湿润指数. 地理研究, 17(2): 150-156.

沈海龙, 丁宝永, 王克, 等. 1994. 山地樟子松人工林天然更新特点及其影响因子分析. 东北林业大学学报, 20(4): 30-37.

石家琛, 焦振家, 向开馥. 1980. 黑龙江省西部地区樟子松人工林调查研究. 林业科学, 16(S1): 116-123.

舒立福, 田晓瑞, 吴鹏超, 等. 1999a. 火干扰对森林水文的影响. 土壤侵蚀与水土保持学报, 5(6): 82-85, 98.

舒立福, 田晓瑞, 马林涛. 1999b. 林火生态的研究与应用. 林业科学研究, 12(4): 422-427.

舒立福, 王明玉, 田晓瑞, 等. 2004. 关于森林燃烧火行为特征参数的计算与表述. 林业科学, 40(3): 179-183.

舒立福, 王明玉, 赵凤君, 等. 2005. 几种卫星系统监测林火技术的比较与应用. 世界林业研究, 18(6): 49-53.

宋卫国, 马剑, Satoh K, 等. 2006. 森林火险与气象因素的多元相关性及其分析. 中国工程科学, 8(2): 61-66.

宋志杰. 1991. 林火原理和林火预报. 北京: 气象出版社: 12-98, 158-362.

孙洪志. 2001. 沙地樟子松结实规律及其害虫种群动态研究. 哈尔滨: 东北林业大学出版社: 1-101.

孙洪志, 石丽艳. 2004. 沙地樟子松的结实规律. 东北林业大学学报, 32(4): 6-8.

孙洪志, 石丽艳. 2005. 沙地樟子松的空间分布格局. 东北林业大学学报, 33(1): 93-94.

孙洪志, 张国财, 李夷平, 等. 2005. 沙地樟子松球果象甲种群动态及数量特征. 东北林业大学学报, 33(5): 33-34, 40.

孙静萍, 冯瀚. 1989a. 火烧对沙地樟子松林的影响初探. 内蒙古林业科技, 4: 20, 21-23.

孙静萍, 冯瀚. 1989b. 内蒙古大兴安岭特大火灾对森林植被的影响. 内蒙古科技情报, (6): 8-12.

汤孟平, 陈永刚, 施拥军, 等. 2007. 基于 Voronoi 图的群落优势树种种内种间竞争. 生态学报, 27(11): 4707-4716.

汤孟平, 周国模, 施拥军, 等. 2006. 天目山常绿阔叶林优势种群及其空间分布格局. 植物生态学报, 30(5): 743-752.

唐季林, 欧国菁. 1995. 林火对云南松林土壤性质的影响. 北京林业大学学报, 17(2): 44-49.

田晓瑞, 刘晓东, 舒立福, 等. 2007. 中国森林火灾周期振荡的小波分析. 火灾科学, 16(1): 55-59.

田晓瑞, 舒立福, 王明玉, 等. 2006. 林火与气候变化研究进展. 世界林业研究, 19(5): 38-42.

田勇臣, 刘少刚, 赵刚, 等. 2007. 森林火灾蔓延多模型预测系统研究. 北京林业大学学报, 29(4): 49-53.

万鲁河, 刘万宇, 臧淑英. 2003. 森林防火辅助决策支持系统的设计与实现. 管理科学, 16(3): 21-24.

王阿川. 2005. 森林火灾防治决策专家系统的研究与实现. 中国安全科学学报, 15(2): 96-100.

王斌会, 方匡南. 2007. R 语言统计分析软件教程. 北京: 中国教育文化出版社.

王臣立, 韩士杰, 黄明茹. 2001. 干旱胁迫下沙地樟子松脱落酸变化及生理响应. 东北林业大学学报, 29(1): 40-43.

王栋. 2000. 中国森林火险调查与区划. 北京: 中国林业出版社: 61-69.

王宏良, 卜善阳, 森金, 等. 2005. 大兴安岭樟子松火烧死亡判别模型. 东北林业大学学报, 33(4): 75, 80.

王佳璆, 程涛. 2007. 时空预测技术在森林防火中的应用研究. 中山大学学报(自然科学版), 46(2): 110-113, 116.

王君. 1995. 保护才是发展的根本——浅谈红花尔基林业局在森林保护建设上存在的问题和发展对策. 内蒙古林业, 5: 14-15.

王立夫, 何秀艳, 李春友, 等. 1996. 中弱度火对樟子松幼树生长的影响. 林业科技, 21(6): 30-31.

王丽丽, 邵雪梅, 黄磊, 等. 2005. 黑龙江漠河兴安落叶松与樟子松树轮生长特性及其对气候的响应. 植物生态学报, 29(3): 380-385.

王明玉, 舒立福, 田晓瑞, 等. 2004. 林火干扰下的大兴安岭呼中区景观动态分析. 山地学报, 22(6): 702-706.

王霓虹. 2007. 林火决策模型的分析及专家系统的建立. 哈尔滨工业大学学报, 39(11): 1822-1824.

王文, 李健, 刘伯文, 等. 2005. 内蒙古东北部草原森林生态系统夏季森林鸟类群落. 东北林业大学学报, 33(4): 40-41.

王文, 王宁侠, 袁力, 等. 2007. 红花尔基草原-森林生态系统边缘效应对夏季鸟类群落结构影响. 东北林业大学学报, 35(3): 64-67.

王希平, 赵慧颖. 2006. 内蒙古呼伦贝尔市林牧农业气候资源与区划. 北京: 气象出版社: 3-12, 39-69.

王晓春, 宋来萍, 张远东. 2011. 大兴安岭北部樟子松树木生长与气候因子的关系. 植物生态学报, 35(3): 294-302.

王正非. 1956. 森林火灾危险性预报方法试验初步报告. 林业科学, 2(4): 283-296.

王正非, 陈大我, 刘自强. 1986. 论生态平衡和林火烈度. 植物生态学与地植物学学报, 10(1): 68-75.

王正非, 刘自强, 李世达. 1983. 应用线性方程确定林火强度. 林业科学, 19(4): 371-381.

王正旺, 庞转棠, 魏建军, 等. 2006. 森林火险天气等级预测及火情监测应用. 自然灾害学报, 15(5): 154-161.

王正兴, 石静杰. 1997. 红花尔基林业局(4.23)樟子松林火灾调查及经济损失评价. 内蒙古林业调查设计, 3: 96-99.

王政权, 吴巩胜, 王军邦. 2000. 利用竞争指数评价水曲柳落叶松种内间空间关系. 应用生态学报, 11(5): 641-645.

文定元, 周国林, 奉孝恩. 1987. 森林防火. 长沙: 湖南科学技术出版社: 1-9, 57-84.

邬建国. 2007. 景观生态学——格局、过程、尺度与等级. 2 版. 北京: 高等教育出版社.

吴巩胜, 王政权. 2000. 水曲柳落叶松人工混交林中树木个体生长的竞争效应模型. 应用生态学报, 11(5): 646-650.

吴祥定. 1990. 树木年轮与气候变化. 北京: 气象出版社.

吴祥定, 邵雪梅. 1996. 采用树轮宽度资料分析气候变化对树木生长量影响的尝试. 地理学报, 51: 92-101.

吴征镒. 1980. 中国植被. 北京: 科学出版社: 143-205, 749-759, 917-955.

吴中伦. 1956. 中国松属的分类与分布. 植物分类学报, 5(3): 131-163.

伍建榕, 马焕成. 1995. 林火的生态学意义. 林业调查规划, (2): 5-8, 13.

夏正楷. 1997. 第四纪环境学. 北京: 北京大学出版社: 149-157.

肖功武, 刘风云, 高桂芹, 等. 1996. 低强度火烧对樟子松生长的影响. 森林防火, 49(2): 24.

肖化顺, 张贵, 刘大鹏, 等. 2006. 模糊数据挖掘技术支持下的林火蔓延模型选择研究. 北京林业大学学报, 28(6): 93-97.

邢玮, 葛之葳, 李俊清. 2006. 大兴安岭北部林区林火干扰强度对兴安落叶松群落影响研究. 科学技术与工程, 6(14): 2042-2046.

徐化成. 1998. 中国大兴安岭森林. 北京: 科学出版社: 8-52.

徐学恩, 葛玉祥, 吴宝林, 等. 2001. 樟子松球果害虫寄生性天敌. 中国森林病虫, (5): 27-29.

徐学恩, 韩铁圈. 1995. 为了绿色的永恒——辉河林场 33 年无森林火灾. 内蒙古林业, 2: 14.

杨帆, 刘康, 王效科, 等. 2005. 内蒙古红花尔基沙地樟子松群落多样性变异研究. 干旱区资源与环境, 19(4): 192-196.

杨景标, 马晓茜. 2003. 基于突变论的林火蔓延分析. 工程热物理学报, 24(1): 169-172.

杨书文, 刘桂丰, 彭宏梅. 1991. 樟子松种源试验研究. 东北林业大学学报, 19(S1): 108-114.

杨涛, 徐慧, 方德华, 等. 2006. 樟子松林下土壤养分、微生物及酶活性的研究. 土壤通报, 37(2): 253-257.

杨晓晖, 喻泓, 于春堂, 等. 2008. 呼伦贝尔沙地樟子松林火烧后恢复演替的空间格局分析. 北京林业大学学报, 30(2): 44-49.

杨银科, 刘禹, 蔡秋芳, 等. 2005. 以树木年轮资料重建祁连山中部地区过去 248 年来的降水量. 海洋地质与第四纪地质, 25(3): 113-118.

杨玉盛, 李振问. 1993. 林火与土壤肥力. 世界林业研究, (3): 35-42.

姚树人, 文定远. 2002. 森林消防管理学. 北京: 中国林业出版社: 1-58.

叶玮, 袁玉江. 1999. 新疆伊犁地区现代气候特征与 300a 来的干湿变化规律. 中国沙漠, 19(2): 97-103.

移小勇, 赵哈林, 崔建垣, 等. 2006. 科尔沁沙地不同密度(小面积)樟子松人工林生长状况. 生态学报, 26(4): 1200-1206.

尹远新, 薛凤波, 宋国华, 等. 2004. 基于 GIS 的丰林保护区森林防火信息管理技术的应用. 林业科技, 29(3): 39-40.

于大炮, 周莉, 代利民, 等. 2003. 树木年轮分析在全球变化研究中的应用. 生态学杂志, 22(6): 91-96.

喻泓, 杨晓晖. 2009. 地表火对呼伦贝尔沙地樟子松林林下植物多样性的影响. 植物资源与环境学报, 18(1): 6-11.

喻泓, 杨晓晖, 慈龙骏. 2009a. 地表火对红花尔基沙地樟子松种群空间分布格局的影响. 植物生态学报, 33(1): 71-80.

喻泓, 杨晓晖, 慈龙骏. 2009b. 内蒙古呼伦贝尔沙地不同樟子松林竞争强度的比较. 应用生态学报, 20(2): 250-255.

喻泓, 杨晓晖, 慈龙骏, 等. 2009c. 地表火干扰下呼伦贝尔沙地樟子松林乔木层不同组分空间格局的变化. 干旱区资源与环境, 23(2): 130-136.

喻泓, 杨晓晖, 慈龙骏, 等. 2009d. 呼伦贝尔沙地樟子松空间格局对地表火干扰的响应. 北京林业大学学报, 31(1): 1-6.

袁春明, 文定元. 2000. 林火行为研究概况. 世界林业研究, 13(6): 27-31.

袁玉江, 邵雪梅, 魏文寿, 等. 2005. 乌鲁木齐河山区树木年轮-积温关系及≥5.7℃积温的重建. 生态学报, 25(4): 756-762.

袁玉江, 叶玮, 董光荣. 2000. 天山西部伊犁地区 314a 降水的重建与分析. 冰川冻土, 22(2): 121-127.

岳金柱, 冯仲科, 姜伟. 2005. 基于模糊积分评估模型的林火灾害风险管理研究. 北京林业大学学报, 27(S2): 177-181.

臧淑英, 张冬有, 冯仲科. 2005. 黑龙江省森林防火地理信息辅助决策支持系统设计. 北京林业大学学报, 27(Supp. 2): 69-74.

曾德慧, 姜凤岐, 范志平, 等. 1996. 樟子松人工固沙林稳定性的研究. 应用生态学报, 7(4): 337-343.

曾德慧, 姜凤岐, 范志平, 等. 2000. 沙地樟子松人工林自然稀疏规律. 生态学报, 20(2): 235-242.

曾德慧, 姜凤岐. 1997. 樟子松沙地人工林直径分布模拟. 应用生态学报, 8(3): 231-234.

曾德慧, 尤文忠, 范志平, 等. 2002. 樟子松人工固沙林天然更新障碍因子分析. 应用生态学报, 13(3): 257-261.

翟晓光, 韩铁圈. 2006. 对红花尔基樟子松林区干雷暴发生的原因及防范对策的探讨. 内蒙古林业, 6: 16.

张池, 黄忠良, 李炯, 等. 2006. 黄果厚壳桂种内与种间竞争的数量关系. 应用生态学报, 17(1): 22-26.

张春桂. 2004. 基于 RS 与 GIS 技术的福建省森林火灾监测研究. 福建林学院学报, 24(1): 32-35.

张贵, 刘大鹏. 2007. 基于温度场动态变化的林火蔓延模型研究. 湖南师范大学自然科学学报, 30(2): 125-129.

张寒松, 韩士杰, 李玉文, 等. 2007. 利用树木年轮宽度资料重建长白山地区 240 年来降水量的变化. 生态学杂志, 26(12): 1924-1929.

张洪亮, 王人潮. 1997. "3S"一体化技术在林火灾害监测中的应用初探. 灾害学, 12(2): 1-5.

张金屯. 1998. 植物种群空间分布的点格局分析. 植物生态学报, 22(4): 344-349.

张金屯. 2004. 数量生态学. 北京: 科学出版社: 243-297.

张谧, 韩烁, 李钧涛, 等. 2007. 雾灵山自然保护区油松、白桦及山杨天然林竞争关系研究. 北京师范大学学报(自然科学版), 43(2): 184-186.

张秋良, 常金宝. 2001. 沙地樟子松人工林初植密度及其调控研究. 中国生态农业学报, 9(3): 35-37.

张顺谦, 郭海燕, 卿清涛. 2007. 利用遥感监测亚像元分解遗传算法估算森林火灾面积. 中国农业气象, 28(2): 198-200.

张同文. 2007. 阿勒泰西部树木气候学研究. 新疆师范大学硕士学位论文.

张先亮, 何兴元, 陈振举, 等. 2011. 大兴安岭山地樟子松径向生长对气候变暖的响应——以满归地区为例. 应用生态学报, 22(12): 3101-3108.

张跃西. 1993. 邻体干扰模型的改进及其在营林中的应用. 植物生态学与地植物学学报, 17(4): 352-357.

张志华, 吴祥定, 李骥. 1996. 利用树木年轮资料重建新疆东天山 300 多年来干旱日数的变化. 应用气象学报, 7(l): 53-60.

赵慧颖, 孟军, 宋卫士, 等. 2006. "5·16"红花尔基樟子松林重大火灾发生的气候条件探讨. 森林防火, 4: 13-15.

赵宪文. 1995. 国际林火动态和研究进展. 林业资源管理, 1: 60-62.

赵晓霞, 张自学, 袁建新. 1990. 樟子松林火灾迹地小气候的变化. 内蒙古气象, 4: 13-17.

赵兴梁. 1958. 内蒙呼伦贝尔盟砂地上的樟子松林初步调查报告. 植物生态学与地植物学资料丛刊, 1: 90-180.

赵兴梁, 李万英. 1963. 樟子松. 北京: 农业出版社: 1-65, 71-73, 89-92.

郑焕能. 1990. 综合森林防火体系. 哈尔滨: 东北林业大学出版社: 12-13.

郑焕能. 2000. 中国东北林火. 哈尔滨: 东北林业大学出版社: 112-126, 136-143, 178-209.

郑焕能, 邸雪颖, 姚树人. 1994. 中国森林火灾与对策. 自然灾害学报, 3(3): 37-40.

郑焕能, 胡海清, 王德祥. 1990. 森林燃烧环网的研究. 东北林业大学学报, 18(4): 29-34.

郑焕能, 胡海清. 1987. 森林燃烧环. 东北林业大学学报, 15(5): 1-6.

郑焕能, 贾松青, 胡海清. 1986. 大兴安岭林区的林火与森林恢复. 东北林业大学学报, 14(4): 1-7.

郑焕能, 居恩德. 1988. 林火管理. 哈尔滨: 东北林业大学出版社: 1-53.

郑焕能, 刘自强, 居恩德, 等. 1984. 几种群落类型易燃性的动态分析. 东北林业大学学报, 12(Supp.): 102-109.

郑焕能, 满秀玲, 薛煜. 1998. 应用火生态. 哈尔滨: 东北林业大学出版社: 1-25, 57, 64.

郑万钧. 1983. 中国树木志(第一卷). 北京: 中国林业出版社: 973.

郑益群, 钱永甫, 苗曼倩. 2002. 植被变化对中国区域气候的影响Ⅰ: 初步模拟结果. 气象学报, 60(1): 1-16.

郑元润. 1999. 红花尔基沙地樟子松种群优势度增长动态及自疏规律的研究. 武汉植物学研究, 17(4): 339-344.

中国科学院中国植物志编辑委员会. 1978. 中国植物志(第七卷). 北京: 科学出版社: 245-246.

中国科学院中国植物志编辑委员会. 2006. 中国植物志. http://frps.eflora.cn/ [2007.9.1-2008.5.16].

中国林学会. 1983. 护林防火知识. 北京: 中国林业出版社: 1-37.

中国森林编辑委员会. 1999. 中国森林(第 2 卷: 针叶林). 北京: 中国林业出版社: 856-863.

中国树木志编委会. 1981. 中国主要树种造林技术. 北京: 中国林业出版社: 117-125.

中华人民共和国林业部. 1992. 全国森林火险等级. 中华人民共和国林业行业标准. LY 1063-92: 1-5.

周道玮. 1995. 植被火生态与植被火管理. 长春: 吉林科学技术出版社: 1-14, 28-38.

朱海峰, 王丽丽, 邵雪梅, 等. 2004. 雪岭云杉树轮宽度对气候变化的响应. 地理学报, 59(6): 863-870.

朱教君. 2005. 温度、pH 及干旱胁迫对沙地樟子松外生菌根菌生长影响. 生态学杂志, 24(12): 1375-1379.

朱教君, 康宏樟, 李智辉. 2006. 不同水分胁迫方式对沙地樟子松幼苗光合特性的影响. 北京林业大学学报, 28(2): 57-63.

朱教君, 康宏樟, 许美玲, 等. 2007. 外生菌根真菌对科尔沁沙地樟子松人工林衰退的影响. 应用生态学报, 18(12): 2693-2698.

朱教君, 李智辉, 康宏樟, 等. 2005a. 聚乙二醇模拟水分胁迫对沙地樟子松种子萌发影响研究. 应用生态学报, 16(5): 801-804.

朱教君, 曾德慧, 康宏樟, 等. 2005b. 沙地樟子松人工林衰退机制. 北京: 中国林业出版社: 24-64.

朱西德, 王振宇, 李林, 等. 2007. 树木指示的柴达木东北缘近千年夏季气温变化. 地理科学, 27(2): 256-260.

朱西德, 王振宇, 李林, 等. 2008. 树木指示的柴达木东北缘近千年夏季气温变化. 青海气象, 82-85, 46.

邹春静, 王庆礼, 韩士杰. 2001. 长白山暗针叶林建群种竞争关系的研究. 应用与环境生态学报, 7(2): 101-105.

邹春静, 徐文铎. 1998. 沙地云杉种内间竞争的研究. 植物生态学报, 22(3): 269-274.

Agee J K. 1993. Fire Ecology of Pacific Northwest Forests. Washington D. C.: Island Press: 493.

Akkemik B. 2000. Dendroclimatology of umbrella pine (*Pinus pinea* L.) in Istanbul, Turkey. Tree-Ring Bulletin, 56: 17-20.

Albrecht M A, McCarthy B C. 2006. Effects of prescribed fire and thinning on tree recruitment patterns in central hardwood forests. Forest Ecology and Management, 226(1-3): 88-103.

Alexander J D, Seavy N E, Ralph C J, et al. 2006. Vegetation and topographical correlates of fire severity from two fires in the Klamath-Siskiyou region of Oregon and California. International Journal of Wildland Fire, 15(2): 237-245.

Andersen M. 1992. Spatial analysis of two-species interactions. Oecologia, 91(1): 134-140.

Anselin L. 1988. Spatial Econometrics: Methods and Models. Dordrecht: Kluwer Academic Publishers.

Armstrong D M. 1977. Dispersal vs. Dispersion: Process vs. Pattern. Systematic Zoology, 26(2): 210-211.

Arno S F. 1976. The Historical Role of Fire on the Bitterroot National Forest. Ogden, UT: United States Department of Agriculture Forest Service, Research Paper INT-187: 29.

Arno S F. 1980. Forest Fire History in the Northern Rockies. Journal of Forestry, 78(8): 460-465.

Baddeley A J, Møller J, Waagepetersen R. 2000. Non- and semi-parametric estimation of interaction in inhomogeneous point patterns. Statistica Neerlandica, 54(3): 329-350.

Baddeley A J, Silverman B W. 1984. A cautionary example on the use of second-order methods for analyzing point patterns. Biometrics, 40(4): 1089-1093.

Baddeley A, Turner R. 2005. Spatstat: An R package for analyzing spatial point patterns. Journal of Statistical Software, 12(6): 1-42.

Bailey T C, Gatrell A C. 1995. Interactive Spatial Data Analysis. Harlow: Longman Scientific & Technical Essex.

Barnes B V, Zak D R, Denton S R, et al. 1998. Forest Ecology. New York: John Wiley & Sons, Inc.: 279-297, 391-392, 414-428.

Barot S, Gignoux J, Menaut J C. 1999. Demography of a savanna palm tree: predictions from comprehensive spatial pattern analyses. Ecology, 80(6): 1987-2005.

Begon M, Harper J L, Townsend C R. 1996. Ecology. Oxford: Blackwell Publishing.

Bella I E. 1971. A new competition model for individual trees. Forest Science, 17(3): 364-372.

Bentley J R, Fenner R L. 1958. Soil temperatures during burning related to postfire seedbeds on woodland range. Journal of Forestry, 56(10): 737-740.

Besag J, Diggle P J. 1977. Simple Monte Carlo tests for spatial pattern. Applied Statistics, 26(3): 327-333.

Bessie W C, Johnson E A. 1995. The relative importance of fuels and weather on fire behavior in subalpine forests. Ecology, 76(3): 747-762.

Biswell H H. 1989. Prescribed Burning in California Wildlands Vegetation Management. Berkeley: University of California Press.

Blankenship B A, Arthur M A. 2006. Stand structure over 9 years in burned and fire-excluded oak stands on the Cumberland Plateau, Kentucky. Forest Ecology and Management, 225(1-3): 134-145.

Blundon D J, Macisaac D A, Dale M R T. 1993. Nucleation during primary succession in the Canadian Rockies. Canadian Journal of Botany, 71(8): 1093-1096.

Bonan G B, Shugart H H. 1989. Environmental factors and ecological processes in boreal forests. Annual Review of Ecology and Systematics, 20(1): 1-28.

Bond W J, van Wilgen B W. 1996. Fire and Plants. London: Chapman & Hall: 1-15.

Booysen P V, Tainton N M. 1984. Ecological Effects of Fire in South African Ecosystems. New York: Springer-Verlag: 426.

Bouriaud O, Breda N, LeMoguedec G, et al. 2004. Modeling variability of wood density in beech as affected by ring age, radial growth and climate. Trees, 18: 264-276.

Brain C K, Sillent A. 1988. Evidence from the Swartkrans cave for the earliest use of fire. Nature, 336(6198): 464-466.

Briffa K R, Jones P D. 1990. Basic chronology statistics and assessment//Cook E R, Kairiukstis L. Methods of Dendrochronology. Applications in the Environmental Sciences. Dordrecht: Kluwer Academic Publishers: 137-153.

Brown P M, Kaufmann M R, Shepperd W D. 1999. Long-term, landscape patterns of past fire events in a montane ponderosa pine forest of central Colorado. Landscape Ecology, 14(6): 513-532.

Bugmann H. 2001. A review of forest gap models. Climatic Change, 51(3): 259-305.

Burton P J, Bazzaz F A. 1995. Ecophysiological responses of tree seedlings invading different patches of old-field vegetation. Journal of Ecology, 83(1): 99-112.

Butaye J, Jacquemyn H, Honnay O, et al. 2002. The species pool concept applied to forests in a fragmented landscape: dispersal limitation versus habitat limitation. Journal of Vegetation Science, 13(1): 27-34.

Byers J A. 1984. Nearest neighbor analysis and simulation of distribution patterns indicates an attack spacing mechanism in the bark beetle, *Ips typographus* (Coleoptera: Scolytidae). Environmental Entomology, 13(5): 1191-1200.

Byram G M, Davis K P. 1959. Combustion of forest fuels//Davis K P. Forest Fire: Control and Use. New York: McGraw-Hill Book Co., Inc.: 61-89.

Cain M D. 1984. Height of stem-bark char underestimates flame lengths in prescribed burns. Fire Management Notes, 45(1): 17-21.

Cale W G, Henebry G M, Yeakley J A. 1989. Inferring process from pattern in natural communities. Bioscience, 39(9): 600-605.

Campbell P, Comiskey J, Alonso A, et al. 2002. Modified Whittaker plots as an assessment and monitoring tool for vegetation in a lowland tropical rainforest. Environmental Monitoring and Assessment, 76(1): 19-41.

Canham C D, LePage P T, Coates K D. 2004. A neighborhood analysis of canopy tree competition: effects of shading versus crowding. Canadian Journal of Forest Research, 34(4): 778-787.

Canham C D, Papaik M J, Uriarte M, et al. 2006. Neighborhood analyses of canopy tree competition along environmental gradients in New England forests. Ecological Applications, 16(2): 540-554.

Carrington M E. 1999. Post-fire seedling establishment in Florida sand pine scrub. Journal of Vegetation Science, 10(3): 403-412.

Chandler C C, Williams D, Trabaud L V, et al. 1983. Fire in Forestry. New York: Wiley.

Cherubini P, Schweingruber F H, Forester T. 1997. Morphology and ecological significance of intra-annual radial cracks in living conifers. Trees, 11: 216-222.

Chipman S J, Johnson E A. 2002. Understory vascular plant species diversity in the mixed wood boreal forest of western Canada. Ecological Applications, 12(2): 588-601.

Cissel J H, Swanson F J, Weisberg P J. 1999. Landscape management using historical fire regimes: Blue River, Oregon. Ecological Applications, 9(4): 1217-1231.

Clark P J, Evans F C. 1954. Distance to nearest neighbor as a measure of spatial relationships in populations. Ecology, 35(4): 445-453.

Clarke K R, Warwick R M. 2001. Changes in marine communities: an approach to statistical analysis and interpretation. Plymouth Marine Laboratory, UK: PRIMER-E Ltd.

Cliff A D, Ord J K. 1973. Spatial Autocorrelation. London: Pion Ltd.

Cliff A D, Ord J K. 1981. Spatial Processes: Models and Applications. London: Pion Ltd.

Cochrane M A, Alencar A, Schulze M D, et al. 1999. Positive feedbacks in the fire dynamic of closed canopy tropical forests. Science, 284(5421): 1832-1835.

Cochrane M A, Schulze M D. 1999. Fire as a recurrent event in tropical forests of the eastern Amazon: effects on forest structure, biomass, and species composition. Biotropica, 31(1): 2-16.

Collins S L, Smith M D. 2006. Scale-dependent interaction of fire and grazing on community heterogeneity in tallgrass prairie. Ecology, 87(8): 2058-2067.

Condit R, Ashton P S, Baker P, et al. 2000. Spatial patterns in the distribution of tropical tree species. Science, 288(5470): 1414-1418.

Connolly J, Wayne P, Bazzaz F A. 2001. Interspecific competition in plants: how well do current methods answer fundamental questions? The American Naturalist, 157(2): 107-125.

Cooper C F. 1961. The Ecology of Fire. Scientific American, 204(4): 150-160.

Coutinho L M. 1990. Fire in the ecology of the Brazilian cerrado//Goldammer J G. Fire in the Tropical Biota: Ecosystem Processes and Global Challenges. New York: Springer-Verlag: 82-105.

Crawley M J. 1986. The structure of plant communities//Crawley M J. Plant Ecology. London: Blackwell Scientific Publications: 1-50.

Cressie N A C. 1993. Statistics for Spatial Data, Revised Edition. New York: John Wiley & Sons.

Cressie N. 1991. Statistics for Spatial Data. New York: Wiley.

Czaran T, Bartha S. 1992. Spatiotemporal dynamic models of plant populations and communities. Trends in Ecology & Evolution, 7(2): 38-42.

D'Arrigo R D, Jacoby G C. 1999. Northern North American tree-ring evidence for regional temperature changes after major volcanic events. Climatic Change, 41: 1-15.

D'Arrigo R D, Malmstrom C M, Jacoby G C, et al. 2000. Correlation between maximum latewood density of annual tree rings and NDVI based estimates of forest productivity. International Journal of Remote Sensing, 21: 2329-2336.

Dale M R T. 1999. Spatial Pattern Analysis in Plant Ecology. Cambridge: Cambridge University Press: 1-30, 211-220, 231-237.

Dale M R T, Blundon D J. 1990. Quadrat variance analysis and pattern development during primary succession. Journal of Vegetation Science, 1(2): 153-164.

Dale M R T, Dixon P, Fortin M J, et al. 2002. Conceptual and mathematical relationships among methods for spatial analysis. Ecography, 25(5): 558-577.

Dale M R T, MacIsaac D A. 1989. New Methods for the Analysis of Spatial Pattern in Vegetation. The Journal of Ecology, 77(1): 78-91.

Dale M R T, Powell R D. 1994. Scales of segregation and aggregation of plants of different kinds. Canadian Journal of Botany, 72(4): 448-453.

Daniels R F. 1978. Spatial patterns and distance distributions in young seeded loblolly pine stands. Forest Science, 24: 260-266.

Davis J H, Howe R W, Davis G J. 2000. A multi-scale spatial analysis method for point data. Landscape Ecology, 15(2): 99-114.

Day T A, Wright R G. 1989. Positive plant spatial association with *Eriogonum ovalifolium* in primary succession on cinder cones: seed-trapping nurse plants. Plant Ecology, 80(1): 37-45.

Debski I, Burslem D F R P, Palmiotto P A, et al. 2002. Habitat preferences of *Aporosa* in two malaysian forests: implications for abundance and coexistence. Ecology, 83(7): 2005-2018.

Dieterich J H, Swetnam T W. 1984. Dendrochronology of a fire-scarred ponderosa pine. Forest Science, 30(1): 238-247.

Diggle P J. 1983. Statistical Analysis of Spatial Point Patterns. London: Academic Press.

Diggle P J. 2003. Statistical analysis of spatial point patterns. 2nd ed. London: Arnold.

Dixon P M. 2002. Ripley's *K* function//El-Shaarawi A H, Piegorsch W W. Encyclopedia of Environmetrics. Chichester: John Wiley & Sons: 1796-1803.

Dixon P. 1994. Testing spatial segregation using a nearest-neighbor contingency table. Ecology, 75(7): 1940-1948.

Dodge M. 1972. Forest fuel accumulation-a growing problem. Science, 177(4044): 139-142.

Donovan G H, Brown T C. 2007. Be careful what you wish for: the legacy of Smokey Bear. Frontiers in Ecology and the Environment, 5(2): 73-79.

Duncan R P. 1991. Competition and the coexistence of species in a mixed *Podocarp* stand. Journal of Ecology, 79(4): 1073-1084.

eFloras. 2006. Flora of China. http://foc.eflora.cn/[2007.9.1-2008.5.16].

Elliott K J, Hendrick R L, Major A E, et al. 1999. Vegetation dynamics after a prescribed fire in the southern Appalachians. Forest Ecology and Management, 114(2-3): 199-213.

Esper J, Cook E R, Schweingruber F H. 2002. Low-frequency signals in long tree-ring chronologies for reconstructing past temperature variability. Science, 295: 2250-2253.

Farjon A. 1998. World Checklist and Bibliography of Conifers. Richmond: Royal Botanical Gardens at Kew.

Finney M A, Martin R E. 1989. Fire history in a *Sequoia sempervirens* forest at Salt Point State Park, California. Canadian Journal of Forest Research, 19(11): 1451-1457.

Fitts H C. 1976. Tree Rings and Climate. London: Academic Press.

Ford E D. 1975. Competition and stand structure in some even-aged plant Monocultures. Journal of Ecology, 63(1): 311-333.

Ford E D, Renshaw E. 1984. The interpretation of process from pattern using two-dimensional spectral analysis: modelling single species patterns in vegetation. Plant Ecology, 56(2): 113-123.

Fortin M J, Dale M R T. 2005. Spatial Analysis: A Guide for Ecologists. Cambridge: Cambridge University Press.

Foster D R. 1998. Landscape patterns and legacies resulting from large, infrequent forest disturbances. Ecosystems, 1(6): 497-510.

Foster T. 1976. Bushfire: History, Prevention, Control. Sydney: Reed.

Fotheringham A S, Brunsdon C, Charlton M. 2000. Quantitative Geography: Perspectives on Spatial Data Analysis. London: Sage Publications.

Fowler N. 1986. The role of competition in plant communities in arid and semiarid regions. Annual Review of Ecology and Systematics, 17(1): 89-110.

Franco M, Harper J L. 1988. Competition and the formation of spatial pattern in spacing gradients: an example using *Kochia scoparia*. Journal of Ecology, 76(4): 959-974.

Fraser A R, van den Driessche P. 1972. Triangles, density, and pattern in point populations. Proceedings of the 3rd Conference of the Advisory Group of Forest Statisticians, Jouy-en-Josas, France, International Union for Research Organization, Institut National de la Recherche Agronomique.

Frechleton R P, Watkinson A R. 1999. The mis-measurement of plant competition. Functional Ecology, 13(2): 285-287.

Frelich L E, Reich P B. 1995. Spatial patterns and succession in a Minnesota southern-boreal forest. Ecological Monographs, 65(3): 325-346.

Fritts H C. 1976. Tree Rings and Climate. London: Academic Press.

Fritts H C. 1991. Reconstruction Large-scale Climate Patterns from Tree Ring Data. USA: The University of Arizona Press.

Fulé P Z, Covington W W. 1998. Spatial patterns of Mexican pine-oak forests under different recent fire regimes. Plant Ecology, 134(2): 197-209.

Fulé P Z, Crouse J E, Heinlein T A, et al. 2003a. Mixed-severity fire regime in a high-elevation forest of Grand Canyon, Arizona, USA. Landscape Ecology, 18(5): 465-486.

Fulé P Z, Heinlein T A, Covington W W, et al. 2003b. Assessing fire regimes on Grand Canyon landscapes with fire-scar and fire-record data. International Journal of Wildland Fire, 12(2): 129-145.

Fulé P Z, Laughlin D C. 2007. Wildland fire effects on forest structure over an altitudinal gradient, Grand Canyon National Park, USA. Journal of Applied Ecology, 44(1): 136-146.

Gabriel K R, Sokal R R. 1969. A new statistical approach to geographic variation analysis. Systematic Zoology, 18(3): 259-278.

Galiano E F. 1982. Pattern detection in plant populations through the analysis of plant-to-all-plants distances. Plant Ecology, 49(1): 39-43.

Galiano E F. 1985. The small-scale pattern of Cynodon dactylon in Mediterranean pastures. Plant Ecology, 63(3): 121-127.

Gao J, Shi Z, Xu L, et al. 2013. Precipitation variability in Hulunbuir, northeastern China since 1829 AD reconstructed from tree-rings and its linkage with remote oceans. Journal of Arid Environments, 95: 14-21.

Gaston K J, Blackburn T M. 2000. Pattern and Process in Macroecology. Oxford: Blackwell Publishing.

Gaston K J. 1996. Species richness: measure and measurement//Gaston K J. Biodiversity: A Biology of Numbers and Difference. Oxford: Oxford University Press: 77-113.

Gatrell A C, Bailey T C, Diggle P J, et al. 1996. Spatial point pattern analysis and its application in geographical epidemiology. Transactions of the Institute of British Geographers, 21(1): 256-274.

Gavin D G, Hu F S, Lertzman K, et al. 2006. Weak climatic control of stand-scale fire history during the late Holocene. Ecology, 87(7): 1722-1732.

Genries A, Mercier L, Lavoie M, et al. 2009. The effect of fire frequency on local cembra pine populations. Ecology, 90(2): 476-486.

Gent M L, Morgan J W. 2007. Changes in the stand structure (1975-2000) of coastal Banksia forest in the long absence of fire. Austral Ecology, 32(3): 239-244.

Getis A, Boots B N. 1978. Models of Spatial Processes: An Approach to the Study of Point, Line, and Area Patterns. Cambridge: Cambridge University Press.

Getis A, Franklin J. 1987. Second-order neighborhood analysis of mapped point patterns. Ecology, 68(3): 473-477.

Getzin S, Dean C, He F, et al. 2006. Spatial patterns and competition of tree species in a Douglas-fir chronosequence on Vancouver Island. Ecography, 29(5): 671-682.

Gibson D J, Connolly J, Hartnett D C, et al. 1999. Designs for greenhouse studies of interactions between plants. Journal of Ecology, 87(1): 1-16.

Gibson N, Brown M J. 1991. The ecology of *Lagarostrobos franklinii* (Hook. f.) Quinn (Podocarpaceae) in Tasmania. 2. Population structure and spatial pattern. Australian Journal of Ecology, 16(2): 223-229.

Gignac L D, Vitt D H. 1990. Habitat limitations of *Sphagnum* along climatic, chemical, and physical gradients in mires of Western Canada. The Bryologist, 93(1): 7-22.

Gill A M. 1975. Fire and the Australian flora: a review. Australian Forestry, 38(1): 4-25.

Gill A M. 1981. Post-settlement fire history in Victorian landscapes//Gill A M, Groves R H, Noble I R. Fire and the Australian Biota. Canberra: Australian Academy of Science: 77-97.

Gill A M, Groves R H, Noble I R. 1981. Fire and the Australian Biota. Canberra: Australian Academy of Science.

Gill A M, Hoare J R L, Cheney N P. 1990. Fires and their effects in the wet-dry tropics of Australia// Goldammer J G. Fire in the Tropical Biota: Ecosystem Processes and Global Challenges. New York: Springer-Verlag.

Glaser P H, Wheeler G A, Gorham E, et al. 1981. The patterned mires of the red lake peatland, northern Minnesota: Vegetation, water chemistry and landforms. Journal of Ecology, 69(2): 575-599.

Glasgow L S, Matlack G R. 2007. Prescribed burning and understory composition in a temperate deciduous forest, Ohio, USA. Forest Ecology and Management, 238(1-3): 54-64.

Goldammer J G. 1991. Tropical wild-land fires and global changes: prehistoric evidence, present fire regimes, and future trends//Levine J S. Global Biomass Burning: Atmospheric, Climatic, and Biospheric Implications. Cambridge: the MIT Press.

Goldammer J G, Furyaev V V. 1996. Fire in Ecosystems of Boreal Eurasia. Dordrecht: Kluwer Academic Publishers: 2.

Goldammer J G, Penafiel S R. 1990. Fire in the pine-grassland biomes of tropical and subtropical

Asia//Goldammer J G. Fire in the Topical Biota: Ecosystem Processes and Global Challenges. New York: Springer-Verlag.

Goldberg D E, Barton A M. 1992. Patterns and consequences of interspecific competition in natural communities: a review of field experiments with plants. The American Naturalist, 139(4): 771-801.

Goreaud F, Pelissier R. 1999. On explicit formulas of edge effect correction for Ripley's K-function. Journal of Vegetation Science, 10(3): 433-438.

Goreaud F, Pélissier R. 2003. Avoiding misinterpretation of biotic interactions with the intertype K 12-function: population independence vs. random labelling hypotheses. Journal of Vegetation Science, 14(5): 681-692.

Govender N, Trollope W S W, van Wilgen B W. 2006. The effect of fire season, fire frequency, rainfall and management on fire intensity in savanna vegetation in South Africa. Journal of Applied Ecology, 43: 748-758.

Grace J B. 1987. The impact of preemption on the zonation of two typha species along lakeshores. Ecological Monographs, 57(4): 283-303.

Grandpre L D, Gagnon D, Bergeron Y. 1993. Changes in the understory of canadian southern boreal forest after fire. Journal of Vegetation Science, 4(6): 803-810.

Gray J S. 2000. The measurement of marine species diversity, with an application to the benthic fauna of the Norwegian continental shelf. Journal of Experimental Marine Biology and Ecology, 250(1-2): 23-49.

Greig-Smith P. 1952. The use of random and contiguous quadrats in the study of the structure of plant communities. Annals of Botany, 16(2): 293-316.

Greig-Smith P. 1961. Data on pattern within plant communities: I . The analysis of pattern. The Journal of Ecology, 49(3): 695-702.

Greig-Smith P. 1979. Pattern in vegetation. Journal of Ecology, 67(3): 755-779.

Grimm E C. 1984. Fire and other factors controlling the big woods vegetation of Minnesota in the mid-nineteenth century. Ecological Monographs, 54(3): 291-311.

Gutiérrez E. 1991. Climate tree-growth relationships for *Pinus uncinata* Ram. in the Spanish Pre-Pyrenees. Acta Oecologica, 12: 213-225.

Guyette R P, Muzika R M, Dey D C. 2002. Dynamics of an anthropogenic fire regime. Ecosystems, 5(5): 472-486.

Haase P. 1995. Spatial pattern analysis in ecology based on Ripley's K-function: introduction and methods of edge correction. Journal of Vegetation Science, 6(4): 575-582.

Haase P. 2001. Can isotropy vs. anisotropy in the spatial association of plant species reveal physical vs. biotic facilitation? Journal of Vegetation Science, 12(1): 127-136.

Haining R P. 1990. Spatial Data Analysis in the Social and Environmental Sciences. Cambridge: Cambridge University Press.

Haining R P. 2003. Spatial Data Analysis: Theory and Practice. Cambridge: Cambridge University Press.

Hall M. 1984. Man's historical and traditional use of fire in southern Africa//Booysen P V, Tainton N M. Ecological Effects of Fire in South African Ecosystems. Berlin: Springer-Verlag: 40-52.

Hallam S J. 1975. Fire and Hearth: A Study of Aboriginal Usage and European Usurpation in South-western Australia. Canberra, Australia: Australian Institute of Aboriginal Studies.

Hans W L, Mats N, Tina M. 2004. Summer moisture variability in east central sweden since the mid-eighteenth century recorded in tree rings. Geografiska Annaler, 86A: 277-287.

Harrison S, Ross S J, Lawton J H. 1992. Beta diversity on geographic gradients in Britain. Journal of

Animal Ecology, 61(1): 151-158.

Hart S A, Chen H Y H. 2008. Fire, logging, and overstory affect understory abundance, diversity, and composition in boreas forest. Ecological Monographs, 78(1): 123-140.

He F, Duncan R P. 2000. Density-dependent effects on tree survival in an old-growth Douglas fir forest. Journal of Ecology, 88(4): 676-688.

Hegyi F. 1974. A simulation model for managing jack-pine stands//Fries J. Growth models for tree and stand simulation. Stockholm, Sweden: Royal College of Forestry: 74-90.

Heinselman M L. 1973. Fire in the virgin forests of the boundary waters Canoe area, Minnesota. Quaternary Research, 3(3): 329-382.

Heinselman M L. 1981. Fire and succession in the conifer forests of northern North America//West D C, Shugart H H, Botkin D B. Forest Succession: Concepts and Application. New York: Springer-Verlag: 374-405.

Hennider-Gotley G R. 1936. A forest fire caused by falling stones. Indian Forester, 62: 422-423.

Heyerdahl E K, Morgan P, Riser J P. 2008. Multi-season climate synchronized historical fires in dry forests (1650-1900), northern Rockies, USA. Ecology, 89(3): 705-716.

Hiers J K, O'Brien J J, Will R E, et al. 2007. Forest floor depth mediates understory vigor in xeric *Pinus palustris* ecosystems. Ecological Applications, 17(3): 806-814.

Higgins S I, Bond W J, Trollope W S W. 2000. Fire, resprouting and variability: a recipe for grass-tree coexistence in savanna. Journal of Ecology, 88(2): 213-229.

Horne I P. 1981. The frequency of veld fires in the Groot Swartberg Mountain catchment area, Cape Province. South African Forestry Journal, (118): 56-60.

Hubbell S P. 2001. The Unified Neutral Theory of Biodiversity and Biogeography. Princeton: Princeton University Press: 3.

Huber M, Caballero R. 2003. Eocene El Nino: Evidence for robust tropical dynamics in the "Hothouse". Science, 299(7): 877-881.

Hughes M K, Leggett P, Milson S J, et al. 1978. Dendrochronology of oak in North Wales. Tree-Ring Bulletin, 38: 15-23.

Hughes M K, Wu X, Shao X, et al. 1994. A preliminary reconstruction of rainfall in North-Central China since A. D. 1600 from tree-ring density and width. Quaternary Research, 42: 88-99.

Hungerford R D, Frandsen W H, Ryan K C. 1995. Ignition and burning characteristics of organic soils. 19th Tall Timbers Fire Ecology Conference. Fire in wetlands: a management perspective, Tallahassee, Florida.

Hunt R. 1982. Plant Growth Analysis: The Functional Approach to Plant Growth Analysis. London: Edward Arnold.

Hurlbert S H. 1990. Spatial distribution of the montane unicorn. Oikos, 58(3): 257-271.

Huston M, DeAngelis D, Post W. 1988. New computer models unify ecological theory. BioScience, 38(10): 682-691.

Huston M, Smith T. 1987. Plant succession: life history and competition. The American Naturalist, 130(2): 168-198.

Hutchinson T F, Sutherland E K, Yaussy D A. 2005. Effects of repeated prescribed fires on the structure, composition, and regeneration of mixed-oak forests in Ohio. Forest Ecology and Management, 218(1-3): 210-228.

Illian J, Penttinen A, Stoyan H, et al. 2008. Statistical Analysis and Modelling of Spatial Point Patterns. Chichester: Wiley.

IPCC. 2013. Summary for policymakers//Stocker T F, Qin D, Plattner G K, et al. Climate Change 2013: The Physical Science Basis. Contribution of Working Group Ⅰ to the Fifth Assessment

Report of the Intergovernmental Panel on Climate Change. Cambridge and New York: Cambridge University Press: 37-38.

Jacobs D F, Cole D W, McBride J R. 1985. Fire history and perpetuation of natural coast redwood ecosystems. Journal of Forestry, 83(8): 494-497.

Jacoby G, Solomina O, Frank D, et al. 2004. Kunashir (Kuriles) oak 400-year reconstruction of temperature and relation to the Pacific Decadal Oscillation. Palaeogeography Palaeoclimatology Palaeoecology, 209: 303-311.

Jeltsch F, Weber G E, Grimm V. 2000. Ecological buffering mechanisms in savannas: a unifying theory of long-term tree-grass coexistence. Plant Ecology, 150(1): 161-171.

John E A. 1989. An assessment of the role of biotic interactions and dynamic processes in the organization of species in a saxicolous lichen community. Canadian Journal of Botany, 67(7): 2025-2037.

Johnson R A. 1992. Fire and vegetation dynamics: studies from the North American boreal forest. Cambridge: Cambridge University Press.

Johnson V J. 1982. The dilemma of flame length and intensity. Fire Management Notes, 43(4): 3-7.

Johnston V R. 1970. The ecology of fire. Audubon: 78-117.

Kanzaki M. 1984. Regeneration in subalpine coniferous forests. I . Mosaic structure and regeneration process in a *Tsuga diversifolia* forest. The Botanical Magazine, 97(1047): 297-311.

Kareiva P. 1994. Space: the final frontier for ecological theory. Ecology, 75(1): 1.

Kashian D M, Turner M G, Romme W H, et al. 2005. Variability and convergence in stand structural development on a fire-dominated subalpine landscape. Ecography, 86(3): 643-654.

Kato-Noguchi H, Ino T. 2003. Rice seedlings release momilactone B into the environment. Phytochemistry, 63(5): 551-554.

Kaufmann R K, D'Arrigo R D, Laskowski C, et al. 2004. The effect of growing season and summer greenness on northern forests. Geophysical Research Letters, 31(9): 111-142.

Keeley J E. 1991. Seed germination and life history syndromes in the California chaparral. Botanical Review, 57(2): 81-116.

Keeley J E, Fotheringham C J, Baer-Keeley M. 2005. Determinants of postfire recovery and succession in mediterranean-climate shrublands of California. Ecological Applications, 15(5): 1515-1534.

Keeley J E, Fotheringham C J, Morais M. 1999. Reexamining fire suppression impacts on brushland fire regimes. Science, 284(5421): 1829-1832.

Keith D A, Holman L, Rodoreda S, et al. 2007. Plant functional types can predict decade-scale changes in fire-prone vegetation. Journal of Ecology, 95(6): 1324-1337.

Kenkel N C. 1988a. Spectral analysis of hummock-hollow pattern in a weakly minerotrophic mire. Plant Ecology, 78(1): 45-52.

Kenkel N C. 1988b. Pattern of self-thinning in Jack Pine: testing the random mortality hypothesis. Ecology, 69(4): 1017-1024.

Kenkel N C, Hendrie M L, Bella I E. 1997. A long-term study of *Pinus banksiana* population dynamics. Journal of Vegetation Science, 8: 241-254.

Kershaw K A. 1959. An investigation of the structure of a grassland community: II . The pattern of *Dactylis glomerata, Lolium perenne* and *Trifolium repens*: III. Discussion and conclusions. Journal of Ecology, 47(1): 31-53.

Kershaw K A. 1964. Quantitative and Dynamic Ecology. London: Edward Arnold.

Keuls M, Over H J, de Wit C T. 1963. The distance method for estimating densities. Statistica Neerlandica, 17: 71-91.

Kirdyanov A, Hughes M, Vaganov E, et al. 2003. The importance of early summer temperature and date of snowmelt for tree growth in the Siberian Subarctic. International Journal of Dairy Technology, 17: 61-69.

Knenh M A, Mielik N, Anen K. 2001. Climatic signal in annual growth variation in damaged and healthy stands of Norway Spruce (*Picea abies*(L.) Karst.) in south Finland. Trees, 15: 177-185.

Köllner T. 2000. Species-pool effect potentials (SPEP) as a yardstick to evaluate land-use impacts on biodiversity. Journal of Cleaner Production, 8(4): 293-311.

Komarek E V. 1965. Fire Ecology-Grasslands and Man. The Tall Timbers Fire Ecology Conference, Tall Timbers Research Station.

Komarek E V. 1966. The meteorological basis for fire ecology. Tall Timbers Fire Ecology Conference.

Kong F, Li X, Yin H. 2004. Landscape change on burned blanks in Daxing'an Mountain. Journal of Forestry Research, 15(1): 33-38.

Kruger F J, Bigalke R C. 1984. Fire in fynbos//Booysen P D V, Tainton N M. Ecological Effects of Fire in South African Ecosystems. Berlin: Springer-Verlag: 61-114.

Lafon C W, Waldron J D, Cairns D M, et al. 2007. Modeling the effects of fire on the long-term dynamics and restoration of yellow pine and oak forests in the southern Appalachian Mountains. Restoration Ecology, 15(3): 400-411.

Lancaster J. 2006. Using neutral landscapes to identify patterns of aggregation across resource points. Ecography, 29(3): 385-395.

Larsen C P S, MacDonald G M. 1995. Relations between tree-ring widths, climate, and annual area burned in the boreal forest of Alberta. Canadian Journal of Forest Research, 25: 1746-1755.

Le Houerou H N. 1974. Fire and vegetation in the Mediterranean basin. The Tall Timbers Fire Ecology Conference.

Legendre P. 1993. Spatial autocorrelation: trouble or new paradigm? Ecology, 74(6): 1659-1673.

Legendre P, Legendre L. 1998. Numerical Ecology. Amsterdam: Elsevier.

Lennon J J, Koleff P, GreenwooD J J D, et al. 2001. The geographical structure of British bird distributions: diversity, spatial turnover and scale. Journal of Animal Ecology, 70(6): 966-979.

Leopold A S, Cain S A, Cottam C M, et al. 1963. Wildlife management in the national parks. American Forests, 69(4): 32-35, 61-63.

Lepš J. 1990. Comparison of transect methods for the analysis of spatial pattern//Krahulec F. Spatial Processes in Plant Communities. Prague: Academia Press: 71-82.

Lesica P. 1999. Effects of fire on the demography of the endangered, geophytic herb *Silene spaldingii* (Caryophyllaceae). American Journal of Botany, 86(7): 996-1002.

Levin S A. 1992. The problem of pattern and scale in ecology: The Robert H. MacArthur award lecture. Ecology, 73(6): 1943-1967.

Liang E Y, Eckstein D, Liu H Y. 2009. Assessing the recent grassland greening trend in a long-tern context based on tree-ring analysis: a case study in North China. Ecological Indicators, 9: 1280-1283.

Liang E Y, Shao X M, Hu Y X, et al. 2001. Dendroclimatic evaluation of climate-growth relationships of Meyer spruce (*Picea meyeri*) on a sandy substrate in semi-arid Grassland, North China. Trees-Struct Funct, 15(4): 230-235.

Lindbladh M, Bradshaw R, Holmqvist B H. 2000. Pattern and process in south Swedish forests during the last 3000 years, sensed at stand and regional scales. Journal of Ecology, 88(1): 113-128.

Liu H, Menges E S. 2005. Winter fires promote greater vital rates in the Florida Keys than summer fires. Ecology, 86(6): 1483-1495.

Liu Y, Bao G, Song H M, et al. 2009. Precipitation reconstruction from Hailar pine (*Pinus sylvestris* var. *mongolica*) tree rings in the Hailar region, Inner Mongolia, China back to 1865 AD. Palaeogeography Palaeoclimatology Palaeoecology, 282: 81-87.

Liu Y, Shi J F, Shi S V, et al. 2004. Reconstruction of May-July precipitation in the north Helan Mountain, Inner Mongolia since A. D. 1726 from tree-ring late-wood widths. Chinese Science Bulletin, 49(4): 405-409.

Lotwick H W, Silverman B W. 1982. Methods for analysing spatial processes of several types of points. Journal of the Royal Statistical Society. Series B, 44(3): 406-413.

Ludwig J A, Reynolds J F. 1988. Statistical Ecology. New York: Wiley.

Lynch J A, Hollis J L, Hu F S. 2004. Climatic and landscape controls of the boreal forest fire regime: holocene records from Alaska. Journal of Ecology, 92(3): 477-489.

Mäkinen H, Nöjd P, Mielikäinen K. 2001. Climatic signal in annual growth variation in damaged and healthy stands of Norway spruce [*Picea abies* (L.) Karst.] in southern Finland. Trees, 15(3): 177-185.

Mack R N, Harper J L. 1977. Interference in dune annuals: spatial pattern and neighbourhood effects. Journal of Ecology, 65(2): 345-363.

Mackey R L, Currie D J. 2000. A re-examination of the expected effects of disturbance on diversity. Oikos, 88(3): 483-493.

Magurran A E. 2004. Measuring Biological Diversity. Oxford: Blackwell Publishing: 6-17, 72-130.

Mahdi A, Law R. 1987. On the spatial organization of plant species in a limestone grassland community. The Journal of Ecology, 75(2): 459-476.

Makinen H, Nojd P, Kahle H P, et al. 2003. Large-scale climatic variability and radial increment variation of *Picea abies* (L.) Karst. in central and northern Europe. Trees, 17: 173-184.

Malmstrom C M, Thompson M V, Juday G, et al. 1997. Interannual variation in global-scale net primary production: testing model es-timates. Global Biogeochemical Cycles, 11: 367-392.

Manly B F J. 1997. Randomization, Bootstrap and Monte Carlo Methods in Biology. London: Chapman and Hall.

Mann M E, Bradley R S, Hughes M K. 1999. Northern hemisphere temperature during the last millennium: inferences, uncertainties and limitations. Geophysical Research Letters, 26: 759-762.

Marozas V, Racinskas J, Bartkevicius E. 2007. Dynamics of ground vegetation after surface fires in hemiboreal *Pinus sylvestris* forests. Forest Ecology and Management, 250(1-2): 47-55.

Marriott F H C. 1979. Barnard's Monte Carlo tests: how many simulations? Applied Statistics, 28(1): 75-77.

Maslov A A. 1989. Small-scale patterns of forest plants and environmental heterogeneity. Plant Ecology, 84(1): 1-7.

Mast J N, Veblen T T. 1999. Tree spatial patterns and stand development along the pine-grassland ecotone in the Colorado Front Range. Canadian Journal of Forest Research, 29(5): 575-584.

McArthur A G. 1967. Fire Behaviour in Eucalypt Forests. Commonwealth of Australia, Forestry and Timber Bureau Leaflet: 100.

McIntire E J B, Fajardo A. 2009. Beyond description: the active and effective way to infer processes from spatial patterns. Ecology, 90(1): 46-56.

McIntosh R P. 1967. An index of diversity and the relation of certain concepts to diversity. Ecology, 48(3): 392-404.

McIntosh R P. 1985. The Background of Ecology: Concept and Theory. Cambridge: Cambridge University Press.

McNab W H. 1977. An overcrowded loblolly pine stand thinned with fire. Southern Journal of

Applied Forest, 1(1): 24-26.

Menges E S, Deyrup M A. 2001. Postfire survival in south Florida slash pine: interacting effects of fire intensity, fire season, vegetation, burn size, and bark beetles. International Journal of Wildland Fire, 10(1): 53-63.

Miina J, Pukkala T. 2000. Using numerical optimization for specifying individual-tree competition models. Forest Science, 46(2): 277.

Mitchell T L. 1848. An expedition into the interior of tropical Australia in search of a route from Sydney to the Gulf of Carpentaria. London: Brown, Green & Longman.

Mithen R, Harper J L, Weiner J. 1984. Growth and mortality of individual plants as a function of available area? Oecologia, 62(1): 57-60.

Molinari J. 1996. A critique of Bulla's paper on diversity indices. Oikos, 76: 577-582.

Molofsky J, Bever J D, Antonovics J, et al. 2002. Negative frequency dependence and the importance of spatial scale. Ecology, 83(1): 21-27.

Mordelet P, Barot S, Abbadie L. 1996. Root foraging strategies and soil patchiness in a humid savanna. Plant and Soil, 182(1): 171-176.

Morgan P, Bunting S C. 1990. Fire effects in whitebark pine forests. General Technical Report Int.

Myers R L. 1985. Fire and the dynamic relationship between Florida sandhill and sand pine scrub vegetation. Bulletin of the Torrey Botanical Club, 112(3): 241-252.

Naveh Z. 1974. Effects of fire in the Mediterranean region//Kozlowski T T, Ahlgren C E. Fire and Ecosystems. New York: Academic Press.

Nickles J K, Tauer C G, Stritzke J F. 1981. Use of prescribed fire and hexazinone (Velpar) to thin understory shortleaf pine in an Oklahoma pine-hardwood stand. Southern Journal of Applied Forest, 5(3): 124-127.

Nilsson M C, Wardle D A. 2005. Understory vegetation as a forest ecosystem driver: evidence from the northern Swedish boreal forest. Frontiers in Ecology and the Environment, 3(8): 421-428.

Norse E A. 1986. Conserving biological diversity in our national forests. Washington D. C.: The Wilderness Society.

North M, Innes J, Zald H. 2007. Comparison of thinning and prescribed fire restoration treatments to Sierran mixed-conifer historic conditions. Canadian Journal of Forest Research, 37(2): 331-342.

Oliver C D, Larson B C. 1996. Forest Stand Dynamics. New York: McGraw-Hill.

O'Sullivan D, Unwin D J. 2003. Geographic Information Analysis. New Jersey: Wiley.

Palmer J G, Xiong L M. 2004. New Zealand climate over the last 500 years reconstructed from *Libocedrus bidwillii* Hook. f. tree-ring chronologies. The Holocene, 14: 282-289.

Parisien M A, Moritz M A. 2009. Environmental controls on the distribution of wildfire at multiple spatial scales. Ecology, 79(1): 127-154.

Park A. 2003. Spatial segregation of pines and oaks under different fire regimes in the Sierra Madre Occidental. Plant Ecology, 169(1): 1-20.

Paul A K, Peter T S, Grissino-Mayer H D. 2004. Occurrence of sustained droughts in the interior Pacific Northwest (A. D. 1733—1980) inferred from tree-ring data. Journal of Climate, 17: 140-150.

Pausas J G, Bradstock R A, Keith D A K, et al. 2004. Plant functional traits in relation to fire in crown-fire ecosystems. Ecology, 85(4): 1085-1100.

Peart D R. 1989. Species interactions in a successional grassland. III. Effects of canopy gaps, gopher mounds and grazing on colonization. The Journal of Ecology, 77(1): 267-289.

Peet R K. 1974. The measurement of species diversity. Annual Review of Ecology and Systematics, 5(1): 285-307.

Penttinen A, Stoyan D, Henttonen H M. 1992. Marked point processes in forest statistics. Forest Science, 38(4): 806-824.

Perry G L W, Miller B P, Enright N J. 2006. A comparison of methods for the statistical analysis of spatial point patterns in plant ecology. Plant Ecology, 187(1): 59-82.

Perry J N. 1995. Spatial analysis by distance indices. Ecology, 64(3): 303-314.

Perry J N, Liebhold A M, Rosenberg M S, et al. 2002. Illustrations and guidelines for selecting statistical methods for quantifying spatial pattern in ecological data. Ecography, 25(5): 578-600.

Peterson D L, Ryan K C. 1986. Modelling postfire conifer mortality for long range planning. Environmental Management, 10(6): 797-808.

Peterson D W, Reich P B. 2001. Prescribed fire in oak savanna: fire frequency effects on stand structure and dynamics. Ecological Applications, 11(3): 914-927.

Phillips J. 1974. Effects of fire in forest and savanna ecosystems of sub-Saharan Africa//Kozlowski T T, Ahlgren C E. Fire and Ecosystems. New York: Academic Press.

Philpot C W. 1969. Seasonal changes in heat content and ether extractive content of chamise. Forest Service Research Paper INT-61. USDA.

Pichler P, Oberhuber W. 2007. Radial growth response of coniferous forest trees in an inner Alpine environment to heat-wave in 2003. Forest Ecology and Management, 242: 688-699.

Pickett S T A, White P S. 1985. The Ecology of Natural Disturbance and Patch Dynamics. New York: Academic Press: 472.

Pielou E C. 1961. Segregation and symmetry in two-species populations as studied by nearest-neighbour relationships. Journal of Ecology, 49(2): 255-269.

Pielou E C. 1962. The use of plant-to-neighbour distances for the detection of competition. The Journal of Ecology, 50(2): 357-367.

Pielou E C. 1977. Mathematical Ecology. New York: Wiley.

Piovesan G, Biondi F, Bernabei M, et al. 2005. Spatial and altitudinal bioclimatic zones of the Italian peninsula identified from a beech (*Fagus sylvatica* L.) tree-ring network. Acta Oecologica, 27: 197-210.

Powell R D. 1990. The role of spatial pattern in the population biology of *Centaurea diffusa*. Journal of Ecology, 78(2): 374-388.

Prentice I C, Werger M J A. 1985. Clump spacing in a desert dwarf shrub community. Plant Ecology, 63(3): 133-139.

Pyne S J. 1984. Introduction to Wildland Fire: Fire Management in the United States. New York: Wiley.

Pyne S J. 1991. Burning Bush: A Fire History of Australia. New York: Henry Holt.

Pyne S J. 1997. Fire in America: A Cultural History of Wildland and Rural Fire. Seattle: University of Washington Press.

Pyne S J. 1998. Burning Bush: A Fire History of Australia. Seattle: University of Washington Press.

Pyne S J, Andrews P L, Daven R D. 1996. Introduction to Wildland Fire. New York: Wiley & Sons.

Quintana-Ascencio P F, Morales-Hernández M. 1997. Fire-mediated effects of shrubs, lichens and herbs on the demography of *Hypericum cumulicola* in patchy Florida scrub. Oecologia, 112(2): 263-271.

Quiring S M. 2004. Growing-season moisture variability in the eastern USA during the last 800 years. Climate Research, 27: 9-17.

Radeloff V C, Mladenoff D J, Guries R P, et al. 2004. Spatial patterns of cone serotiny in *Pinus banksiana* in relation to fire disturbance. Forest Ecology and Management, 189(1-3): 133-141.

Real L A, McElhany P. 1996. Spatial pattern and process in plant-pathogen interactions. Ecology,

77(4): 1011-1025.

Rebertus A J, Williamson G B, Moser E B. 1989. Fire-induced changes in *Quercus laevis* spatial pattern in Florida sandhills. Journal of Ecology, 77(3): 638-650.

Regelbrugge J C, Conard S G. 1993. Modeling tree mortality following wildfire in *Pinus ponderosa* forests in the central Sierra Nevada of California. International Journal of Wildland Fire, 3(3): 139-148.

Remmert H. 1991. The mosaic-cycle concept of ecosystems: an overview//Remmert H. The Mosaic-Cycle Concept of Ecosystems. Berlin: Springer-Verlag: 1-21.

Riano D, Moreno Ruiz J A, Isidoro D, et al. 2007. Global spatial patterns and temporal trends of burned area between 1981 and 2000 using NOAA-NASA Pathfinder. Global Change Biology, 13(1): 40-50.

Ricotta C. 2002. Bridging the gap between ecological diversity indices and measures of biodiversity with Shannon's entropy: comment to Izsák and Papp. Ecological Modelling, 152(1): 1-3.

Rigozo N R, Nordemann J R, Echer E, et al. 2002. Solar variability effects studied by tree-ring data wavelet analysis. Advances in Space Research, 29(12): 1985-1988.

Ripley B D. 1976. The second-order analysis of stationary point processes. Journal of Applied Probability, 13(2): 255-266.

Ripley B D. 1977. Modelling spatial patterns. Journal of the Royal Statistical Society. Series B, 39(2): 172-212.

Ripley B D. 1979. Tests of 'randomness' for spatial point patterns. Journal of the Royal Statistical Society. Series B, 41(3): 368-374.

Ripley B D. 1981. Spatial Statistics. New York: John Wiley & Sons.

Ripley B D. 1988. Statistical Inference for Spatial Processes. Cambridge: Cambridge University Press.

Rittenour T M, Brigham-Grette J, Mann M E. 2000. El Nino-like climate teleconnections in new England during the Late Pleistocene. Science, 288(12): 1039-1042.

Rolland C. 1993. Tree-ring and climate relationships for *Abies alba* in the internal Alps. Tree-Ring Bulletin, 53: 1-11.

Romme W H. 1982. Fire and landscape diversity in subalpine forests of Yellowstone National Park. Ecological Monographs, 52(2): 199-221.

Rothermel R C. 1972. A Mathematical Model for Predicting Fire Spread in Wildland Fuels. USDA Forest General Technical Report.

Rowe J S. 1983. Concepts of fire effects on plant individuals and species//DeBano R W, MacLean D A. The Role of Fire in Northern Circumpolar Ecosystems. New York: John Wiley & Sons.

Rozas V. 2006. Structural heterogeneity and tree spatial patterns in an old-growth deciduous lowland forest in Cantabria, northern Spain. Plant Ecology, 185(1): 57-72.

Ruffner C M, Abrams M D. 1998. Lightning strikes and resultant fires from archival (1912-1917) and current (1960-1997) information in Pennsylvania. Journal of the Torrey Botanical Society, 125(3): 249-252.

Ryan K C. 2002. Dynamic interactions between forest structure and fire behavior in boreal ecosystems. Silva Fennica, 36(1): 13-39.

Rydin H. 1986. Competition and niche separation in *Sphagnum*. Canadian Journal of Botany, 64(8): 1817-1824.

SAS Institute. 2002. SAS version 9. 0. SAS Institute, Inc., Cary, North Carolina, USA.

Savage M, Swetnam T W. 1990. Early 19th-century fire decline following sheep pasturing in a Navajo ponderosa pine forest. Ecology, 71(6): 2374-2378.

Schenk H J, Holzapfel C, Hamilton J G, et al. 2003. Spatial ecology of a small desert shrub on adjacent geological substrates. Journal of Ecology, 91(3): 383-395.

Schiff A L. 1962. Fire and Water. Massachusetts: Harvard University Press.

Schoennagel T, Veblen T T, Romme W H. 2004. The interaction of fire, fuels, and climate across Rocky Mountain forests. BioScience, 54(7): 661-676.

Schüle W. 1990. Landscape and climate in prehistory: interactions of wildlife, man, and fire// Goldammer J G. Fire in the Tropical Biota: Ecosystem Processes and Global Challenges. New York: Springer-Verlag.

Schurr F M, Bossdorf O, Milton S J, et al. 2004. Spatial pattern formation in semi-arid shrubland: a priori predicted versus observed pattern characteristics. Plant Ecology, 173(2): 271-282.

Schwilk D W, Keeley J E, Knapp E E, et al. 2009. The national fire and fire surrogate study: effects of fuel reduction methods on forest vegetation structure and fuels. Ecology, 19(2): 285-304.

Scott J H, Reinhardt E D. 2001. Assessing crown fire potential by linking models of surface and crown fire behavior. US Dept. of Agriculture, Forest Service, Rocky Mountain Research Station.

Shackleton C. 2002. Nearest-neighbour analysis and the prevelance of woody plant competition in South African savannas. Plant Ecology, 158(1): 65-76.

Shi Z, Xu L, Dong L, et al. 2016. Growth-Climate response and drought reconstruction from tree-ring of Mongolian pine in Hulunbuir, Northeast China. Journal of Plant Ecology, 9(1): 51-60.

Shipley B, Keddy P A. 1987. The individualistic and community-unit concepts as falsifiable hypotheses. Vegetation, 69(1): 47-55.

Shishov V V, Vaganov E A, Hughes M K, et al. 2002. Spatial variation in the annual tree-ring growth in Siberia in the past century. Doklady Earth Sciences, 387A: 1088-1091.

Sibold J S, Veblen T T, Gonzalez M E. 2006. Spatial and temporal variation in historic fire regimes in subalpine forests across the Colorado Front Range in Rocky Mountain National Park, Colorado, USA. Journal of Biogeography, 33(4): 631-647.

Silander J A, Pacala S W. 1985. Neighborhood predictors of plant performance. Oecologia, 66(2): 256-263.

Silander J A, Pacala S W. 1990. The application of plant population dynamic models to understanding plant competition//Grace J B, Tilman D. Perspectives on plant competition. San Diego: Academic Press: 67-91.

Simpson E H. 1949. Measurement of diversity. Nature, 163: 688.

Singh G, Kershaw A P, Clark R. 1981. Quaternary vegetation and fire history in Australia//Gill A M, Groves R H, Noble I R. Fire and the Australian Biota. Canberra: Australian Academy of Science: 23-54.

Skarpe C. 1991. Spatial patterns and dynamics of woody vegetation in an arid savanna. Journal of Vegetation Science, 2(4): 565-572.

Skellam J G. 1991. Random dispersal in theoretical populations. Biometrika, 53(1-2): 135-165.

Skellam J G. 1952. Studies in statistical ecology. I. Spatial pattern. Biometrika, 39(3-4): 346-362.

Smith M D, Knapp A K. 2001. Size of the local species pool determines invasibility of a C4-dominated grassland. Oikos, 92(1): 55-61.

Soares R V. 1990. Fire in some tropical and subtropical South American vegetation types: an overview// Goldammer J G. Fire in the Tropical Biota: Ecosystem Processes and Global Challenges. New York: Springer-Verlag: 63-81.

Sprugel D G. 1976. Dynamic structure of wave-regenerated *Abies balsamea* forests in the North-Eastern United States. The Journal of Ecology, 64(3): 889-911.

Spurr S H. 1964. Forest Ecology. New York: Ronald Press.

Steinauer E M, Collins S L. 1995. Effects of urine deposition on small-scale patch structure in prairie vegetation. Ecology, 76(4): 1195-1205.

Stephens S L, Moghaddas J J, Edminster C, et al. 2009. Fire treatment effects on vegetation structure, fuels, and potential fire severity in western U. S. forests. Ecological Applications, 19(2): 305-320.

Sterling A, Peco B, Casado M A, et al. 1984. Influence of microtopography on floristic variation in the ecological succession in grassland. Oikos, 42(3): 334-342.

Sterner R W, Ribic C A, Schatz G E. 1986. Testing for life historical changes in spatial patterns of four tropical tree species. The Journal of Ecology, 74(3): 621-633.

Stewart O C. 1956. Fire as the first great force employed by man//Thomas W L. Man's Role in Changing the Face of the Earth. Chicago: University of Chicago Press: 115-133.

Stinson K J, Wright H A. 1969. Temperatures of head fires in the southern mixed prairie of Texas. Journal of Rangeland Management, 22(3): 169-174.

Stohlgren T J, Bull K A, Otsuki Y. 1998. Comparison of rangeland vegetation sampling techniques in the Central Grasslands. Journal of Range Management, 51(2): 164-172.

Stohlgren T J, Falkner M B, Schell L D. 1995. A modified-Whittaker nested vegetation sampling method. Vegetatio, 117(2): 113-121.

Stoll P, Bergius E. 2005. Pattern and process: Competition causes regular spacing of individuals within plant populations. Journal of Ecology, 93(2): 395-403.

Stott P A, Goldammer J G, Werner W L. 1990. The role of fire in the tropical lowland deciduous forests of Asia//Goldammer J G. Fire in the Tropical Biota: Ecosystem Processes and Global Challenges. New York: Springer-Verlag: 32-44.

Stoyan D, Kendall W S, Mecke J. 1995. Stochastic Geometry and Its Applications. 2nd ed. Chichester: John Wiley & Sons.

Stoyan D, Penttinen A. 2000. Recent applications of point process methods in forestry statistics. Statistical Science, 15(1): 61-78.

Stoyan D, Stoyan H. 1994. Fractals, Random Shapes, and Point Fields: Methods of Geometrical Statistics. New York: Wiley: 249.

Stromberg J C, Rychener T J, Dixon M D. 2008. Return of fire to a free-flowing desert river: effects on vegetation. Restoration Ecology, 16(2): 1-12.

Sutherland W J. 2007. Future directions in disturbance research. Ibis, 149(s1): 120-124.

Swanson D K, Grigal D F. 1988. A simulation model of mire patterning. Oikos, 53(3): 309-314.

Swezy D M, Agee J K. 1991. Prescribed-fire effects on fine-root and tree mortality in old-growth ponderosa pine. Canadian Journal of Forest Research, 21(5): 626-634.

Symonides E, Wierzchowska U. 1990. Changes in the spatial pattern of vegetation structure and of soil properties in nearly old-field succession//Krahulec F. Spatial Processes in Plant Communities. Prague: Academia: 201-214.

Syphard A D, Radeloff V C, Keeley J E, et al. 2007. Human influence on California fire regimes. Ecological Applications, 17(5): 1388-1402.

Szwagrzyk J, Czerwczak M. 1993. Spatial patterns of trees in natural forests of east-central Europe. Journal of Vegetation Science, 4(4): 469-476.

Taylor A H. 2000. Fire regimes and forest changes in mid and upper montane forests of the southern Cascades, Lassen Volcanic National Park, California, U. S. A. Journal of Biogeography, 27(1): 87-104.

Taylor A R. 1974. Forest fire//Lapedes D N. McGraw-Hill Yearbook of Science and Technology. London: McGraw-Hill.

ter Braak C J F, Šmilauer P. 2002. CANOCO reference manual and CanoDraw for Windows user's guide: Software for canonical community ordination (version 4. 5). Ithaca NY, USA, 500 pp.

Thomas M. 1949. A generalization of Poisson's binomial limit for use in ecology. Biometrika, 36: 18-25.

Thompson H R. 1956. Distribution of dstance to N^{th} neighbour in a population of randomly distributed individuals. Ecology, 37(2): 391-394.

Thomson J D, Weiblen G, Thomson B A, et al. 1996. Untangling multiple factors in spatial distributions: lilies, gophers, and rocks. Ecology, 77(6): 1698-1715.

Tilman D. 1994. Competition and biodiversity in spatially structured habitats. Ecology, 75(1): 2-16.

Tomback D F, Anderies A J, Carsey K S, et al. 2001. Delayed seed germination in whitebark pine and regeneration patterns following the Yellowstone fires. Ecology, 82(9): 2587-2600.

Trabaud L, Galtié J F. 1996. Effects of fire frequency on plant communities and landscape pattern in the Massif des Aspres (southern France). Landscape Ecology, 11(4): 215-224.

Turner M G, Bratton S P. 1987. Fire, grazing, and the landscape heterogeneity of a Georgia barrier island//Turner M G. Landscape Heterogeneity and Disturbance. New York: Springer-Verlag: 85-101.

Turner M G, Hargrove W W, Gardner R H, et al. 1994. Effects of fire on landscape heterogeneity in Yellowstone National Park, Wyoming. Journal of Vegetation Science, 5(5): 731-742.

Turner M G. 1989. Landscape ecology: the effect of pattern on process. Annual Review of Ecology and Systematics, 20(1): 171-197.

Uhl C, Kauffman J B. 1990. Deforestation, fire susceptibility, and potential tree responses to fire in the eastern Amazon. Ecology, 71(2): 437-449.

Umbanhowar Jr C E. 1992. Abundance, vegetation, and environment of four patch types in a northern mixed prairie. Canadian Journal of Botany, 70(2): 277-284.

Upton G J G, Fingleton B. 1985. Spatial Data Analysis by Example. Vol. 1: Point Pattern and Quantitative Data. New York: Wiley.

Usher M B. 1983. Pattern in the simple moss-turf communities of the sub-Antarctic and maritime Antarctic. The Journal of Ecology, 71(3): 945-958.

van Wagner C E. 1973. Height of crown scorch in forest fires. Canadian Journal of Forest Research, 3: 373-378.

van Wagner C E. 1977. Conditions for the start and spread of crown fire. Canadian Journal of Forest Research, 7(1): 23-34.

van Wagner C E. 1983. Fire behaviour in northern conifer forests and shrublands//Wein R W, MacLean D A. The Role of Fire in Northern Circumpolar Ecosystems. New York: John Wiley.

Veblen T T. 1992. Regeneration dynamics//Glenn-Lewin D C, Peet R K, Veblen T T. Plant Succession: Theory and Prediction. London: Chapman & Hall: 152-187.

Veirs S D. 1980. The influence of fire in coast redwood forests. the fire history workshop. Fort Collins, CO, U. S. Department of Agriculture, Forest Service, Rocky Mountain Forest and Range Experiment Station, Tucson, AZ. Gen. Tech. Rep.

Verdú M, Pausas J G. 2007. Fire drives phylogenetic clustering in Mediterranean Basin woody plant communities. Journal of Ecology, 95(6): 1316-1323.

Villalba R, Lara A, Boninsegna J A, et al. 2003. Large-scale temperature changes across the southern Andes: 20th-century variations in the context of the past 400 years. Climate Change, 59: 177-232.

Vines R G. 1981. Physics and chemistry of rural fires//Gill A M, Groves R H, Noble I R. Fire and the Australian Biota. Canberra: Australian Academy of Science: 129-149.

Viosca Jr P. 1931. Spontaneous combustion in the marshes of southern Louisiana. Ecology, 12(2): 439-442.

Viro P J. 1969. Prescribed burning in forestry. Communicationes Instituti Forestalis Fenniae, 67(7): 1-49.

Wade D D. 1993. Thinning young loblolly pine stands with fire. International Journal of Wildland Fire, 3(3): 169-178.

Waldrop T A, Brose P H. 1999. A comparison of fire intensity levels for stand replacement of table mountain pine (*Pinus pungens* Lamb.). Forest Ecology and Management, 113(2-3): 155-166.

Waldrop T A, Yaussy D A, Phillips R J, et al. 2008. Fuel reduction treatments affect stand structure of hardwood forests in Western North Carolina and Southern Ohio, USA. Forest Ecology and Management, 255(8-9): 3117-3129.

Waldropa T A, Whitea D L, Jonesb S M. 1992. Fire regimes for pine-grassland communities in the southeastern United States. Forest Ecology and Management, 47(1-4): 195-210.

Wang C, Zhang J, Shi Y. 2004. Studies on fire history and effects of fire on Mongolian scotch pine stand in Daxinganling Mountain, China. Journal of Nanjing Forestry University (Natural Sciences Edition), 28(5): 32-36.

Wang Y J, Gao S Y, Ma Y Z, et al. 2010. Annual precipitation variation reconstructed by tree-ring width since A. D. 1899 in the west part of Hedong sandy area of Ningxia. Arid Land Geography, 33(3): 377-384.

Ward J S, Parker G R, Ferrandino F J. 1996. Long-term spatial dynamics in an old-growth deciduous forest. Forest Ecology Management, 83(3): 189-202.

Watson D M, Roshier D A, Wiegand T. 2007. Spatial ecology of a root parasite-from pattern to process. Austral Ecology, 32(4): 359-369.

Watt A S. 1947. Pattern and process in the plant community. The Journal of Ecology, 35(1/2): 1-22.

Weaver H. 1974. Effects of fire on temperate forests: western United States Kozlowski T T, Ahlgren C E. Fire and Ecosystems. New York: Academic Press.

Weigelt A, Jolliffe P. 2003. Indices of plant competition. Journal of Ecology, 91: 707-720.

Weiner J. 1990. Asymmetric competition in plant populations. Trends in Ecology & Evolution, 5(11): 360-364.

Wells P V. 1970. Postglacial vegetational history of the great plains. Science, 167(3925): 1574-1582.

Wheelwright N T, Bruneau A. 1992. Population sex ratios and spatial distribution of *Ocotea tenera* (Lauraceae) trees in a tropical forest. Journal of Ecology, 80(3): 425-432.

Whelan R J. 1995. The Ecology of Fire. Cambridge, UK.: Cambridge University Press: 8-56.

White P S, Jentsch A. 2001. The search for generality in studies of disturbance and ecosystem dynamics. Progress in Botany, 62(1): 399-499.

Whitney G G. 1994. From Coastal Wilderness to Fruited Plain: A History of Environmental Change in Temperate North America, 1500 to the Present. Cambridge: Cambridge University Press: 451.

Whittaker R H, Levin S A. 1977. The role of mosaic phenomena in natural communities. Theoretical Population Biology, 12(2): 117-139.

Whittaker R H. 1960. Vegetation of the Siskiyou Mountains, Oregon and California. Ecological Monographs, 30(3): 279-338.

Wiegand T, Gunatilleke S, Gunatilleke N, et al. 2007. Analyzing the spatial structure of a Sri Lankan tree species with multiple scales of clustering. Ecology, 88(12): 3088-3102.

Wiegand T, Moloney K A. 2004. Rings, circles, and null-models for point pattern analysis in ecology. Oikos, 104(2): 209-229.

Wigley T M L, Briffa K R, Jones P D. 1984. On the average value of correlated time series, with applications in dendroclimatology and hydrometeorology. Journal of Climate and Applied Meteorology, 23: 201-213.

Williamson G B, Black E M. 1981. High temperature of forest fires under pines as a selective advantage over oaks. Nature, 293(5834): 643-644.

Wilson J B, Agnew A D Q. 1992. Positive-feedback switches in plant communities. Advances in Ecological Research, 23: 263-336.

Wilson M V, Shmida A. 1984. Measuring beta diversity with presence-absence data. The Journal of Ecology, 72(3): 1055-1064.

Wilson R, Elling W. 2004. Temporal instability in tree-growth/climate response in the Lower Bavarian Forest region: implications for dendroclimatic reconstruction. Trees, 18: 19-28.

Wimmer R, Grabner M. 1997. Effects of climate on vertical resin duct density and radial growth of Norway spruce (*Picea abies*(L.) Karst.). Trees, 11: 271-276.

Wooldridge D D, Weaver H. 1965. Some effects of thinning a ponderosa pine thicket with a prescribed fire, II. Journal of Forestry, 63(2): 92-95.

Wright H A, Bailey A W. 1982. Fire Ecology: United States and Southern Canada. New York: John Wiley & Sons: 1-7.

Wright H E Jr, Heinselman M L. 1973. The ecological role of fire in natural conifer forests of western and northern north America. Quaternary Research, 3(3): 319-328.

Yamada I, Rogerson P A. 2003. An empirical comparison of edge effect correction methods applied to K-Function analysis. Geographical Analysis, 35(2): 97-110.

Yao S. 2003. Effects of fire disturbance on forest hydrology. Journal of Forestry Research, 14(4): 331-334.

Yarranton G A, Morrison R G. 1974. Spatial dynamics of a primary succession: nucleation. Journal of Ecology, 62(2): 417-428.

Youngblood A, Grace J B, McIver J D. 2009. Delayed conifer mortality after fuel reduction treatments: interactive effects of fuel, fire intensity, and bark beetles. Ecological Applications, 19(2): 321-337.

Yu H, Wiegand T, Yang X, et al. 2009. The impact of fire and density-dependent mortality on the spatial patterns of a pine forest in the Hulun Buir sandland, Inner Mongolia, China. Forest Ecology and Management, 257(10): 2098-2107.

Zenner E K. 2005. Development of tree size distributions in Douglas-fir forests under differing disturbance regimes. Ecological Applications, 15(2): 701-714.

Zhang Q B, Cheng G D, Yao T D, et al. 2003. A 2326-year tree-ring record of climate variability on the northeastern Qinghai-Tibetan Plateau. Geophysical Research Letters, 30(14): 1739-1742.

Zhang Q B, Hebda R J. 2004. Variation in radial growth patterns of *Pseudotsuga menziesii* on the central coast of British Columbia, Canada. Canadian Journal of Forest Research, 34: 1946-1954.

Zhang W, Skarpe C. 1995. Small-scale species dynamics in demi-arid steppe vegetation in Inner Mongolia. Journal of Vegetation Science, 6(4): 583-592.

Zhu J J, Kang H Z, Tan H, et al. 2005. Natural regeneration characteristics of *Pinus sylvestris* var. *mongolica* forests on sandy land in Honghuaerji, China. Journal of Forestry Research, 16(4): 253-259.

附录 A 调查样地的植物名录

序号	中文名	学名
1	蓍	*Achillea millefolium* L.
2	兴安乌头	*Aconitum ambiguum* Reichb.
3	狭叶沙参	*Adenophora gmelinii*（Spreng.）Fisch.
4	细叶沙参	*Adenophora capillaria* Hemsl. subsp. *paniculata*（Nannf.）D. Y. Hong et S. Ge
5	北侧金盏花	*Adonis sibirica* Patr. ex Ledeb.
6	龙牙草	*Agrimonia pilosa* Ldb.
7	冰草	*Agropyron cristatum*（L.）Gaertn.
8	蒙古韭	*Allium mongolicum* Regel
9	山韭	*Allium senescens* L.
10	山杏	*Armeniaca sibirica*（L.）Lam.
11	艾	*Artemisia argyi* Levl. et Van.
12	燕麦	*Avena sativa* L.
13	白桦	*Betula platyphylla* Suk.
14	红柴胡	*Bupleurum scorzonerifolium* Willd.
15	拂子茅	*Calamagrostis epigeios*（L.）Roth
16	寸草	*Carex duriuscula* C. A. Mey.
17	柄状薹草	*Carex pediformis* C. A. Mey.
18	多叶隐子草	*Cleistogenes polyphylla* Keng ex Keng f. et L. Liou
19	棉团铁线莲	*Clematis hexapetala* Pall.
20	铃兰	*Convallaria majalis* L.
21	全缘栒子	*Cotoneaster integerrimus* Medic.
22	光叶山楂	*Crataegus dahurica* Koehne ex C. K. Schneider
23	莎草属	*Cyperus* L.
24	小红菊	*Chrysanthemum chanetii* H. Lév.
25	楔叶菊	*Chrysanthemum naktongense* Nakai
26	小叶章	*Deyeuxia purpurea*（Trin.）Kunth
27	野青茅	*Deyeuxia arundinacea*（L.）Beauv.
28	大叶章	*Deyeuxia langsdorffii*（Link）Kunth
29	石竹	*Dianthus chinensis* L.
30	笔管草	*Equisetum ramosissimum* Desf. subsp. *debile*（Roxb. ex Vauch.）Hauke
31	牻牛儿苗	*Erodium stephanianum* Willd.
32	白杜	*Euonymus maackii* Rupr.
33	狼毒	*Euphorbia fischeriana* Steud.

续表

序号	中文名	学名
34	钩腺大戟	*Euphorbia sieboldiana* Morr. et Decne
35	羊茅	*Festuca ovina* L.
36	野草莓	*Fragaria vesca* L.
37	蓬子菜	*Galium verum* L.
38	龙胆	*Gentiana scabra* Bunge
39	兴安老鹳草	*Geranium maximowiczii* Regel et Maack
40	老鹳草	*Geranium wilfordii* Maxim.
41	路边青	*Geum aleppicum* Jacq.
42	小黄花菜	*Hemerocallis minor* Mill.
43	八宝	*Hylotelephium erythrostictum*（Miq.）H. Ohba
44	赶山鞭	*Hypericum attenuatum* Choisy
45	紫苞鸢尾	*Iris ruthenica* Ker.-Gawl.
46	山莴苣	*Lagedium sibiricum*（L.）Sojak
47	羊草	*Leymus chinensis*（Trin.）Tzvel.
48	橐吾	*Ligularia sibirica*（L.）Cass.
49	山丹	*Lilium pumilum* DC.
50	山荆子	*Malus baccata*（L.）Borkh
51	鹅肠菜	*Myosoton aquaticum*（L.）Moench
52	二叶兜被兰	*Neottianthe cucullata*（L.）Schltr.
53	列当	*Orobanche coerulescens* Steph.
54	全叶山芹	*Ostericum maximowiczii*（Fr. Schmidt ex Maxim.）Kitagawa
55	稠李	*Padus avium* Mill.
56	芍药	*Paeonia lactiflora* Pall.
57	野罂粟	*Papaver nudicaule* L.
58	蓍草叶马先蒿	*Pedicularis achilleifolia* Steph.
59	毛连菜	*Picris hieracioides* L.
60	樟子松	*Pinus sylvestris* var. *mongolica* Litv.
61	车前	*Plantago asiatica* L.
62	桔梗	*Platycodon grandiflorus*（Jacq.）A. DC.
63	玉竹	*Polygonatum odoratum*（Mill.）Druce
64	叉分蓼	*Polygonum divaricatum* L.
65	酸模叶蓼	*Polygonum lapathifolium* L.
66	山杨	*Populus davidiana* Dode
67	蕨麻	*Potentilla anserina* L.
68	莓叶委陵菜	*Potentilla fragarioides* L.
69	蕨	*Pteridium aquilinum*（L.）Kuhn var. *latiusculum*（Desv.）Underw. ex Heller
70	燥原芥	*Ptilotricum canescens*（DC.）C. A. Mey.
71	掌叶白头翁	*Pulsatilla patens*（L.）Mill. subsp. *multifida*（Pritz.）Zamels

序号	中文名	学名
72	兴安杜鹃	*Rhododendron dauricum* L.
73	黑茶藨子	*Ribes nigrum* L.
74	山刺玫	*Rosa davurica* Pall.
75	茜草	*Rubia cordifolia* L.
76	酸模	*Rumex acetosa* L.
77	黄柳	*Salix gordejevii* Y. L. Chang et Skv.
78	地榆	*Sanguisorba officinalis* L.
79	风毛菊	*Saussurea japonica*（Thunb.）DC.
80	羽叶风毛菊	*Saussurea maximowiczii* Herd.
81	银背风毛菊	*Saussurea nivea* Turcz.
82	华北蓝盆花	*Scabiosa tschiliensis* Grun.
83	多裂叶荆芥	*Nepeta multifida* L.
84	鸦葱	*Scorzonera austriaca* Willd.
85	皱叶鸦葱	*Scorzonera inconspicua* Lipsch. ex Pavl.
86	毛梗鸦葱	*Scorzonera radiata* Fisch.
87	费菜	*Phedimus aizoon*（L.）'t Hart
88	迷果芹	*Sphallerocarpus gracilis*（Bess.）K.-Pol.
89	海拉尔绣线菊	*Spiraea hailarensis* Liou
90	三裂绣线菊	*Spiraea trilobata* L.
91	红轮狗舌草	*Tephroseris flammea*（Turcz. ex DC.）Holub
92	唐松草	*Thalictrum aquilegifolium* L. var. *sibiricum* Regel et Tiling
93	展枝唐松草	*Thalictrum squarrosum* Steph.
94	野火球	*Trifolium lupinaster* L.
95	麻叶荨麻	*Urtica cannabina* L.
96	藜芦	*Veratrum nigrum* L.
97	草本威灵仙	*Veronicastrum sibiricum*（L.）Pennell
98	多茎野豌豆	*Vicia multicaulis* Ledeb.
99	野豌豆	*Vicia sepium* L.
100	歪头菜	*Vicia unijuga* A. Br.
101	东北堇菜	*Viola mandshurica* W. Beck.
102	深山堇菜	*Viola selkirkii* Pursh ex Gold
103	斑叶堇菜	*Viola variegata* Fisch ex Link

附录 B 彩 图

樟子松的枝叶与果实

美丽的樟子松及其枯死木

地表火后的樟子松林

樟子松天然林林分更新

一望无际的樟子松林

樟子松天然林更新调查

樟子松树轮取样